U0736820

高等职业院校职业素质教育改革创新教材

ZHIYE SUZHI XUNLIAN

职业素质训练

主 编 潘海生

新形态
教材

中国教育出版传媒集团

高等教育出版社·北京

内容提要

本书是高等职业院校职业素质教育改革创新教材,是一本专门为职业院校学生劳动和职业素养课程精心编写和设计的启发式、研讨式和案例式的新形态一体化教材。

全书分为十个模块,包括职业认知、职业形象、职业能力、职业道德、劳动精神、工匠精神、劳模精神、法律法规、质量意识、安全环保。全书立足职业学生群体,探索在教育全过程中发挥"职业素质教育"课程的基础性和导向性作用。

本书可作为职业院校学生公共基础课程教学用书,也可供相关社会人士参考。

图书在版编目(CIP)数据

职业素质训练 / 潘海生主编. —北京:高等教育
出版社,2023.7
   ISBN 978－7－04－060467－2

   Ⅰ.①职… Ⅱ.①潘… Ⅲ.①大学生－职业道德－素
质教育－高等职业教育－教材 Ⅳ.①B822.9

   中国国家版本馆 CIP 数据核字(2023)第 079138 号

| 策划编辑 | 李光亮 余红 | 责任编辑 | 余 红 | 封面设计 | 张文豪 | 责任印制 | 高忠富 |

出版发行	高等教育出版社	网　址	http://www.hep.edu.cn
社　址	北京市西城区德外大街 4 号		http://www.hep.com.cn
邮政编码	100120	网上订购	http://www.hepmall.com.cn
印　刷	上海叶大印务发展有限公司		http://www.hepmall.com
开　本	787mm×1092mm　1/16		http://www.hepmall.cn
印　张	15.25		
字　数	350 千字	版　次	2023 年 7 月第 1 版
购书热线	010-58581118	印　次	2023 年 7 月第 1 次印刷
咨询电话	400-810-0598	定　价	45.00 元

本书如有缺页、倒页、脱页等质量问题,请到所购图书销售部门联系调换

编委会名单

主　编

潘海生

副主编

段晓先　于东泽

编　委

（按姓氏笔画为序）

车　炯　左晓玲　吴　菡　宋乃林　郑宝顺
贺　斌　秦润梅　徐欣怿　谢雨君

前　言

2019 年国务院颁布《国家职业教育改革实施方案》以来,我国职业教育进入了高质量发展的快车道,党和政府加强了对职业教育的顶层设计。2021 年 10 月,中共中央办公厅、国务院办公厅印发《关于推动现代职业教育高质量发展的意见》明确提出:到 2025 年现代职教体系基本建成,到 2035 年技能型社会基本建成。2022 年 4 月 20 日,第十三届全国人民代表大会常务委员会通过《中华人民共和国职业教育法》修订。新《职教法》进一步明确了职业教育的目的定位,凸显了职业教育的地位作用。由于党和政府的高度重视,我国职业教育发生了格局性变化,但距离建成技能型社会的目标还存在不小的差距。推动我国职业教育高质量发展,需要以培育工匠精神为重要抓手,进而把培育工匠精神融入职业教育的各方面和全过程。

所谓职业素养,就是指人类在社会活动中需要遵守的行为规范,是职业内在的要求,是一个人在职业过程中表现出来的综合品质。从大学生的角度来看,职业素养是实现就业并胜任工作岗位的基本前提;从用人单位的角度来看,职业素养是选聘人才的首要考虑因素。良好的职业素养是企业所需的,是个人事业成功的基础。

本书正是贯彻落实党的二十大精神和全国教育工作会议精神的要求,充分发挥高等职业教育公共基础课教材在培养和提高人才的职业素质的基础性作用,探索新时代职业素质教育理念与实践的产物。职业素养的培育是高职教育的重要组成部分,是实现高素质技术技能型人才培养目标的必要条件。本书立足于高职教育,遵循职业教育的规律和特点,力求体现能力本位的现代职业教育理念,着力培养学生的实践能力,探索"教、学、做"一体化的培养途径。在编写过程中,我们试图体现以下几个特点。

1. 职业素质教育的实践性

本书不是单纯的理论说教,而是利用大量的事例和事实来讲解职业素质教育,把简单的理论指导与鲜活的案例示范有机结合,使内容通俗易懂,具有较强的可读性和可操作性。贴近学生和现代生活的实际的案例把学生从枯燥的理论学习中解脱出来,走向鲜活的现实生活和工作中,激发学习兴趣,体会职业素质教育的真实性、现实性和可行性。

2. 职业素质知识的普惠性

职业素质教育是一门基础性、普惠性的教育,而不是一门专、艰、深的专业性教育。因此,本书围绕高职生的实际需求,选取的学习内容都是学生能够接受的、容易理解的,且带有一定的普适性和广泛性,易学易懂,可操作性强。学生学习后能够迅速理解内容,能多角度、多层次地理解职业素质教育。

3. 内容组织和呈现形式的新颖性

本书打破了传统的职业素质教育方式,以案例分析和课堂训练为载体,以案例导入方式开启内容知识的学习,在知识讲解过程中穿插案例进一步解释说明,从而引出学习的知识点和技能点,让学生从职业行为规范的角度,理解职业素质教育对国家、组织以及自身职业生涯发展的现实意义和长远意义。另外,在充分帮助学生理解知识的基础上,书中设计了"课堂活动"和"课后思考"栏目,提升学生的理解力和行动力。

本书共分十个模块,每个模块都紧紧扣住"职业"二字,与学生的就业和就业后的职业生涯发展相联系,内容包括职业认知、职业形象、职业能力、职业道德、劳动精神、工匠精神、劳模精神、法律法规、质量意识和安全环保。

本书由主编潘海生拟订提纲并统稿,段晓先、于东泽担任副主编,具体编写人员如下:

模块一,左晓玲(山东省平原师范学校);

模块二,徐欣怿(浙江省机电技师学院);

模块三,秦润梅(内蒙古化工职业学院);

模块四,段晓先(重庆三峡医药高等专科学校);

模块五,宋乃林(泰州技师学院);

模块六,贺斌(江西工程高级技工学校);

模块七,谢雨君(重庆三峡医药高等专科学校);

模块八,郑宝顺(黑龙江甘南县职教中心);

模块九,车炯(浙江公路技师学院);

模块十,吴菡(唐山职业技术学院)。

本书在编写过程中,参阅了国内外大量文献资料,在此谨向文献资料的作者表示衷心的感谢。由于编者水平有限,书中难免有不妥之处,真诚希望读者提出斧正意见与建议,以便进一步改善。

编　者

2023 年 2 月

目　录

模块一

职业认知

引导语

　　职业是依人们参加社会劳动的性质和形式而划分的社会劳动集团。职业对于个人,具有维持生活、参与社会活动、发挥才能的作用;对于社会,具有实现社会控制、维持社会运转、为社会创造财富的功能。随着传统职业不断消逝,新兴职业不断产生,现代职业对从业人员的任职要求越来越高,大学生在选择职业时不仅要考虑个人职业发展意愿,还需要考虑社会需求的趋势变化。未来已来,面对日新月异的职业世界,大学生要把握时代方向,顺势而为,积极探索,增强自身核心能力和素质培养,努力找到自身的一席之位。使命担当,芳华绽放,当代大学生作为新时代的生力军,更应积极响应国家号召,实现人生的更高追求和价值。

1.1　探索职业

导入案例

技能大师的成长之路

　　"突破极限精度,将'龙的轨迹'划入太空;破解 20 载难题,让中国繁星映亮苍穹。焊花闪烁,岁月寒暑,为火箭铸'心',为民族筑梦。"

　　这是 2018 年"大国工匠年度人物"颁奖会上对中国航天科技集团有限公司第一研究院首都航天机械有限公司特种熔融焊接工、首席技能专家高凤林的颁奖词。回顾高凤林的职业成长历程,中学毕业时,高凤林报考了离家不远的 211 厂技术学校,从此与航天结下了不解之缘。1983 年,只有 21 岁的高凤林,参加了 331 工程之一的"长征三号"火箭发动机燃烧室的研制,并荣获三等功。工作之后,高凤林越发意识到知识的重要性,深知想要有过硬的本领、更高的技能,更需要不断地学习。因此,在工作之余,他先后取得机械工艺设计与制造、计算机科学与应用专业的大专和本科文凭。2005年,高凤林所在的班组被命名为"高凤林班组",成为航天一院首个以劳模名字命名的班组。能取得这样的成绩,在他看来,对待工作一丝不苟、严谨工作的态度和永不间断的学习极为重要。在磨炼技能的过程中,他认识到了严谨的工作作风对于技术人员的重要性,细节和质量对于产品的重要性。2015年,高凤林劳模创新工作室挂牌。工作室现有成员19人,平均年龄只有34岁,每年可以解决十余项工艺焊接难题,还承接了企业内外多项技术培训交流的任务。同时,创新工作室也成为重要的人才育成基地。高凤林把自己积累的经验毫无保留地传授给年轻人。如今,他的徒弟当中已经有6人成为全国技术能手。未来他会培养更多的技术能手,在技术创新的道路上,一路仰望星空,一路大步向前。

　　分析:作为一个职场人,每个人都应该做好自己的职业规划。高凤林从就业伊始就清楚地知道技术人员应具备的职业素养并为之努力,他有清晰的职业目标,浓厚的职业兴趣,过硬的职业技能,合理的职业规划,通过一点一滴的积累,最终达成心愿,才成为一名大国工匠。

一、职业

(一) 职业的概念

　　职业是指人们为了谋生和发展而从事的相对稳定的、有收入和专门业务的社会劳动。这种社会劳动是对人们的生活方式、经济状况、文化水平、行为模式、思想情操等方面的综合反映,也是一个人的权利、义务、职责的具体体现。职业是人类社会发展到一定阶段,出现了社会分工后的产物,人们通过参与社会分工,利用专门的知识和技能为社会创造财富和价值,同时获取报酬以满足人们的物质需求与精神需求。对职业概念的正确理解是开展职业生涯规划的先决条件。

(二) 职业的基本特性

1. 社会性

　　职业的社会性是指职业既是社会的产物,也是社会发展的动力。职业是社会分工的产物,任何职业均是社会分工中不可或缺的环节,职业的存在构成了人类社会的存在,个人通过职业活动与社会产生联系,建立社会关系,形成丰富的社会生活。职业也是社会发展的动力,在个人与职业的互动、职业结构的演变进化过程中构筑起社会进步与发展的动力。职业活动创造出的财富为社会的存在与发展奠定了物质基础。职业也是维持社会稳定、实现社会控制的手段。

2. 经济性

　　职业的经济性是指劳动者从事某项职业必须从中获取经济收入。人们通过职业活动可以获得合理稳定的报酬,职业是个人获得经济收入的来源,是维持个人生存、家庭生活和职业发展的手段。职业活动同时也会创造社会财富,不断推动社会进步。

3. 规范性

职业的规范性是指职业活动必须符合国家法律和社会道德规范,符合特定生产技术和技能规范的要求,主要体现为职业的操作规范和职业道德规范。职业的操作规范是社会成员在职业活动中应遵循的标准或原则,是保证职业活动的专业性要求。职业道德规范是在公民道德基础上体现一定职业特征的准则和规范。

4. 稳定性

职业的稳定性是指劳动者连续从事某项工作或者从事该项工作相对稳定。职业的稳定性不管对于企业还是对于个人都至关重要。企业拥有稳定的职员,才能更加长效地发展,才能够更好地保障企业员工更长久地拥有该职业。个人只有长期从事该项工作才能更精确地掌握该职业的发展特点和职业特征,促进该职业的发展,也更能长久地从事该职业。

5. 时代性

职业的时代性有两个含义:一是指职业随着时代的变化而变化,一部分新职业产生,替代一部分与社会不相适应的职业;随着社会的不断发展,社会需求不断更新,新的职业会顺应时代发展而出现,不能适应时代需求的职业则会消亡。而在不同的时代也会出现不同的热门职业,比如在我国就曾出现过"销售热""程序员热"等,反映出在某一个时期人们对某种职业的热衷程度。二是指每一个社会都有自己的"时尚",它表现为该社会中人们所热衷的职业。由于科学技术的变化,人们生活方式、习惯等因素的变化导致职业打上相应时代的"烙印"。

6. 专业性

职业的专业性是指不同的职业具有不同的专业技术要求,每一种职业往往都表现出一定的专业技术要求。不同的职业之间存在着很大的差异,工作环境、工作内容、工作性质、工作报酬等都不相同,对于工作者需要具备的知识和技术要求也不相同,如飞机制造师与建筑师、餐饮服务人员与医务人员等。随着社会的进步与发展,新职业不断涌现,职业对于工作者所具备的知识和技术水平要求会越来越高,职业会呈现更精细专业的区分,专业化程度也会越来越高。

(三) 职业的发展

1. 职业结构的变迁

与新中国成立以来经济和社会发展的巨大成就相适应,我国的产业结构、职业结构也一直在不断变化,政府对于职业的分类与管理也在不断变化。

20 世纪 50 年代到 80 年代,在计划经济体制下,我们国家实行的是国家统包统配和工资统一计划管理的劳动就业制度。

20 世纪 80 年代至 90 年代,国家的重心转移到经济建设上,制定和修订有关职业分类标准,发布了《职业分类标准》与《中华人民共和国工种分类目录》,初步建立起行业齐全、结构比较合理的工种标准体系。

随着科技进步和产业结构调整,新职业层出不穷,不仅仅是近年来新出现的全新职业,原有职业的内涵和从业方式也发生了较大变化,在新职业岗位增加的同时,职业之间的结构也在发生变化。

拓展阅读:就业观念的演变

中国经济产业结构从工业主导向服务业主导格局转变。数据显示,2022年我国服务业增加值401 644亿元,占国内生产总值的比例达33.2%。具有专业服务技能的从业人员在职业结构中占主导地位。2022年末全国就业人数为73 351万人,其中第三产业就业人数占比达52.8%,已经成为吸纳就业的主体。

三个新生的职业群体包括:① 快递员或称"快递小哥"。根据《2020—2025年中国快递行业市场前瞻与未来投资战略分析报告》,2022年中国外卖员、快递员总数达到8 400万人,其增长速度是十分惊人的,2018年该职业群体人数仅300万人。② 网约车司机。根据2022年12月的报道,中国网约车司机从业人数达到670万人。③ 网销人员。中国城乡从事网络销售的人群,是一个大得无法统计的人群,迄今没有官方统计数字。据观察,各个年龄段的很多人都有在网上做过销售的经历,甚至在微信群里,网销也是常见现象。上述三个庞大的从业群体,很多人都是兼职的劳动者,很多人都是一天打几份工。这种新的从业方式,在中国历史上亦属创新。

2. 新职业

新职业是指在经济社会发展中已经存在一定规模的从业人员,具有相对独立成熟的职业技能的职业或职业群。近年来,社会发展带来了行业的结构性调整,这种调整不仅涉及产业行业,也涉及职场本身,深度影响就业的结构性调整。随着科技的发展,特别是机器人和人工智能的发展,一些职位慢慢消失,同时一些新的职位也在慢慢兴起。

2019年4月1日,人力资源和社会保障部、国家市场监督管理总局、国家统计局正式向社会发布了数字化管理师、人工智能工程技术人员、物联网工程技术人员、大数据工程技术人员、云计算工程技术人员、建筑信息模型技术员、电子竞技运营师、电子竞技员、无人机驾驶员、农业经理人、物联网安装调试员、工业机器人系统操作员、工业机器人系统运维员等13个新职业信息。这是自2015年版国家职业分类大典颁布以来发布的首批新职业,主要集中在高新技术领域。新职业的发布,也意味着该职业将逐步建立统一的规范,相关的培训教育体系也会日益完善。

2022年9月27日,《中华人民共和国职业分类大典(2022年版)》(以下简称《大典》)审定颁布会召开,审议通过了新版《大典》。《大典》中首次增加"数字职业"标识(标识为S),共标识数字职业97个。国家职业分类大典修订专家委员会主任、中国就业培训技术指导中心主任吴礼舵介绍,近几年来,我国陆续颁布74个新职业,均被纳入新版《大典》。同时,围绕制造强国、数字中国、绿色经济、依法治国、乡村振兴等国家重点战略,将工业机器人操作员和运维人员、农业数字化技术员和农业经理人等也纳入新版《大典》。经调整,与2015版大典相比,在保持八大类不变的情况下,新版《大典》净增158个新职业,职业数达1639个。新版《大典》首次标识了97个数字职业,占职业总数的6%。同时,延续2015年版大典对绿色职业标注的做法,标注134个绿色职业,占职业总数的8%。其中既是数字职业也是绿色职业的,共有23个。

二、职场

(一) 职场的定义

职场是指一切开展职业活动的场所,广义上还包括与工作相关的环境、场所、人和事,以及与工作、职业相关的社会生活活动、人际关系等。

（二）职场的关键要素

1. 职业意识

职业意识是指职业人对自己所从事的职业的所具有的认识，又叫主人翁精神，是指工作者对自己未来所从事的职业，有明确的追求和全面、清醒的认识，包括职业的就业现状、发展前景等。例如，创新意识、竞争意识、协作意识和奉献意识等都属于职业意识。

2. 职业定位

职业定位是指清晰明确一个人在职业上的发展方向，它是人在整个生涯发展历程中的战略性问题也是根本性问题。从长远上看，职业定位是找准一个人的职业类别；就阶段性而言，是明确所处阶段对应的行业和职能，就是说在职场中自己应该处于什么样的位置。职业定位包括三层含义，一是确定你是谁，你适合做什么工作；二是告诉别人你是谁，你擅长做什么工作；三是根据自己的爱好、特长、能力以及个性将自己放在一个合适的工作（生活）的岗位上。职业定位是自我定位和社会定位两者的统一，是一个动态过程，需要结合个人职业生涯的不同阶段不断作出修正调整。比如我们可以根据自己的能力和自身状况确定自己是技术型、创造型、管理型、自由独立型或是全面型。

3. 职业素质

职业素质是指工作者对职业了解与适应能力的一种综合体现，主要表现在职业兴趣、职业能力、职业个性及职业情况等方面。影响和制约职业素质的因素很多，主要包括受教育程度、实践经验、社会环境、工作经历以及自身的一些基本情况（如身体状况等）。工作者能够顺利适应职场环境，取得职场成就，很大程度上取决于个人的职业素质，职业素质越高的人，获得成功的机会就越多。

4. 职业规划

职业规划也叫"职业生涯规划"，是指对职业生涯乃至人生进行持续的系统的计划的过程，它包括职业定位、目标设定和通道设计三个要素。职业规划能够准确评价个人特点和强项，评估个人目标和现状的差距，提供奋斗的策略，增强职业竞争力。职业规划适用于：在校学生或者已经工作需要谋划出清晰的未来的求职者；正在求职或将要求职却没有清晰而精准的求职目标的人；对未来感到迷茫，搞不清楚应该向哪个方向发展的人等。

5. 职业发展

职业发展是指在自己选定的领域里，在自己能力所及的范围内，成为最好的专家。专家是在某一领域有深入和广泛的经验，对该领域有深刻而独到的认知的人。职业发展有两种情形：一种是自然顺势的发展。比如一个爱好写作的人应聘到一家报社做记者，时间一长，写得越多，顺理成章地就成了一名作家，甚至是较有影响的作家。另一种则是人为努力的发展。比如一个爱好写作的人被录用到一家企业从事营销工作，一开始很不适应，却无法改行，只好慢慢地去适应、习惯，居然渐渐地对营销产生了浓厚的兴趣，终于成为营销冠军。所谓"歪打正着"是也。

（三）未来的职场

如今，在移动、互联、智能技术的推动下，企业正在改变它的组织形态。相应地，未来的工作和职场也在被重新定义。一方面，市场环境瞬息万变，企业需要具备更多的灵活性和应变能力，让组织的能力可以随市场的需求快速延展或收缩，传统的组织形态和用人方式显然不能满足。另一方面,职场人的心态也发生了变化。视频制作、网络主播、文案写手……平台经济、共享经济蓬勃发展,孕育出丰富的就业方式,灵活就业也成为当下年轻人的就业新选择。国家统计局相关负责人表示,截至 2021 年底,中国灵活就业人员已经达到 2 亿人。阿里研究院发布的《数字经济2.0》报告则预测:随着自由职业者全球化及共享经济的盛行,"共享平台＋企业/个人"的经济组织方式在未来 20 年将获得突破性进展。未来也许公司会消失,但是工作不会。未来没有稳定的工作,只有稳定的能力。国务院《"十四五"数字经济发展规划》提出,鼓励个人利用社交软件、知识分享、音视频网站等新型平台就业创业,促进灵活就业、副业创新。

畅销书《未来的工作:传统雇用时代的终结》提到,"传统雇员社会"即将消失。在未来,工作任务和企业组织分离,组织边界被打破,而这些模块化的任务将由多元化的工作主体和方式来完成。在未来,一些容易拆分且易于考核的短期业务在更多地以零工的形式流入企业外部的劳动力市场,与长期雇用形成互补的态势。自由工作者、外包和合作伙伴将成为企业人力资源中重要的组成部分。

过去企业对员工的评估主要取决于其与岗位所匹配的专业能力、专业知识,但随着时代的变化,员工的雇用价值将逐渐从过去的以"技能"为核心的单一维度,转变为多维度的综合评价体系。

三、职业人

(一) 职业人的定义

职业人是指具备较强的专业知识、技能和素质,通过参与社会分工为社会创造物质财富和精神财富,并获得报酬,在满足物质需求和精神需求的同时实现自我价值的职场人士。

(二) 优秀职业人的素质

1. 具备职业精神

职业精神又称敬业精神,是指从事该职业应具有的精神、能力和自觉。孔子主张"敬事而信""执事敬,与人忠"。《礼记》中也有"敬业乐群"之说。宋儒认为:"主一无适之谓敬",就是说做一件事,将全部精力集中到这事上面,一点不旁骛,便是敬。敬业不易,精业更难。作家格拉德威尔在《异类》一书中提出"一万小时法则"。在他看来,要精通某个领域,需要一万小时。按比例计算,如果一个人每天工作八小时,一周工作五天,至少需要刻苦而专注地工作五年。

2. 良好的职场礼仪

职场礼仪是指人们在职业场所应当遵守的一系列礼仪规范。职业礼仪是个人职业形象的外在表现形式,是内在素质的外化。优秀的职业人应当具备良好的职场礼仪,打造符合职业要求的形象,塑造良好的职业化行为,对外展现个人态度、个人修养、个人能力,同时也能代表组织的良好形象及管理水平。

3. 良好的职业心态

职业心态是指在职业活动当中,根据职业的需求,表露出来的心理感情,即职场人对自己职业及其职业能否成功的心理反映。挫折和困难是职场的常客。良好的职业心态是应对工作挑战的根本。优秀的职业人都拥有好奇心和求知欲,勇于面对挫折与挑战,勇于承担任务及责任,能够坦然接受失败,具备强大的抗压能力,善于解决问题,处理矛盾,化压力为动力。

4. 过硬的职业技能

职业技能是指就业所需的技术和能力。学生是否具备良好的职业技能是能否顺利就业的前提。对于已就业的职业人士来说,职业技能是指在职业环境中合理、有效地运用专业知识、职业价值观、道德与态度的各种能力,包括智力技能、技术和功能技能、个人技能、人际和沟通技能、组织和企业管理技能等。企业选聘人才对专业知识及工作能力的考察也是重点。

四、职场适应

(一) 角色转换的概念

角色是指个体在特定的社会关系中处于一定位置时所执行的职能,是人们社会地位的外在表现。社会角色是指与人们的某种社会地位、身份相一致的一整套权利、义务的规范与行为模式,它是人们对具有特定身份的人的行为期望,它构成社会群体或组织的基础。个体在社会中所扮演的主要角色并不是固定不变的,往往会发生多次的角色转换。角色转换就是在社会关系中个体地位的动态描述。人的社会任务和职业生涯不断变化,角色也随之变化,从一个角色进入另一个角色,这个过程称为角色转换。

社会角色由角色权利、角色义务、角色规范三个要素组成,角色转换也就是这三个要素的转换。从学生到职业人的角色转换是我们每个人必须经历的过程,也是我们人生中最重要的一次转折。

学生角色:接收任务、储备知识、培养能力。经济无法完全独立。一直生活在家长和学校的庇护下,社会经验缺乏,人际交往较为简单。

职业角色:工作目的性明确,环境变化,工作负荷量大,承担家庭经济压力,同时生活独立,与同事心灵沟通较少,生活较为单一,人际关系复杂。

从大学生到职业人是人的社会角色的重要转换。

(二) 角色转换的内容

1. 从"要"到"给"的转变,从"索取"到"贡献"的转变

学生时代,花费来源主要来自父母,伸手问父母要成了理所当然;因为需求知识,从老师那里"要"自己需求的知识。但是从学生转变成职场人后,就需要做出从这种伸手"要"的状态转变为"给"的改变;从"索取"的状态转变为"贡献"的心态。这样才能为自己寻求到立足之地,容身之所。对用人单位来说,他们对职业人的判断标准就是是否有可发展的潜力和成长的空间,即对于用人单位,你是否有价值,是否能为单位做出贡献。

因此,学生要转变思想,从我能从用人单位中获取什么、获得怎样的报酬,转变为我能为用人单位做些什么、创造什么样的价值。

2. "不随便犯错"理念的树立

学生时代,犯错总会被原谅,因为即使犯错,如考试不及格、上课迟到、旷课、不喜欢的同学不与之打交道,这些行为不会受到大的惩罚。因为这只是你一个人的事,不会影响到他人的利益。但是当学生步入职场,这些小事都会变成大事,你上班迟到、旷工会影响团队的绩效考核;你对你看不惯的人不与之交往,会影响团队合作;你个人的任务没有完成,就会给公司造成经济损失,你就因此被公司淘汰出局。所以,成为职场人后,

拓展阅读:
角色转换的
意义

要谨慎,不要轻易犯错,因为职场中的这些错,一旦犯了就无法挽回。

（三）角色转换的原则

1. 强化职业角色意识,培养职业兴趣

职业是实现人生价值的舞台,从业者在特定的社会环境和职业氛围下,在培训和任职实践中,形成的与从事职业密切相关的思想和观念称为职业意识。职业意识是职业人的根本素质,也是必备条件。科学地规划自己的职业,可以有意识地强化自己的职业意识,培养自己的职业兴趣。

2. 提高社会责任意识,强化职业素质

社会责任意识主要是指一个享有独立人格的社会成员对国家、集体以及他人所承担的职责、任务和使命的态度,是一切美德的基础和出发点,也是社会得以发展的基石。提高自己的社会责任意识,加强职业道德教育,强化职业素质的培养具有重要的现实意义。

3. 增强独立自主意识,勤于思考和研究

独立自主意识有助于帮助自己形成自尊、自信、有责任感的独立个性,可以促使自己的基本素质得到全面发展,引导自己"勤学、善思、笃行"。

4. 提高心理调适能力,跨越心理误区

提高自己的心理适应能力可以让自己学会如何适应新的环境并具备在新环境中不断学习、创新、自我发展的能力,能避免自己进入心理误区,减少心理问题的困扰。

（四）入职须知

1. 全面了解新环境

（1）主动了解入职企业的基本情况。正所谓"知己知彼,百战不殆",大学生在正式进入企业就职之前,应该通过各种途径搜集企业信息,全面了解就业单位情况,包括企业的建制沿革、发展现状、企业文化、组织架构、工作流程、规章制度、薪资福利等,为今后正式就职融入团队打下良好的基础。

（2）主动了解企业的企业文化。企业文化是文化现象在企业中的体现,是在一定社会历史环境下,企业及其成员在长期生产经营活动中形成的文化观念和文化形式的总和,是企业员工共同的价值取向、经营哲学、行为规范、共同信念和凝聚力的价值观念体系。对于新员工而言,熟悉企业文化是了解本企业的关键环节。只有了解和体会企业文化,才能迅速理解企业的精神和宗旨,使自己的行为符合公司或企业的总体目标,适应企业发展的步伐,使自己迅速融入公司这一大家庭,以及与公司员工的人际交往之中。

2. 塑造良好的职业形象

职业形象是社会公众对职业人的感受和评价,职业人从事职业活动时的形象就是职业形象。一个职业人的职业形象是公众对他的着装、气质、言谈举止、敬业精神等外在形象和内在涵养的综合印象。

良好的职业形象不仅能够提升个人品牌价值,还能提高自己的职业自信心。职业形象也是维护职业声誉的重要组成部分,是企业文化和社会文明的重要组成内容。塑造和维护得体的个人形象,会给初次见面的人以良好的第一印象。

3. 建立良好的人际关系

（1）尊重他人,和平相处。"敬人者,人恒敬之。"同事之间交往,应该彼此相互尊重,人和人之间的关系是平等的,不因职业高低、收入多少而改变,相互尊重,平等待人是建立良好人际关系的前提。

（2）律己宽人，包容有爱。我们倡导在与他人的交往过程中，要努力做到严于律己、宽以待人，以责人之心责己，以恕己之心恕人。遇到事情能进行换位思考，不要斤斤计较，做到谦让大度，宽容守礼，这是建立良好人际关系的润滑剂，能赢得更多朋友的信任和喜爱。

（3）诚实守信，进退有度。君子重诺，而诚信乃立身之本。同事之间更是言必信、行必果。在日常生活、工作中要养成良好的习惯，做到诚实守信。同时，与人交往时还要注意进退有度，保持合适的距离，不给他人造成困扰和误会。

（4）保持警醒，不要轻易踏入人际关系的旋涡。毕业生缺乏处世经验，一上班可能会发现办公室里分成了几个小"帮派"，千万别急着站队。有时某些同事会对你讲一大堆某人怎样好、某人怎样坏的话，道听途说、添油加醋，千万别轻易被误导。最好先对是非保持沉默，独立观察和思考。

■ 总结案例

新职业——年轻人的多样选择

近几年来，随着人工智能、物联网、大数据和云计算等技术的广泛运用，与此相关的高新技术产业成为我国经济新的增长点。新技术发展催生了更多新职业。

令人意料不到的是，新职业在扶贫就业领域发挥着作用。在贵州铜仁万山区的易地扶贫搬迁安置点旺家社区，全国首个"人工智能产业扶贫孵化空间"在这里落地。首批三十多位培训合格的"人工智能培育师"（数据标注员）已经正式上岗。某网站人工智能实验室负责人陈丽娟认为，"AI 标注产业作为一个朝阳行业，每年投资金额都在不断地增加。初步估计整个行业里面在做 AI 标注的从业人员已达到 10 万人。"

数字经济领域变革带来的新职业，不仅给商业领域带来新的想象，也给整个社会的就业带来新图景。随着人们对数据的依赖越来越多，跟数据相关的职业需求也越来越大。据统计，全国已有超过 100 万名数字化管理师，潜在就业缺口近千万人。

智联招聘联手美团研究院发布的《2020 年生活服务业新业态和新职业从业者报告》显示，成都新职业人群规模居全国第三，良好的经济基础和包容开放的营商环境成为新技术、新业态和新商业模式发展的重要土壤。

作为宜居之城，成都在休闲娱乐上孕育出的新业态极其繁荣，因此也诞生了不少新职业。报告显示，成都网吧/电竞馆数量全国第二，汉服体验馆数量全国第二，密室商家数量排名全国第三。浓厚的电竞市场氛围给成都带来了大量诸如电子竞技运营师、电子竞技员等相关新职业。

在工业领域，工业机器人的大量使用，对工业机器人系统操作员和系统运维员的需求剧增，使其成为现代工业生产一线的新兴职业。此外，随着无人机用于植保、测绘、摄影、高压线缆和农林巡视，无人机操作员成为名副其实的新兴职业。

而在农业领域，农民专业合作社等农业经济合作组织发展迅猛，从事农业生产组织、设备作业、技术支持、产品加工与销售等管理服务的人员需求旺盛，农业经理人应运而生。

除了因技术发展催生的新职业，消费升级也使一些原来的职业更加细分。生活服务类的新就业形态，如密室剧本设计师、宠物摄影师、非遗菜系传承人、外卖运营规划师、旅拍策划师、收纳师、STEM创客指导师等。越来越多的生活达人把趣味、爱好变成职业，在市场上获得消费者青睐与不菲的收入。

分析：新职业的来源有几个途径：一是新技术带来传统职业的升级；二是信息化催化衍生了新职位；三是产业结构升级带来的高端技术岗位；四是消费升级推动生活服务类细分出来的新职业。大学生多关注职业世界的变化，可以为自己寻求多渠道的就业途径。

课 堂 活 动

我的职业家族树

一、活动目标

对职业准确认知。

二、活动时间

建议 10 分钟。

三、活动流程

1. 了解职业，不妨从自己熟悉的身边人开始。请你将家族中的亲属及他们的职业填写在下面的家族职业树上，如图 1-2 所示。

图 1-2 职业树

2. 课后对自己感兴趣的职业进行采访,详细了解他们的工作概况、时间、资格条件、教育训练、工作心得与未来展望等。

3. 采访结束后形成书面材料,感受家族成员职业各方面带给自己的思考和激励。

课 后 思 考

1. 我的家族中大多数成员从事的职业是什么?我想要从事这种职业吗?为什么?
2. 选择职业时,我还重视哪些条件?

1.2 职业意识和职业精神

导 入 案 例

吴天一:医者仁心照昆仑,守望生命为高原

1958 年,21 岁的吴天一响应党中央"支援大西北"的号召,带着一句誓言来到青海。此前,这位中国医科大学毕业的志愿军战士,刚刚随部队医院撤离朝鲜。

"青海好,青海好,青海风吹石头跑……"那时的青海,正如歌谣中所唱,遍地荒漠,满目苍凉。

面对艰苦的自然环境,面对肆虐的高原疾病,吴天一义无反顾走上新的"战场"。从此,他像胡杨树一样,把根深深扎在青藏高原,以碧血丹心守护高原人民的生命健康。一年又一年,他创造了不胜枚举的医学奇迹,填补了国际医学领域多项空白,成为我国高原医学的开拓者,被藏族群众誉为"马背上的好曼巴(医生)"。

为了做好环境流行病学研究,吴天一一边工作一边调查,走家串户间,他与藏族兄弟打成一片。饿了,吃点牧民们的青稞糌粑;渴了,借点烧不开的水喝;夜深人静时,他蜷缩在借宿的帐篷里,整理白天收集的资料。他花费多年的心血,完成90%以上近 10 万高原牧民病的人群分布和患病因素调查工作,在系统摸底基础上首先提出了"高原心脏病""高原红细胞增多症"等理论,钻研出符合我国实际的高原病防治措施。

赴海西州调研,吴天一在考察过程中经历了四根肋骨折断,肩胛骨、腓骨、胫骨断裂,髌骨粉碎性骨折的车祸。可是为了完成工作,106 天后,吴天一又奇迹般地骑上了马,开始了日复一日的工作。

为了完成阿尼玛卿山医学考察任务,他通过肩抗医学设备,登上了海拔 5 620 米的特高雪山,并装配起一座高山实验室。翌年,第四届世界高原病医学大会在日本举行,阿尼玛卿山医学考察成果在会上大放异彩。吴天一也被国际高山医学协会

授予"高原医学特殊贡献奖"。

为了表彰吴院士在高原医学研究上的突出贡献,2021年6月29日,中共中央授予吴天一"七一勋章"。2022年3月3日,吴天一被评为"感动中国2021年度人物"。

分析:吴天一的成功,不是运气,也不是偶然。不管是作为医生,还是作为科研人员,吴天一都具备崇高的职业意识,千锤百炼,全身心投入工作中。正是靠扎实的专业理论,精湛的专业技能,严谨、坚守、执着的职业精神,才能创造中国医学的奇迹,填补国际医学领域多项空白,保护上百个家庭的平安、幸福。他强烈的责任意识,敬业、奉献的职业操守,刻苦钻研、精益求精的工匠精神,团结协作的工作作风值得我们学习。

一、职业意识认知

面对日益激烈的市场竞争,作为职业素养的核心部分,职业意识是影响个体职业生涯发展的重要因素。高职教育以促进就业服务为导向,直接面向市场的用人需求培养人才。因此,职业院校学生在日常的学习生活中,要自觉深化对职业意识的理解和认同,循序渐进地提升个人的职业意识,为将来的成功就业奠定坚实的基础。

(一)职业意识的概念

职业意识是指人们对职业劳动的认识、评价、情感和态度等心理成分的综合反映。职业意识由就业意识和择业意识构成,体现在个人的择业定位以及在职业活动中的情感、态度、意志和品质等方面,是支配和调控全部职业行为和职业活动的调节器。职业意识作为一种意识,由社会存在所决定,又反作用于社会存在。它对学生的职业社会化具有重要的作用。

(二)职业意识的内容

职业意识包含责任意识、敬业意识、奉献意识、团队意识、规则意识、竞争意识、效率意识、创新意识等方面。

1.责任意识

责任意识是一种自觉意识,表现得平常而又朴素。责任意识是指清楚明了地知道什么是责任,并自觉、认真地履行社会职责,把责任转化到行动中去的心理特征。责任无处不在,存在于每一个角色。父母养儿育女,老师教书育人,医生救死扶伤,工人铺路建桥,军人保家卫国……人在社会中生存,就必然要对自己、对家庭、对集体、对祖国承担并履行一定的责任。

责任意识也是一种传统美德。我国自古以来就重视责任意识的培养。"天下兴亡,匹夫有责",强调的是热爱祖国的责任;"择邻而居"讲述的是孟母历尽艰辛、勇于承担教育子女的责任;"扇枕温席"传颂的是黄香尽心供养父母的责任意识……只有每个人都认真地承担起自己的责任,社会才能和谐运转、持续发展。

责任是使命的召唤、是能力的体现、是制度的执行。只有能够承担责任、善于承担责任、勇于承担责任的人才是可以信赖的人。责任是决定一个人成功的重要因素。

2. 敬业意识

敬业是指要用一种恭敬严肃的态度对待自己的工作,认真履行岗位职责,兢兢业业、一丝不苟地对待工作。敬业意识作为最基本的职业道德规范,是对人们工作态度的一种普遍要求。

敬业是中华民族的传统美德。中华民族历来有"敬业乐群""忠于职守"的传统。"功崇惟志,业广惟勤"是《尚书》中对敬业的描述。《礼记》讲人成长时要"一年视离经辨志,三年视敬业乐群",认为青年学习要达到的第二个阶段就是要学会敬业。时至今日,在当代社会,热爱与敬重自己的工作和事业,已经成为职业道德的灵魂,是公民应当遵循的基本价值规范之一。爱岗敬业体现的是公民热爱、珍视自己的工作和职业,勤勉努力,尽职尽责的道德操守。任何一个社会的生存和发展,都是以其成员勤奋工作、创造价值为前提的。因此,所有生气蓬勃的社会,都把敬业作为核心价值加以强调,将之作为对自己成员的基本要求。

3. 奉献意识

奉献是指"恭敬地交付、呈献"。奉献意识是一种爱,是对自己事业的不求回报的爱和全身心的付出。对个人而言,就是要在这份爱的召唤之下,把本职工作当成一项事业来热爱和完成,从点点滴滴中寻找乐趣,全心全意完成工作。奉献精神是社会责任感的集中表现。

奉献是一种态度,是一种行动,是一种信念,也是一种力量。李商隐的"春蚕到死丝方尽,蜡炬成灰泪始干"是奉献;鲁迅的"横眉冷对千夫指,俯首甘为孺子牛"是奉献;文天祥的"人生自古谁无死,留取丹心照汗青"是奉献;陶行知的"捧着一颗心来,不带半棵草去"也是奉献。

4. 团队意识

团队意识是指整体配合意识,包括团队的目标、团队的角色、团队的关系、团队的运作过程四个方面。团队意识是整体的一种集体力,即"1+1>2"的结合力;团队意识促进企业全体成员的向心力、凝聚力的上升,即"心往一处想,劲往一处使"。团队意识同时给团队中的每一位成员带来归属感和安全感。

团队意识是大局意识、协作精神和服务精神的集中体现,核心是协同合作,强调团队合力,注重整体优势,远离个人英雄主义,反映的是个体利益和整体利益的统一,进而保证组织的高效率运转。

5. 规则意识

规则意识是指发自内心的、以规则为自己行动准绳的意识。比如说遵守校规、遵守法律、遵守社会公德、遵守游戏规则的意识。拿排队作比:排队的次序是法治,每个人都可以排队是民主,那么每个人都愿意排队就是规则意识。没有这个意识,民主和法治都是空谈。这个最基本的意识和人性与良心有关,和道德与信仰有关。

规则意识是现代社会每个公民都必备的一种意识。规则意识有三个层次,它首先是指关于规则的知识,比如不偷不盗、爱国守法、敬业奉献、爱护环境、遵守学校纪律等。但仅有规则知识是不够的,更重要的是要有遵守规则的愿望和习惯。其次,谁都知道偷车是违法行为,但是,为什么偷车事件还会屡屡发生呢?这是因为有人平时偷一根针、偷一角钱的不良行为习惯没有得到及时的规劝和改正,导致后续犯下不可挽回的大错。因此,重要的不是知道规则,而是愿意和习惯于遵守规则。最后,遵守规则成为人的内在需要,即守规则成为人的第二天性。按孔子的话来说,这就是"从心所欲不逾矩"。

6. 竞争意识

竞争意识是指以个人或团体力量力求压倒或胜过对方的一种心理状态。它能使人精神振奋,努力进取,促进事业的发展,它是现代社会中个人、团体乃至国家发展过程中不可缺少的心态。有竞争的社会,才有活力,世界才会发展得更快;有竞争意识的人,才会奋发图强,实现自己的理想。在有竞争的群体里,会出更多的成绩,有更高的水平。竞争是不甘平庸,追求卓越;竞争,使个人完善,使群体上进,使社会发展。

竞争意识是人生存和发展的重要素质,也是大学生培养健康的竞争心理的重要前提。因此,大学生要树立"努力做到最好"的信念,要有"别人能做到,我也能做到"的进取意识,但是更要有遇胜不骄、遇败不馁的自信。

7. 效率意识

效率是指在单位时间内完成任务的量的多少,也指最有效地使用社会资源以满足人类的愿望和需要。任何人、任何组织都有改善效率的潜力。

效率是效益的基础。企业的生存法宝之一是效益,也是企业的核心竞争力。提高企业的经营效率就是从根本上增加企业的利益,而企业的管理部门也把员工的工作效率作为员工考核的重要指标。提高效率有三个方面:一是讲实效,不浪费时间,积极做事;不断改进工作方法,从节约时间上达到提高工作效率的目的。二是在规范的制度化下干正确的事情,企业有健全的管理规章制度,员工在工作中有章可循,避免员工自由散漫,从而提高工作效率。三是对其工作的熟悉程度,员工只有不断培养自身素质,加强能力锻炼、技巧学习,努力提高业务操作水平,才会达到事半功倍的效果。

8. 创新意识

创新意识是指人们根据社会和个体生活发展的需要,引起创造前所未有的事物或观念的动机,并在创造活动中表现出的意向、愿望和设想。它是人类意识活动中的一种积极的、富有成果性的表现形式,是人们进行创造活动的出发点和内在动力,是创造性思维和创造力的前提。

创新意识对于社会、民族和人才的发展具有重要的影响。第一,创新意识是决定一个国家、民族创新能力最直接的精神力量。在今天,创新能力实际就是国家、民族发展能力的代名词,是一个国家和民族解决自身生存、发展问题能力大小的最客观和最重要的标志。第二,创新意识促成社会多种因素的变化,推动社会的全面进步。创新意识推动社会生产方式的进步,从而带动经济的飞速发展,促进上层建筑的进步。创新意识进一步推动人的思想解放,有利于人们形成开拓意识、领先意识。第三,创新意识能促成人才素质结构的变化,提升人的本质力量。它激发人的主体性、能动性、创造性的进一步发挥,从而使人自身的内涵获得极大丰富和扩展。

(三) 提升职业意识的基本要求

提升职业意识具体要从树立职业理想、强化职业责任、遵守职业纪律、提高职业技能、提升职业道德五个方面做起。

1. 树立职业理想

职业理想是指人们在职业上依据社会要求和个人条件、借想象而确立的奋斗目标，即个人渴望达到的职业境界。俄国作家托尔斯泰曾说过："理想是指路明灯，没有理想就没有坚定的方向，没有方向，就没有生活。"职业理想是人们的职业发展目标和方向。职业理想贯穿于职业活动实践的始终，它决定着从业者的基本劳动态度。

职业理想源于现实又高于现实，它比现实更美好。12岁时，周恩来就发出"为中华之崛起而读书"的誓言，表达了他立志振兴中华的伟大志向。同学们在树立职业理想时，要把个人志向、国家利益和社会需要有机结合起来。

2. 强化职业责任

职业责任是指人们在一定职业活动中所承担的特定的职责，它包括人们应该做的工作和应该承担的义务。每一个从业人员，在本职工作岗位上都应该明确和认定自己的职业责任。与本科生相比，职业院校学生近年来的就业率保持较高的水平，关键因素就在于具备了实践操作能力强、上岗适应周期短的优势。对此，同学们更应该充分发挥自身的潜力，增强职业责任的意识和能力，使毕业就能上岗的优势充分体现出来。

3. 遵守职业纪律

职业纪律是指在特定的职业活动范围内从事某种职业的人们必须共同遵守的行为准则。自觉遵守职业纪律是履行岗位职责的前提条件。职业纪律的特点是具有明确的规定性和一定的强制性。没有规矩不成方圆，如果人们对职业纪律置之不理，就会出现有令不行、有章不循的现象，必然导致工作出现无序和混乱。因此，在工作中只有人人自觉遵守工作的规章制度，照章办事，才能使各项工作井然有序，从而提高工作效率。

4. 提高职业技能

职业技能是指就业所需的技术和能力。职业技能不仅能在人们确立职业态度、明确职业理想的过程中起到积极作用，而且也是从业者职业理想付诸实现的重要保障。学生是否具备良好的职业技能是能否顺利就业的前提。如今，高职院校正在推广实行"1＋X证书制度"，即"学历证书＋若干职业技能等级证书"双证，其目的就是引导高职学生在获取专科学历证书的同时，也能够获得相关职业资格认证，使双证并重互通。学生在校学习期间，不仅掌握了一定的专业理论知识和技能，而且能够达到某种岗位工种的技能要求，毕业可以直接上岗，为尽快适应工作环境奠定了基础，提高了竞争力。

5. 提升职业道德

职业道德是指与人们的职业活动相联系的、具有自身职业特征的道德规范，是道德准则、道德情操与道德品质的总和。"见死不救"是医务工作者的最大的缺德；"以权谋私"是国家干部最大的"缺德"；"知法犯法"是执法工作者最大的"缺德"；而"体罚学生"则是教师最大的"缺德"！

职业道德既是对从业者在职业活动中行为的要求，同时又是职业对社会所负的道德责任与义务。它是职业品德、职业纪律、专业胜任能力及职业责任等的总称。《新时代公民道德建设实施纲要》要求，"推动践行以爱岗敬业、诚实守信、办事公道、热情服务、奉献社会为主要内容的职业道德，鼓励人们在工作中做一个好建设者"。明确职业道德内涵、倡导践行职业道德，不仅是新时代公民道德建设的重要内容，也是培育和践行社会主义核心价值观、弘扬民族精神和时代精神的内在要求,对于推进中国特色社会主义事业、全面建设社会主义现代化国家具有重要意义。

（四）提升职业意识的具体途径和方法

1. 在日常生活中培养

千里之行,始于足下。大学生要在日常生活中养成良好的职业意识。"勿以恶小而为之,勿以善小而不为。"一要提高自我约束的能力。要想养成良好的职业意识,必须从自我约束做起,认真对待自身的言谈举止,在日常工作、生活、学习中都严格要求自己,持之以恒。二要从身边小事做起。"水滴石穿""不积小流,无以成江河"讲的都是这个道理。大学生要从自己身边的日常小事做起,严格自律,以积极的态度对待、处理身边的日常小事。

2. 在专业学习中培养

大学生要在专业学习和实习中增强职业意识,遵守职业规范,这是未来干好工作、实现人生价值的重要前提。对学习和工作都要深入钻研、精益求精。不仅要努力完成自己分内的学习、工作任务,还要充分发挥主观能动性,积极主动地拓宽自己的知识领域,深入钻研相关学科的知识技术,争取更好的学习成绩和工作效果。在岗位实习、生产性实训等环节,做到按时出勤、谦虚好学,主动向工人师傅请教,向劳动模范、先进人物学习,刻苦钻研,培养过硬的专业技能,提高自己的职业素养。

3. 在社会实践中培养

社会是培养学生的最好舞台,也是检验知识最好的、最终的场所,因此社会实践,也就是岗位实习对大学生是十分重要的。此时,大学生虽然脱离了学校在社会上进行相关的实习,但却能得到实习老师的指导,因此实习阶段是学生从校园向社会转化的关键阶段。每个学生都应珍惜并好好利用短短的一年的实习期,把在校园里学到的专业知识真正运用到工作实践中去。除了完成实习工作,还要积极参与社会实践,深入了解社会,适应社会,为今后进一步开展工作打下坚实的基础。

4. 在自我修养中培养

"修"是指陶冶、锻炼、学习和提高;"养"是指培育、滋养和熏陶。提高自我修养首先应注重体验生活,经常进行"内省"。一要严于"解剖"自己,善于认识自己,客观地看待自己,勇于正视自己的缺点,敢于自我批评、自我检讨。二要有决心改进自己的缺点,扬长避短,在实践中不断完善自己的职业道德品质。三要学习榜样,努力做到"慎独"。见贤思齐,榜样的力量是无穷的。新时期各行各业涌现出了无数的职业道德先进人物,我们要积极向先进人物学习,激励和鞭策自己,自觉做到"慎独",加强道德修养,提高职业意识。

二、职业精神的内涵

职业精神是指与人们的职业活动紧密联系、具有自身职业特征的精神。具体表现为个体在工作过程中表现出的职业理想、职业态度、职业技能、职业道德等综合素养。这种心理特征是在特定职业环境下所必备的,也是逐渐养成和习得的,与所从事的职业特征紧密相连,具备职业的特殊性,同时,也具备一些共性的基本特征。

（一）职业精神的基本特征

职业精神有职业性、内在性、导向性三个基本特征。

1. 职业性

人们从事不同的职业,所承担的社会责任不同,决定了其职业精神的具体要求也不同,如教师的职业特点和性质,决定了其职业精神的核心就是为人师表、"燃烧自己、照亮别人"的奉献精神;医生的职业特点和性质,决定了其职业精神的核心是"救死扶伤"的人道主义精神。当然,无论从事哪个职业,对职业人精神层面的共同要求,依然是具备对自己所从事职业的热爱、敬畏、勤奋、负责和诚信,是积极向上的精神状态和气质品质。

2. 内在性

职业精神的内在性表现为职业人在长期的职业准备和职业活动中经过自主学习、亲身体验、长期修炼,有意识地内化、积淀和升华职业精神的心理品质。尽管在同一行业、同一岗位、同一环境下,不同的职业人由于自身的思想修养、价值取向不同,对职业精神内化的程度不同,在具体职业活动中所表现的精神状态和人格气质也不尽相同,并由此产生不同的职业成效和职业影响力。

3. 导向性

职业精神不是一个人与生俱来就有的,也不是自发产生的,而是通过在不断地学习、教育、实践、总结、改进、提升等过程中艰苦锤炼而拥有的。就用人单位而言,拥有一支爱岗敬业、敢于负责、勇于创新的优秀团队,是推动企业经久不衰、可持续发展,或是在同行业独占鳌头的重要条件。当代大学生是未来的职业人,培养良好的职业精神,是立足社会的基础,是施展个人才能的基础,也是实现人生理想、人生价值的基础。

(二) 职业精神的基本要素

社会主义职业精神是由多种要素构成的。这些要素分别从特定方面反映着社会主义职业精神的特定本质和基础,同时又相互配合,形成严谨的职业精神模式。

1. 职业理想

社会主义职业精神所提倡的职业理想,主张各行各业的从业者,放眼社会利益,努力做好本职工作,全心全意为人民服务、为社会主义服务。这种职业理想,是社会主义职业精神的灵魂。从业者对职业的要求可以概括为三个方面:维持生活、完善自我和服务社会。这三个方面在社会主义初级阶段的职业选择中都是必须的。社会主义社会的公民在选择职业时应该把服务社会放在首位。因为,只有从社会的整体利益出发,分别从事社会所需要的各种职业,社会才能顺利地前进和发展。也只有在这个基础上,广大社会成员包括从业者自身,才能过上幸福的生活。

2. 职业态度

树立正确的职业态度是从业者做好本职工作的前提。职业态度具有经济学和伦理学的双重意义,它不仅揭示从业者在职业生活中的客观状况,参与社会生产的方式,同时也揭示他们的主观态度。其中,与职业有关的价值观念对职业态度有着特殊的影响。一个从业者积极性的高低和完成职业的好坏,在很大程度上取决于他的职业价值观念。职业伦理学研究表明,先进生产者的职业态度指标最高。因此,改善职业态度对于培育社会主义职业精神有着十分重要的意义。

3. 职业责任

职业责任包括职业团体责任和从业者个体责任两个方面。例如,企业是拥有生产经营所必需的责、权、利的经济实体。在国家与企业的责、权、利关系中,责是主导方面。

现代企业制度不仅正确划分了国家与企业的责、权、利,并将三者有机地结合起来,而且也规定了企业与从业者的责、权、利,并使三者有机地结合起来。这里的关键在于,要促进从业者把客观的职业责任变成自觉履行的道德义务,这是社会主义职业精神的一个重要内容。

4. 职业技能

功以才成,业由才广。强化人才支撑是全面建设社会主义现代化国家的内在要求。培养造就大批德才兼备的高素质人才,是国家和民族长远发展大计。现代企业要围绕用好用活人才,完善促进技能人才发展的措施,营造有利于技能人才成长和发挥作用的环境,让更多技能人才立足岗位,钻研技能,执着专注,实现岗位成才。畅通技能人才职业发展通道,提高待遇水平,增强荣誉感获得感幸福感,吸引更多劳动者走技能成才、技能报国之路,缓解技能人才短缺问题,充分发挥技能人才在经济社会高质量发展中的重要作用,为全面建设社会主义现代化国家提供有力的人才和技能支撑。

5. 职业良心

职业良心是指有着特殊职业的从业人员领悟了社会对自己的要求,因而具有的为社会尽具体义务的明确意识,或简单地说,就是从业人员对职业责任的自觉意识。职业良心能依据履行责任的要求,对行为的动机进行自我检查,对行为活动进行自我监督。在职业行为之后,能够对于履行了职业责任的良好后果和影响作出评价,会得到内心的满足和欣慰;反之,则进行内心的谴责,表现出内疚和悔恨。

6. 职业信誉

职业信誉是职业责任和职业良心的价值尺度,包括对职业行为的社会价值所做出的客观评价和正确的认识。做事讲信誉是一个道德范畴,是公民的第二个"身份证",是日常行为的诚实和正式交流的信用的合称,即诚实劳动、信守承诺、诚恳待人。子曰:"人而无信,不知其可也。"人无信不立,业无信不兴。市场经济是信用经济、法治经济,社会信用体系则是市场经济体制中的重要制度安排。信用经济,信用应当成为促进社会资源优化配置的有效手段。通过大力宣传先进典型和道德模范的光荣事迹,上行下效,形成全社会学习先进、争当先进的浓厚风气。加强企事业单位的诚信建设,鼓励员工以身作则,对失信行为加大约束和惩戒力度,在全社会广泛形成诚实守信光荣、欺诈失信可耻的氛围。

7. 职业作风

职业作风是从业者在其职业实践中所表现的一贯态度。从总体上看,职业作风是职业精神在从业者职业生活中的习惯性表现。社会主义职业作风具有潜移默化的教育作用。它好比一个大熔炉,能把新的成员锻炼成坚强的从业者,使老的成员永远保持优良的职业品质。职业集体有了优良的职业作风,就可以互相教育,互为榜样,形成良好的职业风尚。

(三)职业精神的培养

1. 坚持理论与实践相结合

开设理论课是让学生在认知层面了解什么是职业精神,怎么样培养职业精神。而在实习实训过程中,学生可以获得其他任何渠道都无法获得的道德实践与体验,尤其是对自己未来从事职业、所在岗位所要求的职业精神的体悟。只学习理论而不实践,就会变成无源之水、无本之木。通过实践，更能深切地体会和理解书本上的理论知识，充分地理解职业精神的内涵要求，也更充分地了解职业本身的工作性质，加深对职业人的形象认识，对未来职业有了更明确的关于职业理想、职业态度、职业纪律等诸多因素的认知，这样就能为以后的职业生涯道路提供借鉴。

2. 提升自我教育的能力

（1）加强自身思想政治素质和心理素质。思想政治素质是职业素质的灵魂，包括从业人员的政治态度、理想信念以及价值观念方面，给予学生正确的行为方向，坚定自身明辨是非的立场。心理素质是学生成长成才的基础素质，包括认知、感知、记忆、想象、情感、意志、态度、个性特征这些方面，从业者要达到精力旺盛、坚韧不拔、乐观向上等基本要求。

（2）关注职业习惯养成的自我教育。拥有正确的职业意识并不等同于拥有良好的职业习惯，任何劳动者的职业精神都能在日常的工作中得以展现和流露，甚至包括个人的生活习惯也会在职业生活中表现出来，成为个人职业精神和职业素养的真实写照。因此学生必须从平时的学习、生活以及工作的细节做起，将职业精神融入每件事务并贯穿始终，提升职业习惯养成的自我教育能力。

（3）塑造和谐统一的自我环境。学生要强调自我教育的主体性，在与教育者平等互动的氛围中接受职业精神的培养，最大限度地发挥自身潜能；积极调动自己的主动性，自觉地自教自律，从自身做起，坚持终身自我教育，通过自身的信念以及实际行动影响周围人，将这种真实的感染力和影响力由点及面、由小及大地传播出去，促进身边的人提高自我教育能力。

3. 加强自身职业素养

在大学的学习生涯中，在接受学校理论知识传授和实训教育的同时，也要注重自身职业素养的内化和自我素质的提升，增强职业竞争能力。要充分地了解自我、认识自我，发掘自己的兴趣所在。同时又要知晓自己所学的专业相关行业的职业素养，在校期间能有意识地进行自我培养。

（1）对于显性职业素养的培养，要利用学校的教育资源学好专业知识和技能，认真刻苦、勤于苦练，学好专业基础课程，加强对专业知识和技能的运用，注重专业能力的培养，为自己的专业技术进一步升华打下坚实的基础。不管在学习还是生活上，都要培养良好的学习生活习惯，要利用课外业余时间参加各种学术讲座和学生讨论会，多读课外书，提升自己的基本文化修养。

（2）对于隐性职业素养的培养，首先要在自我认识和了解专业的基础上，并在教师的指导下明确自己专业学习的方向，制订切实可行的职业生涯规划，树立崇高的人生目标，并为之坚持不懈地努力；其次，高职生要树立正确的职业态度和职业意识，其中包括做好步入社会的心理准备，培养自信必胜信念，学会用平和的心态，从点滴做起、从基层开始，积极勇敢看待挫折与批评，不怕困境、不怕磨炼，学会从别人的批评中清楚客观地看待自己，不断提高自己职业竞争力等方面职业意识的准备，不断增强自己的社会责任使命感。

（3）积极主动参加团体活动和社会实践活动，创造机会培养自身的职业素养。通过活动，增强自身的合作、沟通、组织策划能力，在实践活动中弥补自己职业素养中的不足，使自己的职业素养不断提升。总之，学生理应做好良好的职业生涯的规划，并通过亲身实践和体验，最终能把职业规范内化为自身的道德素养，使自身的职业素养不断升华。

4. 努力践行职业精神

马克思主义关于人的全面发展观强调：造就全面发展的人的唯一方法就是生产劳动同智育和体育相结合。对于职业精神的培养，需要将理论付诸实践，在实际行动中践行职业精神，是培养和检验人才质量的根本。

（1）坚持以德为先。职业精神需要我们将道德修养放在首位。用人之道：德才兼备，以德为先。道德修养与职业精神相辅相成。我们在践行职业精神过程中，要将服务精神、担当精神等放在首要位置。

（2）坚持勤学好问。职业精神的精髓在于勤，勤于学习、勤于发问、勤于实践。勤的过程亦是职业精神的践行过程。大国工匠的养成绝非一日之功，无论什么时候，我们都需要以谦卑之心，勤学好问。

（3）坚持知行合一。德不可空谈，道不能坐论。知是基础、是前提，行是重点、是关键，必须以知促行，以行促知。

（4）坚持创新。创新是第一动力。推动高质量发展，构建新发展格局，创新是关键。作为新时代的大学生，需要时刻保持一颗年轻的富有朝气、勇于创新创造的心，这也是职业精神必备条件之一。

总结案例

高尚的职业精神

南丁格尔（1820—1910），英国护理学家，欧美近代护理教育的创始人、护理学的奠基人。1860年在英国圣多马医院首创近代护士学校，她的教育思想和办学经验，为许多国家所采用。为纪念南丁格尔对护理学所做的功绩和贡献，1912年国际红十字学会设立"南丁格尔奖章"；国际护士理事会以她的诞辰——5月12日为"国际护士节"。本职业誓言是南丁格尔为护士所立。

南丁格尔誓言：余谨以至诚，于上帝及会众面前宣誓，终身纯洁，忠贞职守，勿为有损之事，勿取服或故用有害之药，慎守病人家务及秘密，竭诚协助医师之诊治，务谋病者之福利。谨誓！

分析：职业精神将职业要求与职业生活相结合，因此具有较强的稳定性和连续性，形成了比较稳定的职业心理和职业习惯，从而长期影响着从业人员及其行为。在从事某一职业时，我们要践行本行业的职业精神。

课 堂 活 动

缺失的职业精神

一、活动目标

引导学生了解职业精神对社会发展的重要性。

二、活动时间

建议 10 分钟。

三、活动流程

1. 教师出示以下阅读材料,并提问:导游缺失的职业精神都有什么?

阅读材料:职业精神的缺失

2005 年 3 月初,在浙西大峡谷景区发生了一起浮桥侧翻事故,88 名常州游客落水,5 名罹难。当现场一片呼救声的时候,当时的景点导游却只顾自己逃生,全然不顾游客的安危,眼睁睁地看着身边的一对母女被洪水吞没。洪水无情,人有情啊!

只要那个导游能够伸一下手,也许那对母女就能获救。越是在危险面前,越能考验一个人的良心。

2. 学生每 4～6 个人组成一个小组,通过小组内部讨论形成小组观点。

3. 每个小组选出一名代表陈述本组观点,其他小组可以对其进行提问,小组内其他成员也可以回答提出的问题;通过问题交流,将每一个需要研讨的问题都弄清楚。

4. 教师进行分析、归纳、总结。

5. 教师根据各组在研讨过程中的表现,给予点评并赋分。

课 后 思 考

1. 你认为职业精神的基本构成要素是什么?
2. 针对自己所学专业,怎样提升自己的职业意识?

1.3　职业理想和职业责任

导 入 案 例

没有担当的后果

张三是一家机械设备制造公司的质检员。一天,公司接到了顾客的投诉,有一台印刷机出现了问题,不能正常运行。客服人员按照惯例首先向顾客询问送货员的名字,然后打电话给送货员,没想到送货员十分委屈地回应:"关我什么事,我只是个送货的,你应该找配货员啊!"

客服人员无奈,接着给配货员打电话,没想到对方还没听完就嚷道:"我只负责配货,产品出了质量问题,你应该找质检员,是质检员检验出错了吧!"

于是，客服人员将电话打到了张三这里，张三本来想承认错误，承担责任，但他的同事对他使了个眼色，接过电话，说道："我们也不清楚啊，当时检验时没有问题啊，你找铸造部吧！"

接着，客服人员将电话打到了铸造部，铸造师傅理直气壮地说："我们铸造的原件绝对没问题，组装车间有没有组装好，我就不知道了。"客服人员只好又拨通了组装车间主任的电话，这位主任回答道："我也不清楚啊，或许是这个月忙着赶任务出了点错吧，但是检验车间也没有检查出来啊，不能把责任都推给我们吧！"

就在客服人员打电话的过程中，顾客接连打了三次电话，不是无法接通，就是得到"对不起，我们正在调查原因"的回答。最后一次，顾客有些发怒，大声说道："请你们赶紧派人来维修。"于是，客服人员打电话给售后服务部，没想到维修人员说："维修可以，但要告诉我这件事情谁负责，否则将来出差费用、零件费用怎么报销啊。"

就这样，半天时间过去了，公司还是没有为顾客解决问题。第二天，顾客把电话打到了总经理办公室，这才有维修人员前去维修。类似的事情接二连三地发生，半年后，这家公司因产品积压而倒闭。

失业后的张三四处奔波，忙着找工作，可是对方一听说他来自这家公司，就拒绝给他机会。张三只能靠打零工维持生计。

分析：这种"踢皮球"的现象可能在一些企业中存在，这正是员工缺乏责任心的典型体现。实际上，顾客需要的是企业尽快把机器修好，而不是"对不起，我们正在调查原因"。说这种话的公司是典型的没有责任心的企业；而员工之间互相推诿，是典型的没有责任心的员工，这样的企业破产在所难免。

一、职业理想

（一）职业理想的概念

凭着对美好生活的想象，人们会勾画出一幅最美的蓝图。那幅蓝图就是理想。从小我们常会被问：你的理想是什么？理想是人们在社会实践中形成的、有实现可能性的、对未来社会和自身发展的向往与追求，是人们世界观、人生观和价值观在奋斗目标上的集中体现。

职业理想是个人对未来职业的向往和追求，既包括对将来所从事的职业种类和职业方向的追求，也包括事业成就的追求。职业理想是职业选择的向导，是取得职业成功的推动力，是事业成功的精神支柱。

（二）职业理想的特点

职业是个人与社会建立联系的一种手段，职业理想是连接个人理想和社会理想的桥梁，职业理想具有如下特点。

1. 社会性

职业理想是与一定生产方式相适应的职业地位和声望在人脑中的反映。人们总是通过职业活动履行对社会应尽的义务,因此,每种职业都有其特定的社会责任。教师、医生、售货员、司机、建筑工人、环卫工人等都有这一职业所需要尽的义务和责任。

随着社会的发展变化,人们的职业理想也会发生变化。人们的职业目标不但会因社会生产力水平的不同而不同,同时还会受到社会实践的广度和深度的影响和制约。

2. 时代性

职业理想,它总是一定的生产方式及其所形成的职业地位、职业声望在一个人头脑中的反映。社会的分工、职业的变化,是影响一个人职业理想的决定因素。生产力发展的水平不同、社会实践的深度和广度的不同,人们的职业追求目标也会不同。学生的职业理想的形成,都会受到该时代社会历史条件的制约,被深深地打上时代的烙印。个人的职业理想既要符合职业演变、岗位晋升的内在规律,又要符合时代进步的客观要求,适应从事职业所在行业的发展趋势。

3. 发展性

人的职业理想不是一成不变的,它会随着人的年龄、社会阅历、知识水平的变化而变化。这种变化是一个由模糊到清晰、由感性变得理性、由波动趋于稳定的渐进过程。例如,孩提时代,有人的理想是当科学家,长大后他成了一名技术工程师。

职业理想是随着社会的进步、经济的发展而不断发展的。不同的时代孕育出不同的职业,也就会直接改变人们的从业选择和职业理想。

4. 个体差异性

每个人由于自身条件和所处环境的差异,其职业理想也各不相同。每个人都是独立存在的个体,个体的知识水平、认知结构、价值观念存在差异。通常情况下,一个人的知识结构和技能水平会影响职业理想层次;一个人的人生观、价值观及思想政治觉悟、道德修养水准会影响职业理想方向;一个人的性格、意志等心理特征及身体状况等生理特质会影响职业理想的具体定位。因此,从自身实际情况出发确立的职业理想,才是最科学的职业理想。

(三)职业理想对当代大学生的重要意义

青年大学生的职业理想一定程度上体现着他们的职业价值取向,甚至对整个社会未来的职业发展方向具有决定性的意义。因此,大学生树立科学的职业理想,不仅能助力中国梦的实现,更是走好人生道路的第一步。只有树立明确的职业理想,才能找准未来的发展方向,才能找到适合自己的职业岗位。作为风华正茂的当代青年大学生,真正的人生才刚刚开始,要想在未来的职业道路上走好,就必须有一个明确的目标,职业理想起到了这个作用。它使大学生能够不断坚定自己的方向,不至于在彷徨中迷失自己;它帮助大学生认清自己的职业目标,明确自己今后的就业方向,及时根据实际情况做出合理的职业规划。

1. 职业理想提供大学生拼搏奋斗的动力

托尔斯泰曾说:理想是指路明灯。职业理想不仅照亮了我们的职业发展之路,也照亮了我们人生之路。职业理想作为大学生人生理想的重要内容之一,关乎人生目标的实现,蕴含着强烈的意志力量,势必会为其努力拼搏奋斗提供强大的精神动力,激发个人的坚定意志。职业理想有助于学生从自身实际和当前就业形势出发,与工作环境、福利待遇、晋升机会、人际关系等现实情况相联系,与该职业的社会评价相联系,从而指引学生做出符合其自身发展的职业选择。这样不管是面对困境还是逆境,因为职业理想的存在,都不会轻言放弃。

2. 职业理想激励大学生人生价值的实现

人生价值是指一个人的活动对自己和社会所具有的作用和意义,换言之,一个人的人生价值包括自我价值和社会价值两个方面。

历史唯物主义的价值观认为个人要在劳动和奉献中体现和创造价值,要在个人与社会的统一中实现价值。这说明人生价值评价的基本尺度是劳动以及通过劳动对社会和他人做出的贡献。在以中国式现代化全面推进中华民族伟大复兴的新征程上,人生价值的实现还在于与时代同心同向同行。在现实生活中,大学生即将面临的就是就业,要想取得事业上的成功,实现个人抱负,报效社会,从而实现人生价值,往往需要通过职业活动来实现。大学生从事职业活动,在创造物质财富和精神财富的同时,也在追求自我完善,实现人生价值。在此过程中,职业理想就起着至关重要的作用,它指导着人们的职业活动,进而激励青年人生价值的实现。因此,大学生要实现自己的人生价值,首先需要树立科学合理的职业理想。在职业理想的激励和指导下,既能在顺境中积极进取,又能在逆境中奋发向前,不断激发自己的潜能,努力实现人生价值,使自己成为一个对社会有用的人。

3. 职业理想推动大学生成为担当民族复兴大任的时代新人

职业理想是社会理想的基础,因为人们总是通过具体的职业理想的确立和职业活动来达到改造社会、造福人类、实现社会理想的目的。当代中国青年是这个伟大时代的见证者、开创者、建设者,承载着实现中华民族伟大复兴的历史责任,广大青年将个人奋斗融入时代大潮,不负历史使命,坚定前进信心,立大志、明大德、成大才、担大任,努力成为堪当民族复兴重任的时代新人,让青春在为祖国、为民族、为人民、为人类的不懈奋斗中绽放绚丽之花。

(四) 树立正确的职业理想的有效途径

1. 深化个人自我认知和职业认知

(1) 要充分认识自我。树立科学的职业理想和实现职业理想的前提条件是全面深入地了解自己,包括充分认知自己的性格、爱好和特长。只有深入地认识自我,才能知道自己喜欢做什么,适合做什么,从而找到一条正确的职业道路。

大学生可以通过两个途径全面、客观地认识自我:第一,自省。古人云:“吾日三省吾身。”自省既能够帮助自己认识到自身的缺点和优点,从而扬长避短,又能帮助自己发掘自身的闪光点和强项。第二,他人评价。自省是个体从自我评价角度的自觉行为,难免会带有一定程度的主观色彩。为了使自我认识更加客观,大学生还可以通过听取家人、朋友、老师对自身的评价来认识自我。

(2) 积极主动探求职业。一方面,对职业的认知不要通过盲目地听从他人对职业的看法或者跟随社会的热门职业。可以通过向专业人士咨询相关职业知识,全面掌握职业信息的途径来深化职业认知。另一方面,在强化职业认知的基础上,还要结合个人兴趣和自身条件对所想从事的职业进行比对,看是否适合作为自己的职业理想,尽量达到人职匹配的效果。

2. 要做好职业规划和职业准备

完备的职业规划和职业准备是职业理想能够得以实现的关键所在。职业规划主要包括设定发展目标、明确职业方向、树立科学的职业理想、分阶段的职业生涯评估与反馈等步骤。职业准备既包括职业知识的积累也包括职业技能的习得。职业规划和职业准备应该贯穿于大学阶段的全过程。

（1）制订学习目标和职业计划。拿破仑有一句名言："不想成为将军的士兵，不是一个好士兵。"大学阶段是需要大学生主动学习的阶段，而目标和计划是自主学习的向导和动力。既要制订详细的短期学习目标，例如在什么时间通过英语四六级、全国计算机二级等未来从事职业需要的资格证书，或根据个人的兴趣爱好辅修完成其他专业，为以后从业增添一块儿"敲门砖"等；又要明确自己未来的职业方向，制订清晰的职业规划，以"我喜欢做什么""我适合做什么""我要做什么"为准则来确定自己毕业后要进入什么行业，从事什么样的工作，经过怎样的努力取得什么样的成就。

拓展阅读：
人生要有
目标

（2）提升工作技能，做足职业准备。大学阶段主要的学习任务还是理论知识的学习，但未来走上工作岗位需要从业者具备各方面的工作能力。技术岗位需要从业者拥有专业的技能，非技术岗位则需要从业者具备沟通协调能力、组织能力、社交能力、抗压能力等综合能力。因此无论是什么专业的大学生，都应该把握住任何实践学习的机会。比如在日常的课余时间，可以多参加一些校内校外的实践活动，在活动中锻炼提升自身的综合素质和能力，又如可以通过网络资源自主学习各种办公软件，为今后走上工作岗位打下扎实的基础。

3. 增强自身的社会责任感

马克思在《关于费尔巴哈的提纲》中写道："人的本质不是单个人所固有的抽象物，在其现实性上，它是一切社会关系的总和。"每个人都不是独立的个体，而是社会的人，是生活在各种各样的社会关系之中的人。马克思在《青年在职业选择时的考虑》一文中认为在选择职业的时候要选择"一种能给我们提供最广阔的场所来为人类工作，并使我们自己不断接近共同目标即臻于完美境界的职业"。这些论断启发我们，青年大学生承载着一定的社会责任，在树立职业理想、选择职业的时候不仅要从个人需要出发，同时还要有"国家、社会、家庭"的坐标，要考虑社会的需要，响应国家的号召。新时代中国青年只有不断增强责任感，明确自身对于国家和人民的责任，自觉把自身需要与社会需求相统一、把个人前途与国家命运相结合、把个体发展与民族振兴相联系，在激情奋斗中绽放青春光芒，才能担当时代大任，成为中国特色社会主义的合格建设者和可靠接班人。

二、职业责任

（一）职业责任的概念

职业责任是指人们在一定职业活动中所承担的特定的职责，包括人们应该做的工作和应该承担的义务。职业责任是由社会分工决定的，是职业活动的中心，也是构成特定职业的基础，往往通过行政的甚至法律的方式加以确定和维护。

社会上的每一个行业都对社会或其他行业担负着一定的使命和职责，从事一定职业的人们也对本职工作担负着一定的职业使命、职责、任务。职业责任往往是通过具体法律和行政效力的职业章程或职业合同来规定的。能否履行职业责任，是一个职业工作者是否称职、能否胜任本职工作的根本问题。

（二）职业责任的种类

职业责任可分为消极责任和积极责任两种。消极责任是一种义务的责任，它的中心问题是"你为什么那么做"；而积极责任则重点强调当前状态下的活动，或是对未来不希望发生的事情的阻止行为，它的中心问题是"需要做什么"。

新时代职业责任有了更为丰富的内涵，包含个人责任、对家庭的责任、对组织的责任和对社会的责任四个层面。其中，个人责任最为重要，是其他一切责任的基础。

（三）职业责任的内容

职业责任包含两个方面的内容：一方面，职业责任意味着从业者对自己从事的职业所肩负的职责和应尽的义务；另一方面，职业责任也意味着从业者对自己从事的职业所应该承担的后果和责任。

1. 肩负的职责和应尽的义务

（1）对个人的责任。这是自我产生的责任意识，是由自己而不是因为他人强迫产生的责任意识，它要求自己对自己负责，能够对自己进行评判，是自己对自己、对自己行为的责任。

梁启超说：人生于天地之间，各有责任。知责任者，大丈夫之始也；行责任者，大丈夫之终也。一个人首先要有自我责任意识，才能谈得上履行社会责任。深刻的自我责任意识是一切行为的根基，它突显了人生存的意义。

（2）对集体的责任。这是从业人员对自己供职单位所承担的职责和义务。职业责任与职业行为是相伴随的，它既包含了职业场所和职业行为本身的客观规定，也凝结了劳动者对工作的关注与参与。

（3）对社会的责任和义务。"天下兴亡，匹夫有责"。每位职业人都是社会的一分子，都承担着一定的社会责任，社会正是通过分工把各种职业的社会责任和义务赋予每个职业人，因而每个从业者都须承担一定的社会任务，为社会做出应有的贡献。因每一种职业的具体工作都要由从业人员来操作完成，所以从业人员必须明白自己所从事的职业与社会之间的关系，从而认清自身所肩负的社会责任。例如，企业家肩负着发展经济和促进社会进步的双重历史重任，应该牢记自己对社会的责任、对国家的义务，而不是只顾着经济利益。因此每一名从业者都应该树立起强烈的社会责任意识，形成对自己所应承担的社会职责、任务和使命的自觉意识。

2. 职业责任承担的形式

每一种职业都有相关的法律法规和职业道德规范来规定从业者的职业行为及其因此而承担的责任。职业责任的承担形式不一，主要有道德责任、纪律责任、行政责任、民事责任和刑事责任五种。

（1）道德责任。道德责任是指从业人员在履行职业职责的过程中，由于违反职业道德而受到同行的批评、社会舆论的谴责或自我良心的谴责。这是从业人员最基本的一种承担职业责任形式。

（2）纪律责任。纪律责任是指从业人员在履行职业职责的过程中，因违反职业规范、职业纪律而应当受到的纪律处分，纪律处分一般有警告、记过、记大过、降级、降职、撤职、开除等。

（3）行政责任。行政责任是指从业人员在履行职业职责的过程中，因违反行政法规而依法应当承担的责任。如对律师的行政处罚就有警告、没收违法所得、停止营业、吊销执业证书等方式。

（4）民事责任。民事责任是指从业人员在履行职业职责的过程中，因故意或过失而违反了有关法律、法规或职业纪律，构成民事侵权、形成债权债务关系等依法应当承担的责任。

（5）刑事责任。刑事责任是指从业人员在履行职业职责过程中，因个人行为给国家、集体或个人造成损失、伤害，并触犯了刑法的有关规定依法应当承担的责任。

（四）提升职业责任感

职业责任感是职业人的第一素质。不管从事什么职业，缺乏职业责任感的后果都是非常严重的。那些责任感不强的建筑者，建造房屋时偷工减料，结果建成的房屋问题频发，甚至出现了事故隐患；那些责任感不强的医生，不愿意花更多的时间学好技术，结果做起手术来笨手笨脚，让病人承担着极大的生命危险；那些责任感不强的警察办起案来马马虎虎，不仅给犯罪分子以可乘之机，而且使人民群众的生命财产安全失去保障；那些责任感不强的财务人员，汇款时疏忽大意写错一个数字，给企业带来灾难性的损失……这样的人不仅给企业或客户带来损失和伤害，也使自己失去了工作的资格和机会。所以，如何提高自己的职业责任感就成为摆在我们面前的一大现实问题，我们可以通过以下几种方式提高自己的职业责任感。

1. 强化思想道德意识

人与人之间存在着巨大的差异。这差异在政治素质、文化素养和经济状况等方面各有不同，因此每个人的道德认知和职业责任感也各有不同。我们评价一个人讲不讲职业道德，往往是考量其是否遵从了该职业所要求的职业准则，或者是有无违背该职业规范。

职业责任感的强弱，往往是衡量一个人思想道德品质的一个重要尺度。有人曾做过一项"谁是办公室劳模"的调查，寻找大家心目中最重要的职业素质。在"您认为成为办公室劳模的首要条件是什么"的选项中，有 40.2％的人选择了"责任心"；27.0％的人选择"为企业、社会创造价值最多"；27.0％的人选择"在工作中具有创造性"；而选择"干活最卖力超额完成工作任务"的却只占 5.8％。如果责任心算作"德"的范畴，而将"为企业、社会创造价值"划为"才"的范畴，那么，上述调查结果可表明"德"才是大家眼中第一位的职业素质。

2. 培养责任意识

培养自己的责任意识，认真履行职业责任是当今职场的必然要求。职业责任意识引导人们把职业理想同远大理想结合起来，寻求个人需求、个人能力同社会需求的结合点，使每一名社会成员都能忠实地在自己的岗位上履行对社会、对人民的责任。如果一个人有了强烈的责任意识，就会自觉地遵守法纪，遵守各种道德规范，对自己、对他人、对社会负责，妥善处理好不同利益主体的关系，严格自律。相反，缺乏责任意识的人，往往对自己的言行极不负责，有的甚至不顾最基本的道德准则，损害他人和社会的利益。任何高尚的德行，都是以某种责任感为支撑的。无法想象一个连责任意识都没有的人，又怎么会对他人、对社会负责，成为一个道德高尚的人呢？

3. 提高主动性

职业责任感与工作的主动性是相辅相成、辩证统一的关系，责任感是主动性的内在基础,主动性是责任感的外在表现。企业中的每位员工只有具有主人翁的精神,把企业的责任内化为自己的责任,把企业的荣辱兴衰与自己的前途命运相联系,激发自己的内在潜力,以更加饱满的热情投入到自己的工作中去,才能时刻保持学习的动力,不断进取。只有个人素质得到了提升,员工有了活力,企业才能保持活力和不断发展的动力。如果把企业比喻成一座大厦,那么每名员工的职业责任感就是这座大厦的基石。

职业责任感,会让我们每个人关注企业这个大家庭;责任感,会让我们在工作中更注意自己的言谈举止、点点滴滴;有了责任感,我们才会时刻准备着伸出双手,为企业贡献力量;有了责任感,我们才会将个人融入企业,充分发挥集体中每一分子的聪明才干,将我们所有人的智慧和才能凝聚在一起,发挥出更大的能量。

4. 认认真真做事

不仅要做事,还要认真做事。行动检验真理。"负责任"不是说说就可以的,做起来可没有那么容易。在生活中,有大部分的时间是和工作联系在一起的,而工作中对责任的态度就决定了你对人生的态度。所以,如果不愿意拿自己的人生开玩笑,就要在工作中勇敢地负起责任。一个人是否可靠,是否可以托付,是通过一件件事情的完成来感觉和判断的。弄虚作假,早晚会被察觉。虚假的事情,无法自圆其说。

5. 不找借口

在日常工作中,判断员工有无责任意识的一个标准就是员工是否会为工作未达到目标而找借口。工作中,一旦没有达到预期目标,找借口不仅于事无补,反而会分散精力、浪费时间,养成推脱责任、散漫慵懒的工作作风。但凡成功的人,都是敢于承担责任、从来不找任何借口的人。员工要养成"不找借口找原因"的思维习惯,一旦工作中出现失误,能勇于负责,把精力集中在解决问题上,减少失误带来的损失。

做事不找借口,秉持这种信念,就会不断超越自我,走向成功。做事不找借口,不仅要求你停止遇事找借口的惯性思维,还要求你停止"这不关我事"的思维,积极负起责任,发挥更大的能量,收获更大的成功。

今天这事不关你事,那事不关你事,很快工作和学习中的所有事情就都不关你的事了。反思一下自己,你的身上是否存在冷漠、麻木、不负责任的影子呢?

企业招聘员工就是为了解决问题,为企业排忧解难。而遇事找借口,动辄说"不关我事"的员工不仅不能为企业排忧解难,反而还会制造问题和烦恼,这样懒散、不肯动脑、破坏大于产出的员工,试问哪家企业会喜欢呢?

6. 重视结果

对企业来说,能够做事情、出结果的员工才是好员工。如果你想成为一名负责任的好员工,就要经常问自己一句"我把结果带回来了吗?"

世上有一些人,他们庸庸碌碌、落魄不堪,但如果把他们立下的宏伟壮志集中起来,都足以写出一本名人传记了。有些员工整天把胸脯拍得震山响,但即使领导把最简单的任务交给他,他也拿不出结果。这些人是语言的巨人,行动的矮子,企业的"蛀虫"。

墨子讲:"言不信者行不果。"可见,光说不做是出不了结果的,要想出结果,就得展开行动,努力去做。做负责任的好员工,至少要干得比说得漂亮,做得比答应得精彩。《论语》中讲"言必信,行必果",员工工作也要如此,说了就一定要做到,做事就一定要出结果。

7. 想方设法履行承诺

在工作约定进行过程中,遇到事先没有预想到的困难如何保证承诺的兑现呢? 不重视约定的人,总是强调客观原因;而遵守约定的人,则能够承担个人利益的牺牲,千方百计地履行承诺。

📘 总结案例

糖丸之父——顾方舟

舍己幼,为人之幼,这不是残酷,是医者大仁。为一大事来,成一大事去。功业凝成糖丸一粒,是治病灵丹,更是拳拳赤子心。你就是一座方舟,载着新中国的孩子,渡过病毒的劫难。

这是 2019 年感动中国年度人物颁奖盛典上,对我国著名病毒学专家、脊髓灰质炎疫苗研发生产的拓荒者——顾方舟的颁奖词。1957 年,31 岁的病毒学家顾方舟临危受命研制脊髓灰质炎疫苗。为加快进度,他举家搬到云南大山深处的科研所,在疫苗问世后,顾方舟和同事们除在动物身上试验,还自己以身试药;为尽快确定安全性,顾方舟还偷偷隐瞒家里人,喂自己孩子疫苗。1965 年,脊髓灰质炎疫苗向全国推广以来,"脊灰"的年平均发病率大大降低。自 1994 年以来,中国已无本土引起的脊灰病例。之后,他又成功研制出了方便运输、小孩爱吃的糖丸疫苗。使千万儿童免于致残。2000 年,世界卫生组织宣布中国为无脊灰状态。

分析:顾方舟说他这一生只做了一件事,但是,他一生坚守自己的职业理想,用自己的青春扛起了职业责任。他为我们将来从事自己的职业,提供了榜样和学习的力量。

🔍 课 堂 活 动

你是一个有责任感的人吗?

一、活动目标
引导学生了解职业责任的内涵,找出自身可能存在的差距。

二、活动时间
建议 10 分钟。

三、活动流程
1. 教师出示以下问卷,并请同学们进行测评。

你是一个有责任感的人吗? 请根据第一感觉作答(A. 是　B. 否)。

(1) 与人约会,你通常准时赴约吗?　　　　　　　　　　　　　　　(　　)

(2) 你认为自己可靠吗?　　　　　　　　　　　　　　　　　　　(　　)

（3）你会未雨绸缪地储蓄吗？　　　　　　　　　　　　　（　　）

（4）发现朋友违法犯罪，你会通知警察吗？　　　　　　　（　　）

（5）外出旅行，找不到垃圾桶时，你会把垃圾装好带走吗？　（　　）

（6）你经常运动以保持健康吗？　　　　　　　　　　　　（　　）

（7）你忌吃脂肪含量过高或其他有害健康的食物吗？　　　（　　）

（8）你永远先做正事，再做休闲活动吗？　　　　　　　　（　　）

（9）你从来没有放弃过任何选举权利吗？　　　　　　　　（　　）

（10）收到别人的来信后，你总会在一两天内就回信吗？　　（　　）

（11）"决定做一件事情，就要把它做好"，你相信这句话吗？　（　　）

（12）与人相约，你从来不会失约，即使自己生病也不例外？　（　　）

（13）你从来没有犯过法吗？　　　　　　　　　　　　　　（　　）

（14）在求学时代，你经常拖延交作业的时间吗？　　　　（　　）

（15）小时候，你经常帮助家长做家务吗？　　　　　　　　（　　）

2. 请统计自己的得分。计分规则：回答"是"计 1 分，回答"否"计 0 分。参考计分标准为如下：

0—2 分：你是一个完全不负责任的人。你一次又一次逃避属于自己的责任，最终你会连自己都不相信自己。长此以往的话，你的朋友都会离你而去，并且很少有人和你这类人来往，到时候你会很苦恼。

3—9 分：在大多数情况下，你还是很负责任的，只是有时候会对事情考虑不周到，为人任性一些。不过没关系，不影响你的责任心。

10—15 分：你是一个非常有责任感的人。你行事非常谨慎，而且很懂礼貌，你为人忠诚，是个老实人，值得人们信赖。当然，你会有很多朋友。

3. 教师选择 15 个问题中的 3～5 个问题进行点评。

课后思考

1. 深入讨论"宁可人负我，切莫我负人"这句话，并列举 1～2 个身边的案例或者自己知道的故事。

2. 列举自己平时负责任的例证，或者列举自己周围的人不负责任的表现，并谈一谈责任心对于人生的意义。

职业形象

引导语

形象即社会公众对个体的整体印象和评价,是人的内在素质和外在表现的综合反映。人的言谈举止、音容笑貌和衣着打扮等属于人的外在形象,而人的内在素质——思想境界、观念理念、思维方式、价值取向、道德操守等,则属于人的精神形象。人的形象归根结底是人的内在气势的外化,是人的精神风貌的外渗和表现。

职业男性穿上西装,打上领带,职业女性穿着职业套装,这并非为了好看,而是为了标准化、规范化、效率化,简而言之就是要求每个人都充分地表现出最优秀的自己。外表的优秀靠形象,内在的优秀靠智慧与修养,一个从不关注自己外表形象的人,也不能充分地挖掘出自己的内在智慧。

形象设计作为一门新型的综合艺术学科,正走进我们的生活。每个人都希望以一个良好的个人形象展示在公众面前,对于即将进入职场的大学生,本模块内容将带领你开启职业形象的大门。

2.1 职业形象设计

导入案例

佳音的入职初体验

佳音新应聘进入一家大型国有企业法务部工作,在这之前她在一家互联网公司上班。入职第一天天气很好,阳光明媚、鸟语花香,她穿了一条夸张的破洞牛仔裤、顶着一头金发去上班。然而,走进办公室,迎接她的是同事们诧异的目光。下班时,上司特别提醒她注意着装。佳音有些不理解。在仔细观察上司和周围同事的着装后,佳音有些醒悟了:自己的发色和牛仔裤的确和公司严谨的氛围不符。第二周她换了一套西装并染回了深色头发,周围同事看她的眼光也平和了许多。

分析:第一印象对职场新人来说非常重要,职场人都应当认真对待个人的职业形象,这是事业成功的助推器,它关系到个人职业生涯的走向。佳音忽视了法务职业穿着的相关要求,影响到了自己的职业形象。

一、职业形象概述

(一)职业形象的含义

职业形象是指从业人员外在与内在的综合表现。外在职业形象并不是简简单单的外貌长相和穿衣打扮,而是通过衣着打扮、言谈举止,反映职业人员的个性、形象,是个人与其职业相适应并在公众面前树立起来的能反映其内在气质和职业特点的外在形象及行为举止。

(二)职业形象对职业发展的意义

每一个职业都有其特定的职业形象。高雅有品质的职业形象不但能够展示个体的能力、专业水平和社会地位,还可以使人在求职、社交活动中彰显自信与尊严,对职业发展具有重要意义。

1.展现性格特征

一个人的衣着打扮、言谈举止无时无刻不展现出其性格特征,好的职业形象会助推他人对自身性格品质的判断。言谈举止反映品德修养与性格气质,如专业的销售人员,都会穿西装、打领带,给人一种果断、专业的感觉。

2.提升工作业绩

沟通所产生的影响力和信任度来自语言、语调和形象,其中形象起到的作用最大、影响最深。比如有些企业在招聘员工时,尤其倾向于职业形象优秀的应聘者,因为他们认为职业形象优秀的员工容易在众人面前获得较高认可度,与人合作过程中自然提高了工作效率,从而提升个人工作业绩。

3.助推职业生涯

职业形象是职场人士的名片,良好的职业形象有助于职业生涯发展。拥有得体的举止、自信的谈吐、合适的穿搭、良好的形象,做一个气质和能力都出众的人,将在很大程度上影响个人的发展和进步。优秀的职业形象与修养在职业发展中可以成为有力的助推器。

二、职业仪容

仪容通常是指人的外观、外貌,重点是指人的容貌,由发型、面容等构成,是个人仪表的基本要素。当今社会是一个既注重内在美又讲究外在美的社会,保持清洁是最基本、最简单、最普遍的美容。

在工作场合中,每个人的仪容都会引起公众的特别关注,并将影响对方对自己的整体评价。我们也应重视自己的外在美,也就是仪容美。

(一)发型修饰

发型是仪容的重要组成部分,也是他人第一眼关注的地方,整洁得体的头发不但令人心情愉悦,更能给人留下美好的印象。发型的式样和风格又将极大地体现出人物的性格及精神面貌,符合个人形象特色的发型还能够修饰脸型,使人显得更年轻时尚。修饰头发应做到以下几点:

1. 头发整洁

发型最重要的原则就是干净和整齐,头发要勤于梳洗打理,可根据自己的发质和工作环境以及气候决定,以保持头发整洁光亮有弹性。当头皮出汗、出油、蓬垢、有头屑时,一定要选择适合的洗护用品及时打理。

2. 长短适中

头发的长短要符合职业身份、工作环境等因素,不同职业按照不同的标准和要求,以端庄、典雅为宜。男士头发的标准是前不覆额,侧不掩耳,后不及领;女士必要时可以盘发、束发。

3. 适度美化

头发可根据个人性格特征以及职业形象,做出一定造型进行美化。可以选择染色、烫发,但切忌出现过于鲜艳的颜色和浮夸造型。谨慎使用头发护理产品,不应选择让头发看起来非常僵硬的定型和护理产品,应选择能使头发变得柔软光泽的产品,既能跟上潮流,又非常职业化。

(二)面部修饰

面容,作为最令人注目的地方,其美化修饰是非常重要的,必须予以重视。干净整洁的面部辅之以适当的修饰,通常会给人清爽宜人、淡雅美丽之感。进入职场,适度而得体的妆容,可以更好地展现职业人员的风采,也是尊重别人的礼貌行为。

1. 修饰眼部

眼睛是心灵的窗户,是人际交往中被人关注最多的地方。修饰眼部要注意保持眼睛的清洁,及时清除眼部的分泌物。佩戴眼镜时,应注意保持眼镜的清洁。

眼部的修饰尤其不要露痕迹,眼线要循着自己的眼形,不要为改变眼形,而使眼线画得太高或太长,下眼线要淡,可描成虚线,或只描眼尾处。眼线画好后,可以用手指轻轻向上晕染开。眼影从内向外逐渐变淡。眼部化妆也可以不画眼线和眼影。

2. 修饰眉毛

眉毛应以自然美为主,依据脸型修理不同样式的眉形能使人的脸部显得轮廓分明。个别眉毛较粗浓的人,或者眉毛较淡、形状不太理想者,可以请专业修眉师帮助美化修饰。

画眉方法:首先用眉刷把眉毛刷整齐,然后在眉头与鼻子在一条直线上画辅助线,确定眉尾的位置和确定眉毛下面的位置,接着确定眉毛的宽度,在眉毛的2/3处做记号确定眉峰的位置,把所有的位置都确定好了,连接交叉点填满颜色,最后检查眉型。

3. 修饰口部

坚持早晚刷牙,保持口腔清洁无异味。与人交谈时要保持一定的距离,切勿口沫横飞。即将进入公共场合前,不要吃有刺激气味的东西,必要时,提前漱口祛除气味。适当呵护自己的嘴唇,防止嘴唇干裂、暴皮和生疮。

唇部的化妆避免用过于鲜艳的口红,建议涂上浅红色或纯度低的棕红、淡玫瑰红等。如果唇色很好,只涂唇油使之富有光泽即可。

(三) 肢体修饰

1. 修饰手部

在日常生活中,手需要与人接触,从健康、卫生的角度讲,餐前便后、外出回来及接触物品后,应及时洗手。手指甲应定期修剪,长度以不能从手心的正面看见为宜。

2. 修饰腿部及脚部

修饰腿部,应当注意细节,工作场所忌光腿、穿搭破损丝袜和暴露腿部。修饰脚部,应注意以下几点:勤洗脚,勤洗鞋,勤洗袜,勤剪脚指甲。

(四) 职业妆基本要求

职业妆是适用于职业人士的工作特点或社交环境的妆容,要突出自然、端庄大方、自信和精神饱满,与办公场所相称,尽量避免不必要的化妆。

(1) 修饰得体。在职场中,通常都要对自己做一番修饰,修饰得体对提升个人魅力至关重要。化妆意在使人变得更加美丽,因此在化妆时应适度修饰、扬长避短,不要自行其是、任意发挥、寻求新奇,也要注意适度矫正,以使自己化妆后能够恰当得体地提升美感。

(2) 真实自然。自然是化妆的生命,应努力达到"妆成有却无"的效果。化妆要求美化、生动,更要求真实、自然,淡妆为主,少化浓妆,讲究过渡、体现层次。化妆的最高境界,是显得天然美丽而不矫揉造作。

(3) 整体协调。高水平的化妆,强调的是整体效果。充分考虑光线对化妆的影响力,使妆面与全身、场合、身份均协调统一,体现出优雅的品位。

(4) 饰物适宜。遵守以少为佳、同质同色、符合身份的原则。佩戴饰物要考虑人、环境、心情、服饰风格、妆容等诸多因素的关系,力求整体搭配协调。

(5) 修饰避人。化妆应在无人之处,可在化妆间或洗手间进行,勿当众化妆,勿残妆露面。

案例阅读 2–1

营销员晓敏的困惑

晓敏是一位初入职场的营销员,负责商场某儿童品牌服装的销售工作。为了更好地展现自己,入职第一天她做了一番精心打扮,穿了一条超短裙,背一个大牌的手提包,还配了一条宝石项链和一对钻石耳环。满怀信心的晓敏,只要有顾客走进门店,她都上前热情招呼并询问是否需要帮忙,可是第一天工作结束,晓敏感受到的却是顾客们对自己的"冷漠",也没有一个顾客在门店购买服装。第二天她依旧精心打扮自己,还是类似的穿搭,不管晓敏怎么动情地讲解,顾客走进门店还是逛一逛就走了。晓敏深感疑惑。

分析:职业人士的穿着打扮应与所从事的职业相适应,不适合职业服饰会严重影响职业形象。晓敏忽视了营销员职业平易近人、正式着装的岗位需求,无形中与顾客产生了距离感,营销服务质量严重受影响。

三、职业服饰

服饰是一种无声的语言,体现了一个人的文化品位、艺术修养,以及为人处世的态度。正确得体的着装,能体现个人良好的精神面貌、文化修养和审美情趣。

在职业装中涉及较多的三类服装是制服、男士西服和女士服装,简称"三服",都有其不同的着装礼仪。

（一）企业制服

企业制服是指由某个企业统一制作,并要求某一个部门、某一个职级的员工统一穿着的服装。穿着制服时要保证制服的干净、整洁、完整,不允许出现又脏又破、随意搭配、混穿的现象。

（二）男士西服

男士穿着西装时,衬衫的领子要挺括,不可有污垢、汗渍;下摆要塞进裤子里,系好领扣和袖扣;里面的内衣领口和袖口不能外露。穿西装一般应系领带,领带结要饱满,与衬衫领口要搭配;长度以系好后大箭头垂到皮带扣为宜;领带夹夹在衬衫的第三粒与第四粒纽扣之间。皮鞋的颜色不应浅于裤子,最好选深色,黑皮鞋可以配黑色、灰色、藏青色西服,深棕色鞋子配黄褐色或米色西服,鞋要上油擦亮。袜子一般选择黑色、棕色或藏青色,与长裤颜色相配。三件套的西装,在正式场合下不能脱外套。

（三）女士服装

女士服装应尽量考虑与具体的职业分类相吻合。服饰的质地应尽可能考究,舒适方便,以适应整日的工作强度。较为正式的场合,应选择女性正式的职业套装或套裙;较为宽松的职业环境,可选择造型感稳定、线条感明快、富有质感挺括的服饰。暴露、花哨的服饰是办公室所禁忌的。

四、职业姿态

姿态是指人们在外观上可以明显察觉到的活动、动作,以及在动作、活动之中身体各部分呈现出的样子。在人际交往中,优雅的姿态可以透露出自己良好的礼仪修养,增加好印象,进而赢得更多合作和被接受的机会。

拓展阅读:
周总理的
"纸镜"

（一）站姿

站立是职业交往中一种最基本的仪态。优美的站姿是保持良好体态的秘诀,也是训练优美体态的基础。男士站姿总要求是姿势挺拔,刚毅洒脱;女士则应秀雅优美,亭亭玉立。

正规站姿应注意:抬头挺胸,立腰收腹,目视前方,双臂自然下垂,双腿并拢直立,两脚尖张开 60 度,身体重心落于两腿正中;男性也可两脚分开,比肩略窄,将双手合起,放在腹前或背后。工作场合站姿包括垂直站姿、前交手站姿、后交手站姿、单背手站姿、单前手站姿。

（二）坐姿

坐姿是指人在就座以后身体所保持的一种姿势。对大多数人而言,不论是工作还是休息,坐姿都是其经常采用的姿势之一。坐姿的基本要求是身体直立端正,神态从容自如,全身自然放松。

常态坐姿应注意:入座时要轻要稳;面带笑容,双目平视,嘴唇微闭,微收下颚;双肩放松平正,两肩自然弯曲放于椅子或沙发扶手上;坐在椅子上,要立腰、挺胸,上身自然挺直;双膝自然并拢,双腿正放或侧放,双脚平放或交叠;坐椅子上,至少要坐满椅子的 2/3,脊背轻靠椅背。工作场合坐姿包括正襟危坐式、垂腿开膝式、双腿叠放式、双腿斜放式、双脚交叉式、双脚内收式、前伸后屈式。

(三) 行姿

端庄文雅的走姿是最引人注目的身体语言,也最能展示一个人的气质与修养。走姿可以体现一个人的精神面貌,女性的走姿以轻松敏捷为宜,男性的走姿以协调稳健为宜。

身体重心稍前倾,抬头挺胸收腹,上身正直,双肩放松,两臂自然前后摆动,脚步轻而稳,目光自然,尽量走出从容、平稳的直线;步速平稳,行进的速度应保持均匀、平衡,不要忽快忽慢;行走时应遵守行路规则,行人之间互相礼让。

(四) 蹲姿

蹲姿是指由站立的姿势转变为两腿弯曲和身体高度下降的姿势。职业中蹲姿是人们在较特殊场合下所采用的一种暂时性的体态。虽然是暂时性的体态,仍需特别注意,因为正确恰当的蹲姿能够体现一个人的修养,不恰当的蹲姿有损形象。

1. 高低式蹲姿

男性选用这一方式时较为方便。其要求是:下蹲时,左脚在前,右脚在后。左脚应完全着地,小腿基本上垂直于地面;右脚则应脚掌着地,脚跟提起。此刻右膝低于左膝,右膝内侧可靠于左小腿的内侧,形成左膝高右膝低的姿态。臀部向下,基本上用右腿支撑身体。

2. 交叉式蹲姿

交叉式蹲姿通常适用于女性,尤其是穿短裙的女性。它的特点是造型优美典雅,其特征是蹲下后两腿交叉在一起。其要求是:下蹲时,右脚在前,左脚在后,右小腿垂直于地面,全脚着地,右腿在上,左腿在下,二者交叉重叠;左膝由后下方伸向右侧,左脚跟抬起,并且脚掌着地;两脚前后靠近,合力支撑身体;上身略向前倾,臀部朝下。

总结案例

打造职业形象　迎接新职场

2022 年高校毕业生达 1 076 万人。一个良好得体的职业形象可以帮助毕业生更加顺利地参与社会的求职,能够更好地融入职场工作和社交等各项活动中。职业形象是人们从事一定职业的必然要求,也是商务礼仪的重要内容之一,良好的职业形象可以更好地帮助职场新人迈出职业生涯的第一步。

职业形象设计的运用不但体现了个人的自身素质,也折射出你所在工作单位的综合实力。职业形象的运用具有共通性和差异性,要得体、适时地设计职业形象,还需要根据所在环境的要求变通,不可生搬硬套,造成与环境格格不入的情况。职业形象设计是一门社会科学,也是一种艺术的运用。

职业仪容与服饰,看似属于外在“包装”,却是个人内涵的外延。试想一个人如果没有接受专业的教育,也很难有高雅的举止,更难拥有优美的言谈。正是从这个角度,别人会通过你的外在穿着打扮、待人接物,推测你的内涵与素质水平,留下第一印象。

　　放眼社会,有些人因为不注重自己的职业形象与礼仪,步入误区,与好工作失之交臂。因此,即将步入职场的我们,要学会打造自己的职业形象,迎接新职场,职业形象设计是职业生涯的第一步,也是从求职走向工作的一个重要过程。职业形象设计需要结合自身职业历程,不断进行提升和修复。

🔍 课·堂·活·动

职业仪容服饰技能比拼

一、活动目标

提升学生职业形象塑造能力,加强学生对职业形象规范的理解。

二、活动时间

建议 30 分钟。

三、活动流程

步骤 1:全班以小组为单位派代表参加比赛,利用全组成员物品打造完成个人职业标准仪容服饰(男女分组)。衣着搭配规范,发型标准整洁,妆容得体精美。

步骤 2:前期准备 10 分钟,进行形象塑造;

步骤 3:过程 5 分钟,进行展示;

步骤 4:评价总结 15 分钟,互评总结,如表 2-1、表 2-2 所示。

表 2-1　职业仪容服饰技能比拼(女生组)

考 核 项 目	分　　值	得　　分
职业着装	30	
职业发型	30	
职业仪容	40	
合　　计		

表 2-2　职业仪容服饰技能比拼(男生组)

考 核 项 目	分　　值	得　　分
仪容仪表	50	
职业发型	50	
合　　计		

课 后 思 考

通过比赛,小组互评,教师点评指导,检验自己对职业形象知识的掌握程度,并谈谈如何将形象礼仪知识转化为实际操作能力。

2.2 　职场面试与礼仪

导 入 案 例

小张的面试经历

某校电子专业教师的招聘考试中,小张的笔试加说课的总成绩排在第三,和第一名总成绩差了 8.5 分。但小张没有气馁。在最后一项技能考试面试环节中,小张身穿工装,足蹬胶鞋,背着自己常用的电工箱子,自信地走进了电工操作的现场。评委们的目光都被她的岗位气质吸引住了。随着她行云流水一般的操作结束,评委们热烈鼓掌。她最后以 10 多分的优势胜出,成为这所学校的专职教师。

分析:掌握正确的仪容仪表礼仪,会给面试官留下良好的印象。在面试中,应聘者的着装礼仪和工作能力同样重要。虽说留下完美的印象未必会被录取,但若给面试官留下不好的印象,极有可能名落孙山。

一、求职仪容

(一)形象服饰

形象,可以决定面试走向,好的第一印象,不但能让别人眼前一亮,而且可以让对方更容易记住你。在应聘过程中,面试官会根据个人形象对应聘者的学识、品位、修养、习惯等做出初步判断。

1. 着装原则

个人服饰作为面试中极其重要的物化语言,可传递出多种个人信息。具有美感且适宜的服饰搭配,既能给面试者带来巨大自信,同时也能从侧面体现应聘者个人能力。衣着作为展示个人形象的重要手段,在扬长避短的同时,也应遵循面试职位的实际要求,有针对性地做好前期准备工作。

(1) TOP 原则。TOP 原则是着装原则之一,它们分别代表时间(Time)、目的(Object)和地点(Place),即着装应该与当时的时间、目的和所处的地点相协调。在选择服装时,应当兼顾时间、目的、地点,并应力求使自己的着装与具体面试协调一致。

（2）整体性原则。正确的着装，能起到修饰形体、容貌等作用，形成和谐的整体美。面试着装应端庄得体、保持整体协调统一，表现出稳重大方、富有涵养的个人形象。

（3）整洁原则。应聘者在任何情况下，衣着应保持干净整洁。衣服不能沾有污渍，不能有崩线的地方，更不能有破洞，扣子等配件应齐全，衣领和袖口处尤其要注意整洁。

2. 男性注意事项

头发清洁整齐，长短适中，发色庄重；穿着单色衬衫，西装以素色为宜，穿着前熨烫笔挺；领带应平整、紧贴领口，可夹领带夹；在裤子的选择上，尽量选择有中折线的西裤进行搭配，有型又稳重。服装与鞋袜颜色应以保守为主；清洁脸部、手部，保持体味清新；眼镜镜框款式应简洁大方。

3. 女性注意事项

发型文雅端庄，梳理整齐，发色不可过于鲜艳；着装大方得体，可以根据个人个性选择裙装或裤装，裤装更显干练，裙装给人感觉更为亲近，裙长应在膝盖上下；无过多配饰，配饰应简单大方；鞋子光洁明亮，跟高合适；不宜喷过多香水。

（二）仪容要求

1. 精致适度

面试仪容装饰既是提升自信的手段，也是对面试官的尊重。面试妆容塑造要扬长避短，整体协调统一，展现应聘者的个人魅力。适当的淡妆可提升个人气质。

2. 简洁大方

面试仪容的修饰，做到简洁、大方即可，从发型到面部整个仪态和容貌，给人以舒服的感觉，切忌修饰过度产生累赘之感。

3. 修饰避讳

在公共场合化妆、补妆是极为失礼的事情，显得层次格局不高，有损应聘者的个人形象。如需补妆，应到化妆室等较为私密的地方进行。补妆时，应及时查看发型是否整齐、口红是否沾染、面容是否脱妆、衣着是否异常。

二、面试前礼仪

（一）前期准备

1. 收集招聘单位资料

应聘者在面试前应提前了解面试单位的企业文化、经营业务等情况，针对性地做好准备工作，可增加面试者的信心。

2. 个人简历与资料

应聘者需准备电子版和纸质版的个人简历，简历内容应真实无误，简单明了。同时，还应准备各类证件及证书的原件、复印件、扫描件。

3. 演练面试礼仪

在面试到来前，应聘者应先熟悉和练习整个面试流程，如入门、入座、站姿、手势、递送物品等以及自我介绍的表述。同时，面试前一定要试穿面试服装，以便提前发现问题及时处理。

（二）守时守约

面试应提前 15 分钟到达指定地点，做到守时守约，以表诚意，增添用人单位的信任度。无论迟到还是违约，都是极其不尊重面试官的行为。如因客观原因造成无法按时赴约，应在第一时间主动打电话通知用人单位，无论是否得到许可，都应表示感谢。

（三）举止仪态

1. 行姿

行姿基本要求是"舒展、庄重、稳健"。正常行走姿势，应当是身体重心前倾，昂首挺胸，上身保持直立，两腿步伐伴有节奏向前迈步；两眼目视前方，目光自然平静，不要眼神涣散。男性应步伐沉稳有力，女性应步履自然，均以直线方向行进。

2. 站姿

站姿基本要求是身体直立，双腿稍开，姿态稳定，目视前方。站姿禁忌有：双手叉腰、手放进裤袋、东倒西歪、耸肩勾背、左摇右晃、弯腰驼背等。

3. 坐姿

坐姿基本要求是入座时要轻而缓，动作协调柔和，不随意拖拽椅子，应轻轻用手拉出椅子。尽可能坐在椅子的 1/2 处，从椅子旁边走到椅子前入座，背对椅子轻轻坐下。落座后，挺胸收腹，腰部挺起，将两臂及双手收于腿上。

4. 手势

手势应当规范，尽量少用，不可滥用。面试时，手势不宜多，动作不宜过大。面试中不得用手抓挠身体的任何部位、避免出现拉衣袖、抓头发、抓耳挠腮、玩饰物、揉眼睛、不停抬腕看表等手势动作。如需送上材料时，应将材料文字正面面向面试官，双手奉上，表现大方得体。

三、面试中礼仪

（一）入门礼仪

面试者进入面试房间前，仔细倾听是否被叫到名字，如被叫到，应第一时间回复"到"，而后进入面试房间。无论房门是虚掩着还是开着，都应敲门在得到应允后进入，切勿冒失闯入，给人无礼的印象。开关门动作应轻巧缓和，在向各位面试官行礼问好后，主动报出姓名，未经允许不得擅自坐下，等待面试官说"请坐"后，方可落座，坐下时姿态优雅，端庄得体。

（二）握手礼仪

在求职面试过程中，握手为常用礼仪。握手既能增进交流，同时还能树立应聘者良好个人形象。握手的标准方式为两者相距一步远，双足立定，上身微微前倾，伸出右手，四指并拢，拇指张开与对方相握，虎口相交，握力适中，随即分开，恢复原状。与人握手时，表情要自然、热情、友好，双眼注视对方，切勿东张西望。

（三）自我介绍

通过自我介绍，主动地向面试考官推荐自己，这是面试环节的重要内容，同时也是面试测评的重要指标。一段优秀的自我介绍，能够让面试官对你产生兴趣，有继续了解你的欲望。相反，一段乏味的甚至是背模板式的自我介绍，只会让面试官对你失去耐心。

自我介绍也是一种说服的手段与艺术，你不仅仅要告诉面试官们你是多么优秀的

微课：
面试礼仪

人,你更要告诉他们,你非常适合这个工作岗位。与面试岗位无关的内容,即使是你引以为荣的优点和长处,自我介绍时也要忍痛舍弃,以突出重点。

1. 说清楚"我是谁"

简明扼要地说清楚你是谁,包括姓名、籍贯、毕业院校,有几段工作实习经历,最近的一次工作经历是什么。这能让你面试官对你的基础信息有一个最直接的了解。当然你也可以给自己贴标签,运用三个标签来描述自己,按"确定标签→展开标签→重述标签"来升华自我介绍。让自己的介绍更生动一点,这样也更能吸引面试官的注意力。

2. 展示特点优势

个人的特点优势是面试官最想了解的,也是你能否被录用的关键,而这一部分也包含着对你的逻辑思维能力和语言能力的考察。

在介绍自己过往经验时,最好先说你最近一段的工作经历,你在这段工作中担任什么样的角色,负责什么工作内容,参与过什么项目,取得了什么样的成就。

当然你可以选取一个你认为最能体现你能力的项目来着重介绍一下,介绍的时候也要有逻辑,比如这个项目是什么内容、你负责什么部分、最后取得了什么样的成绩,最好使用 SWOT 分析法来描述。SWOT 分析即基于内外部竞争环境和竞争条件下的态势分析,就是将与研究对象密切相关的各种主要内部优势、劣势和外部的机会和威胁等,通过调查列举出来,并依照矩阵形式排列,然后用系统分析的思维,把各种因素相互匹配起来加以分析,从中得出一系列相应的结论,而结论通常带有一定的决策性。

3. 叙述应聘原因

说出自己为什么应聘这个岗位,可以让面试官感受到你的诚心与意愿,同时也能告诉面试官自己与这个岗位的匹配度,让面试官据此判断你是最适合这个岗位的人。

4. 描述职业规划

描述你的职业生涯规划,可以让面试官了解你是否具有稳定性,以及你是否与公司的发展相匹配,有利于面试官对你做更全面的考察和衡量。一个人对自己有规划、有目标,知道自己想做什么,在面试官眼里是加分项。

(四) 神态交流

1. 全神贯注

面试过程中,切勿东张西望、表情不定,如望天花板、不停拂头发、摸耳朵、咬嘴唇、抖腿、无意识地玩手指、玩笔或笑场用手捂嘴。应聘者在面试时以正视主面试官为主,环视其他面试官为辅。回答问题时,应注意与面试官的眼神交流,不能只关注一个面试官,而"不闻不问"其他面试官。用眼神与每位面试官进行沟通是十分必要的,可以为成功聘用打下基础。

2. 保持微笑

真诚自信的微笑,既能很好地展示自己,又能舒缓面试中紧张的情绪。面试就座后,应保持微笑,礼貌回答面试官的提问,做到表情自然,切忌僵硬死板、面无表情。不良的表情动作会给面试官留下能力不强、素质不高的印象。

(五) 谈话礼节

1. 基本原则

(1) 平等原则。人与人之间的交谈是在双方平等的基础上发展的。在面试环节,应聘者更应注意与面试官的沟通交流,不可夸夸其谈,应保持谦逊。

(2)信用原则。信用是人和人之间敞开心扉的基础,应聘者在回答面试官的问题时,应真诚相待,如实告知个人情况,向对方展现自己的真诚,守信用,说实话。

2. 音调抑扬顿挫

讲话时应注意音调的高低起伏、抑扬顿挫以增强讲话效果;应避免平铺直叙过于呆板的音调,这种音调让人听着乏味,达不到预期的效果。

3. 语速快慢适中

讲话时,要依据实际情况调整语速快慢,最好不要过快,应尽可能娓娓道来,给他人留下稳健的印象,也给自己留下思考的余地。

4. 措辞谦逊文雅

切勿大大咧咧,不注重措辞,这样容易给面试官造成不好的印象。坚持以事实说话,少用虚词、感叹词,合理使用敬语,如"您""贵公司""请""谢谢"等。

5. 表达符合常规

语言的内容和层次应合理、有序展开,注意语言的逻辑性和层次感。尽量不要用简称、方言和口头语,以免对方无法听懂。当不能回答某一问题时,应如实告诉对方,含糊其词和胡吹乱侃会导致惨败。

(六)职业举止

在面试中,恰当使用非语言交流的技巧,将为你带来事半功倍的效果。除了讲话以外,无声语言是重要的公关手段,无声语言主要有:手势语、目光语、身势语、面部语、服饰语等,通过仪表、姿态、神情、动作来传递信息。面试过程中,用有声和无声的语言与动作,展示应聘者的职业化举止,可以向面试官展示"我是这个职位的最佳人员"。

1. 沟通能力

应聘者在与面试官交流过程中,应展示自己高效解决问题和沟通交流的能力,良好的沟通能力是面试加分选项。用最高效简洁的方式传递信息,在互动中认真倾听对方的观点并给出积极的回应,并在整个过程中传递尊重和谦逊。

2. 专业能力

应聘者的专业能力是对岗位胜任的关键性因素,专业能力也是决定个人职业发展能否顺利的主要因素。展示对专业知识深度与广度的灵活掌握和充分理解,通过专业知识展示,表明应聘者对录用职位的符合程度。

3. 学习能力

应聘者展示学习意愿,表明自己具有在外部反馈和工作积累里学习总结的能力,并能将学习到的经验复用在工作场景内,可适当讲解个人学习成长经验以及方法。

4. 协作能力

面试时应展现可快速融入团队的能力,具备较强的合作精神,并能积极响应团队内部各类需求,尽力提供协助,协同内外部资源完成团队工作。

(七)细节事项

1. 调整手机

面试前,应自动将手机关机或调至静音状态,防止在面试过程中,手机响起影响面试效果。

2. 善于倾听

面对提问时,应保持专注,耐心倾听面试官的提问,切勿漫不经心,精神涣散。

3. 保持安静

如巧遇熟人,切勿旁若无人地大声嬉笑打闹,不可影响他人面试,公共场合时刻注意个人素养。

🖑 案例阅读 2-2

面试轻轻关门,跨进银行大门

每年毕业季,就业形势都会非常严峻,因为优秀的毕业生太多太多。毕业生菲菲参加了一家银行的招聘,有幸在 300 多名应聘者中脱颖而出,成功被录取。

参加面试的人很多,砰砰的关门声加剧了紧张的气氛。前面面试出来的人,有的喜形于色,有的万分沮丧,排在菲菲前面的女生气质佳、个子高,相比之下,菲菲确实不如。漂亮女生笑着从接待室走出来,随着"砰"的一声关门声,下一个该轮到菲菲了,她整整衣服,向接待室走去……很幸运,问题挺简单,在要求自我介绍后,只问了几个简单的小问题。菲菲回答完后,主考官点点头,面无表情地说:"你可以走了。"没有看到考官的微笑,菲菲心想大概率是落榜了,就朝门口走去,正准备开门时,出于礼貌又返身朝他们鞠了一躬,说:"谢谢!"然后轻轻开门,又随手轻轻关上了门。

没想到一周后,银行打来电话通知菲菲,她被录取了。

第一天上班,在菲菲去领制服的时候,碰到了那天面试的主考官,他向菲菲表示祝贺。菲菲问出了她心中的疑惑,主考官说道,"那天我们接待了约 300 个应聘者,你是唯一向我们鞠躬并表示感谢的应聘者,并且关门关得那么有礼貌,我们是服务行业,礼貌待人是我们对员工的基本要求。"

分析:应聘者通过一个小的关门礼节和礼貌告别打动了主考官,说明在面试过程中,要注意每一个细节,因为对方在观察你,"细微处见精神"就是这个道理。也许我们不是最优秀的,但职业礼仪也是综合素质的一个重要方面。

四、面试后礼仪

(一) 礼貌告别

面试结束后应礼貌告别,对占用面试官宝贵时间致以感谢,然后携带好个人物品从容离开,随手将凳子归原位,关门也需要保持轻声。这不仅仅是礼貌之举,同时会给面试官留下很好的印象。

(二) 书面致谢

感谢信是对面试官的一种尊重,保持与面试官的沟通与联系,会加深面试官对应聘者的良好印象。感谢信能在表达应聘者对这份职位的热情的同时,也让面试官更加确认这是一个合适的应聘者。

(三) 询问结果

面试结束之后,要持续跟进。首先是调整心情,继续投递简历,做好再次面试的准备;一般在面试结束后一周询问上一次面试的结果。

📢 **总结案例**

良好的面试礼仪——成功的敲门砖

中华民族是礼仪之邦,礼仪自古有之。合适的礼仪可以凸显出我们的素养和底蕴,更能给人留下良好的印象,在面试中礼仪就显得更为重要了。面试不仅是双方语言上的交流、对应聘者专业能力的考验,更是对于应聘者整体形象的一次观察。在面试过程中不仅要学会流畅准确地回答面试官的问题,还要注重面试中的礼仪。

生活在重形象、讲礼仪的时代,形象专业是外秀,礼节得体是内慧,所谓"人无礼则不生,事无礼则不成"。应聘者倘若拥有丰富的礼仪知识,能够根据不同的场合应用不同的交际技巧,事业往往会如鱼得水。

礼仪是对人际关系的调解。在现代生活中,人们的社会关系错综复杂。礼仪有利于使冲突双方保持冷静,缓解矛盾。如果人们都能够自觉主动地遵守礼仪规范,按照礼仪规范约束自己,就容易使人际感情得以沟通,建立起相互尊重、彼此信任、友好合作的关系,进而有利于各项事业的发展。

仪表和礼仪是最先进入考官评价范围的测评要素,会极大影响考官的第一感觉,因此每位考生都应当重视自己的仪表形象。研究表明,个人感受到的双方仪表的魅力同希望再次与之见面的相关系数是 0.8,远高于性格、爱好等的相关系数。因此,应聘者在面试前重视自己的形象塑造和礼仪举止是十分必要的。

🔍 **课 堂 活 动**

面试礼仪实践

一、活动目标

熟悉面试流程,掌握正确的面试礼仪。

二、活动时间

建议 45 分钟。

三、活动流程

步骤 1:全班以小组为单位,进行面试者、面试官角色扮演。

步骤 2:前期准备 10 分钟,分配角色,制作姓名牌。

步骤 3:问题设置 5 分钟,设置 5~10 个问题。

步骤 4:面试过程 20 分钟,进行面试。

步骤 5：评价总结 10 分钟，互评总结。

具体面试内容，如表 2 - 3 所示。

表 2 - 3　面试礼仪实践

活　动　内　容		评　　价
面试礼仪	分组模拟面试，体验面试礼仪	合格者颁发聘书
面试着装	对模拟面试着装进行评价	合格者颁发聘书
自我介绍	综合评价自我介绍的具体内容	合格者颁发聘书

课 后 思 考

通过小组之间互评和教师点评指导，加深对所学知识的理解，并谈谈如何提升职场面试的实际操作能力。

模块三

职业能力

引导语

执行和执行力的概念对我国现代化企业的经营和管理都有着非常大的启示,这种概念和我国传统知行合一的思想有着异曲同工之处。作为企业,只有明确制定员工的执行力,建立良好的企业执行氛围,才能构建出一个具有竞争力的企业,让企业在市场竞争中具有更大的优势。而企业员工存在明显的素质差异,在领会任务的过程中,部分员工可能缺乏对任务的全面的认识,有些员工缺少团队合作意识,这时候往往存在着管理目标分配效率低、分配失衡的问题,这对于实现企业发展战略来说会形成一定程度的阻碍。提升企业员工执行力的有效措施有:改变心态,提高责任心和进取心,不断学习提高个人能力,养成良好的工作习惯,如先计划再行动、先策划再沟通、番茄工作法等。

3.1 执行力

导入案例

计划的执行力

某家钢铁公司总裁舒瓦向一位效率专家请教如何更好地执行计划的方法。专家声称可以给舒瓦一样东西,能把他公司业绩提高50%。专家递给舒瓦一张白纸,说:"请在这张纸上写下明天要做的6件最重要的事。"舒瓦用了5分钟时间写完,专家接着说:"现在用数字标明每件事情对于你和公司的重要性次序。"舒瓦又花了约5分钟做完。专家说:"好了,现在这张纸就是我要给你的东西。明天早上第一件事是把纸条拿出来,做第一项最重要的。不看其他的,只做第一项,直到完成为止。

然后用同样的方法对待第2项、第3项,直到下班为止。即使当天只做完一项,那也不要紧,因为你总在做最重要的事。你可以试着每天这样做,直到你确信这个方法有价值时,请按你认为的价值支付我报酬。"

一个月后,舒瓦给专家寄去一张2.5万元的支票,并在他的员工中普及这种方法。5年后,当年这个不为人知的小钢铁公司成为世界最大的钢铁公司之一。

分析:执行力来自良好的计划管理,做好目标设定和计划是执行力的基础,做好计划的时间管理是提升执行效率的保障。制定计划应遵循轻重缓急原则,切忌眉毛胡子一把抓;还应遵循统筹、连续、发展、便于控制和经济原则,强调计划执行的灵活性与轻重缓急的应对方法。

一、什么是执行力

执行力是指贯彻组织或个人意图,完成预定目标的操作能力。是把企业战略、规划转化成为效益、成果的关键。执行力包含完成任务的意愿,完成任务的能力,完成任务的程度。

对个人而言,执行力就是办事能力,办事效率;对团队而言,执行力就是战斗力、创造力;对企业而言,执行力就是经营能力、生产能力。而衡量执行力的标准,对个人而言是按时按质按量完成自己的工作任务;对企业而言就是在预定的时间内完成企业的战略目标。

执行力不是一个恒定量,不同的执行者,即使执行同一件事情,也可能会得到不同的结果。执行力不但因人而异,还会因时而变。如果想解决执行力不足的问题,就必须先深刻理解影响执行力的主要因素,然后运用有效的方法去逐个解决。

执行力既反映了组织(包括政府、企业、事业单位、协会等)的整体素质,也反映出管理者的角色定位。管理者的角色不仅仅是制定策略和下达命令,更重要的是必须具备执行力。执行力的关键在于通过制度、体系、企业文化等规范及引导员工的行为。管理者培养并提升自身和部属的执行力,是企业总体执行力提升的关键。

(一) 执行力的分类

执行力分为个人执行力和团队执行力。

个人执行力是指个人将团队或上级的意愿、想法,按时按质按量付诸实践,通过行动转化为目标结果的能力。不同的个人,会有不同的执行力表现,例如,企业管理者的个人执行力主要是战略决策力、组织管理能力,而企业员工的执行力主要是完成具体任务指标的行动力。

团队执行力是指一个团队把组织的战略决策持续转化为结果的满意度、精确度、速度,它是一项系统工程,表现出来的就是整个团队的战斗力、竞争力和凝聚力。

与团队执行力相比,个人执行力取决于个人的工作方式与习惯,以及是否熟练掌握管人与管事的能力,是否有正确的工作思路与方法等特质。许多成功的企业家也对团队执行力做出过自己的定义。某汽车公司前任总裁认为所谓团队执行力就是"企业奖惩制度的严格实施";也有企业家认为,团队执行力就是"用合适的人,干合适的事"。

（二）执行力目标原则

执行力的前提是有一个既定目标和计划,也就是要执行的事,而作为执行的主体,可以是个人,也可以是组织,不同的角色需要的执行力和标准也不一样。但是执行力的体现和评估,先决条件就是目标的设定,这个目标的设定,非常符合"SMART"原则的特点,即:

——目标必须是具体的(specific);

——目标必须是可以衡量的(measurable);

——目标必须是可以达到的(attainable);

——目标必须和其他目标具有相关性(relevant);

——目标必须具有明确的截止期限(time-based)。

有了这样的原则设定,执行力就变得可衡量、可实现,团队和个人之间也可以有明确的分工,从而保证整体执行力的结果。

（三）执行力的三要素

个人执行力的三要素分别是意愿、能力、环境。意愿就是要有执行的意愿,主动积极尽全力把事情做好,如果不想做,肯定做不好。执行的意愿来自目标、利益、危机。有目标才有愿望,有利益才有动力,有危机才有压力。能力就是完成任务的方法、技能、知识,也是执行意愿的保障。环境就是指团队文化、人文环境等对个人执行过程的影响。好的环境会是催化剂,坏的环境会严重影响执行力的效果。

团队执行力的三要素分别是管理、团队、文化。管理是指团队有认同的领导和管理层,也具备足够的领导力去制定团队战略。团队是指团队成员之间的匹配度、协同能力、凝聚力,可以最大化地执行管理层的意志。文化是指企业文化或团队文化,也是保证执行力长久持续的根基。

二、提升执行力的方法

执行力的提高其实是围绕影响执行力的关键因素展开的,这些因素包括团队文化、个人价值、客户价值、结果导向、沟通表达、价值观、运行机制等。

（一）团队文化

个人的执行力会影响到整个团队的执行力。团队文化对每个单元的执行力都起到至关重要的作用。首先是团队氛围:团队的氛围是团队中每个成员展示给大众的一种感觉或是风格。我们经常听到"狼性团队",也会听说某个团队价值观很正、很务实、很有活力,或者某个团队很浮夸等。不同的团队氛围就像基因一样,会影响团队中每个人的工作风格和行事原则,这也是为什么越大的企业越重视企业文化的建设。

组织管理者应该努力去为团队营造积极向上的文化氛围,增加团队间的合作、分享,同时也保持彼此之间的竞争,管理者的言出必行、信守承诺、永不言败是建立团队信任的关键,同时将正确的价值观传达给每一位团队成员。

团队中的个人,首先应理解和认同企业的文化和价值,之后是不遗余力地执行和践行这个承诺。在工作中,个人的办事风格有时候也会对团队的文化形成影响,甚至会优化和升级组织的文化。只要是积极的、得到团队认可的,再小的贡献和价值也会成为组织价值,这就要求组织中的每个人肩负起文化塑造的责任。

(二) 个人价值

企业中的个人价值包含了个人能力、品格、习惯三个方面。只有这三个方面的具体能力提升了,才能提升个人的执行力。

1. 个人能力

个人能力是指完成任务的业务能力、专注力、规划力,这几个方面是提升完成任务效果、保证完成任务时间的关键能力。做事情逻辑能力强,安排事情井井有条,最基本的一点就是能尽职完成岗位工作,例如:你是一个平面设计师,你需要运用你学会的软件、专业的设计方法去完成图片的设计、美化,接到任务之后,你对自己的工作流程是清晰的、是有计划的,这样才能保证最后设计的作品是有价值的。

2. 个人品格

个人品格包括价值观、团队精神、韧性。积极正向的价值观,其实是保证执行力提升的关键,如果一个人喜欢投机取巧,他的执行力一定是不稳定的,也是没有保障的,很可能中途就让相关项目夭折。团队精神包括愿意为团队付出,如积极参加团队活动;努力为团队做贡献,例如主动献计献策;个人利益、观点要服从于团队的利益与价值观,如不计较个人得失、有大局观;执行上级工作安排、配合各部门工作。韧性指不断提升自我,持续激励他人,坚持初心,持续进步,是从危机中快速复原并利用危机实现逆势增长的能力。

3. 个人习惯

个人习惯包括时间观念、工作流程。执行力的一个重要考核标准就是按时完成计划。很多人都喜欢压到最后一刻去完成和提交任务,风险其实是非常大的,也是个人时间观念、时间管理、工作流程安排等方面存在问题。如何避免"拖延症",提升个人工作效率,优化工作流程,可以从培养良好的工作习惯做起。

(三) 客户价值

客户价值即思考"结果为谁而做?""为谁做才会让结果变得有价值?"在公司,部门之间是合作关系,也是客户关系,是相互资源的互补支撑。公司内部难免会出现推诿、扯皮的问题。此时若以看待客户的视角对待组织成员,可以提高内部协同效率,降低内耗。管理者思考如何让员工增收,员工思考如何为企业创造更大的利润。换位思考,可以增加有效沟通,确保执行驱动力、执行工作能力。

(四) 结果导向

执行力的本质就是以结果为导向,目标为导向。如果不以结果为导向,只是单纯地去完成任务,就会出现例行公事、应付了事的情况,既不对过程负责,也不对结果负责。简单而言,就是形式大于内容。

但如果在执行的过程中,是以结果为导向,那么结果只会有两个,一个是好的结果,一个是坏的结果,自然所有人都会追求好的结果。好的结果有相应的评判标准,可能包含完成的时间、完成的质量、完成需要的成本等。所以在执行任务的始终,我们都应该是一种以结果为导向的态度,保证每个环节都是对结果负责的,这样我们的执行力也会提高。

（五）沟通表达

沟通表达在执行环节中起到承接、激励的作用。一方面，通过正向的沟通和对外表达，我们的工作成果会得到团队或者领导的认可，这样的认可或互动还是非常有激励作用的。人的大脑要保持兴奋的状态就需要短期的实时的奖励，这就是为什么有些游戏总是很吸引我们，因为在此类游戏里，玩家实时和系统有互动，系统也会通过金币、经验值实时奖励玩家。所以在工作中，不能一味地埋头苦干，还是需要在过程中的关键时间节点和同事、领导进行必要的反馈和互动，这样才能及时地纠错调整。当然，也要避免另外一个极端，就是事无巨细地汇报和请示，这样是缺乏自信和独立思考能力的体现。对关键时间节点或者任务节点的把握，以及掌握正确的沟通方式就非常重要。

（六）运行机制

运行机制更像是描述一部机器。一个机器的运转，就是不同的零部件之间配合、运转、互相支持的结果。每个人有每个人做事的运行机制，这个机制是否是高效的，会影响个体的执行的效率和效果；而团队的配合机制是否合理，也会影响到团队的执行力。

首先，个人做事的机制就是前文提到的个人习惯。个人风格强，团队的差异就会很大。我们在工作中应该经常反思我们自己的习惯和风格是不是足够高效、是不是合理。同时，也要和身边的人学习好的习惯，就像校准机器一样，通过不断实践去调整个人做事的习惯，形成一个更高效的团队机制。

其次，团队的运行机制是否高效，一方面看的是流程设计是否合理，分工是否明确，团队成员是否能胜任分工，一环出了问题其他环节有没有补救方案和机制。另一方面就是团队激励机制是否合理。合理的机制会对成员有实时激励，这也是驱动组织高效的法宝。当团队的运行机制构建完善了，与个人的机制紧密配合，协调统一，就能确保整个团队的高效执行力。

三、提升个人执行力，克服拖延症

执行力对于执行者个人来讲，说到底就是一种以尽职尽责的执着行动，把决策转化为结果的能力、毅力和效力。所以，提高执行力，必须强化对决策加以执行的责任感。如果团队所有成员都能以强烈的责任感来各司其职、各尽其责、紧密协同，把决策一步一步落实到位，那么团队的执行力就会大大提高。执行力源于责任心，责任心决定执行力。强化责任感，是提高执行力的必然要求和根本所在。

所谓拖延症，就是把事情拖到明天再做，明日复明日，如果拖延超过了一定限度，就会对生活或者工作带来不好的结果。拖延症的本质，是对一些事情优先程度的安排不同。人们通常不会因为懒惰或时间安排不当而推迟工作，而会因为没有合适的心情去完成任务。这会使你深陷拖延恶性循环中。你确定自己的心情不适合工作，因此就会分散注意力去做别的事情，比如查看电子邮件、浏览新闻、清洁办公桌、与同事聊天等。等到你调节好心情，就会发现浪费了太多时间，从而感到愧疚。这只会让你的心情更糟糕，并且随着截止日期的临近，你的心情会比初次推迟任务时更糟。克服拖延是指通过正确的策略有效完成工作。无论如何,马上去做或者试着分解项目,找到可以快速且轻松地完成的较小任务。不知不觉中,这些较小的任务就完成了,而整个项目也不再令人生畏了。没有什么方法比一项一项划掉待办事项更合适的了。这会激发你的积极性,不断前进。设定不切实际的目标很容易使你变得沮丧,向负面情绪低头,导致拖延。此外,设定切合实际的目标会使事情变得积极,从而使你保持合适的工作心情。

📖 总结案例

番 茄 工 作 法

效率,通常是指单位时间内所能完成的工作量。学习效率,就是单位时间内能完成的学习任务量。比如,小红一小时能背 50 个单词,而小蓝能背 80 个,就会说小蓝的学习效率高于小红。小绿做完一组练习题要 30 分钟,而小橙只要 20 分钟,那小橙的学习效率就高于小绿。当然,前提是保质完成。

学会提高学习效率,能在单位时间内,完成尽可能多的学习任务。以下是学习效率的提升之道。

提高效率的第一要义就是明确学习目标。有目标才能有的放矢,因此要明确短时间内最重要的任务是什么。我一般会准备一张纸,把自己想要完成的目标写下来。先写最急迫、最重要的任务,一次只写一个,一个完成后再写另一个。这样,可有效避免什么都想做,每项任务都开个头,但到头来什么任务也没完成的情况。歌唱家帕瓦罗蒂就曾说过,成功的秘诀是"只坐一把椅子"。如果想同时坐在两把椅子上,就会从椅子中间掉下去。

第二要义就要行动。在执行任务时往往会遇到很多拦路虎。比如,准备今晚集中精力好好学习,可刚学一会儿就想去喝水;喝完水看了一会儿书,手机又收到两条消息;回复好消息,又去吃了个水果;吃完水果看了两行字,又去上了次厕所……回来发现,书一共看了两页,时间竟然过去了一两个小时。这样下来,一晚上好像都在学习,可到头来什么也没有学进去。时间,就这样不知不觉地悄悄溜走了。

为避免这种情况的发生,给大家推荐一个非常有效的时间管理方法——番茄工作法。番茄工作法简单易行,你只需一个闹钟或一部手机就能开始体验。一个番茄钟的时间为 25 分钟,这是它每次最小的工作时长。要注意,不存在半个番茄钟或一个半番茄钟。在一个番茄钟的时间内,你只能专注于待完成的任务,中途不能做任何与该任务无关的事。否则,这个番茄钟就失败了。当你全神贯注学习 25 分钟后,番茄钟响起,你便可获得 5 分钟的休息时间。其间,你可以休息、喝水、方便、回消息等。5 分钟后,请立刻开始下一个番茄钟,继续该任务。这样一直循环下去,直到把整个任务彻底完成。在某个番茄钟内,如果你突然想到要做什么事,请把它记在纸上。如果不是必须、立刻、马上要做的,请继续完成当前的番茄钟。如果它是必须、马上要做的很急迫的事,那只能宣告目前的番茄钟失败了,哪怕这件急事只要两分钟就能做完。每完成 4 个番茄钟后,可获得一个奖励番茄钟,即接下来 25 分钟内可尽情休息、做自己想做的事。番茄工作法的妙处在于,可提高注意力和减少中断,同时巩固达成目标的决心,从而提高学习效率。集中两三个小时的精力投入学习,尤其是完成一项比较枯燥的学习任务,的确很困难。

集中 25 分钟时间的注意力对大部分人来说不是十分困难的事。特别要注意的是,在完成每个番茄钟后,5 分钟的休息时间是十分必要的,千万不要因为自己干劲十足,就省略这 5 分钟。请在每个番茄钟结束后的 5 分钟内,或是奖励番茄钟的 25 分钟内好好地休息和放松,过于贪心和急于求成会破坏时间利用的节奏。想要走得更远,不仅要好好完成番茄钟,也要好好休息。千里之行,始于足下。一个学习目标的完成,可能就始于一个小小的番茄钟。为提高学习效率,不妨今天就试试番茄工作法吧。

分析:学习是学生时代的主要工作任务,当我们进入职场后,工作就是职场的主要任务了,完成任务的方式方法都是近似的,提高执行力的方法,不仅适用于工作,更是我们提高学习成绩的帮手。

课堂活动

团队任务实战

一、活动目标
体会团队执行力和个人执行力之间的边界,提升对执行力的理解。
二、活动形式
团队合作执行任务。
三、活动过程
1. 运用总结案例中的程序教学法,将自己的一项计划或者班级的一项团队工作进行规划和执行。
2. 完成计划后,形成一个项目总结,以分享的方式,展示计划的执行情况、分工、团队的配合等。

课后思考

1. 克服拖延症与提高执行力之间有因果关系吗?
2. 执行力是一项综合能力还是单项能力?

3.2 沟通与合作

张峰的苦恼

　　张峰从某名校管理学硕士毕业后一路从基层管理人员做起,积累许多工作经验,现将出任某大型企业的制造部门经理。张峰一上任,就着手对制造部门加强管理。他发现生产现场的数据很难及时反馈上来,于是决定从生产报表上开始改造。借鉴跨国公司的生产报表,张峰设计了一份他自认为非常完美的生产报表,从报表中可以看出生产中的任何一个细节。

　　每天早上,所有的生产数据都会及时地放在张峰的桌子上,张峰很高兴,认为自己拿到了生产的第一手数据。但是没有过几天,就出现了一次大的品质事故,可报表上根本没有反映出来,张峰这才知道,报表的数据都是随意填写上去的。

　　因为这一事件,张峰多次开会强调认真填写报表的重要性。每次刚开完会后的几天,他的强调可以起到一定的效果,但过不了几天数据又返回了原来的状态。张峰怎么也想不通。

　　案例点评:张峰的苦恼是很多企业中经理人一个普遍的烦恼。现场的操作工人,一般很难理解张峰的目的,因为数据分析距离他们太遥远了。大多数工人只知道好好干活,拿工资养家糊口。不同的人,他们所站的高度不一样,单纯强调和开会,效果是不明显的。站在工人的角度,虽然张峰不断强调认真填写生产报表可以改善生产,但这比较抽象,距离他们比较远,而且大多数工人认为这和他们没有多少直接关系。后来,张峰将生产报表与业绩奖金挂钩,并要求干部经常检查,工人们才开始认真填写报表。

　　在沟通中,不要简单地认为所有人都和自己的认识、看法、高度是一致的。对待不同的人,要采取不同的模式,要用听得懂的"语言"与别人沟通。

一、沟通的概念和特点

　　沟通是指为达到一定目的,将事实、思想、观念、感情、价值、态度,传给另一个人或团体,并期望得到对方做出相应反应效果的过程。沟通的目的是相互间的理解和认同来使个人或群体间的认识以及行为相互适应。人类社会的一切活动,都是信息制造、传递、搜集的过程,因而沟通是无时无刻不在进行着的事情。

　　沟通具有满足人的社会性的需求、促进个体自我认知和成长、帮助控制情绪、促进个人身心健康等作用。同时,沟通具有同时性、双向性、情绪性、互赖性等特点。

随时性是指沟通无处不在,两人间所做的每一件事都是在沟通;双向性是指在沟通时既要搜集信息,又要给予信息;情绪性是指接收信息会受传递信息方式的影响;互赖性是指沟通的结果和质量是由双方共同决定的,相互依赖。

二、沟通的种类

沟通的方式多种多样,按照不同的标准,可进行如下分类。

(一) 按沟通的手段划分

1. 口头沟通

口头沟通又称语言沟通,是最基本、最重要的沟通方式,是指人与人之间使用语言进行沟通,表现为讲演、交谈、会议、面试、谈判、命令以及小道消息的传播等形式。口头沟通在一般情况下都是双向交流的,信息交流充分,反馈迅速,实时性强,信息量大。但是由于个人的理解、记忆、表达的差异,可能会造成信息内容的严重扭曲与失真,传递的信息无法追忆,导致检查困难。因此,在组织中传达重要的信息时慎用口头沟通这种方式。

2. 书面沟通

书面沟通又称文字沟通,是指以文字、符号的书面形式沟通信息的方式。信函、报告、备忘录、计划书、合同协议、总结报告等都属于这一类。书面沟通传递的信息准确、持久、可核查,适用于比较重要信息的传递与交流。但是在传递过程中耗时太多,传递效率远逊于口头沟通,而且形式单调,一般缺乏实时反馈的机制,信息发出者往往无法确认接收者是否收到信息,是否理解正确。

3. 非语言沟通

非语言沟通是指使用除语言符号以外的各种符号系统,包括形体语言、副语言、空间利用以及沟通环境等进行沟通。在沟通中,信息的内容部分往往通过语言来表达,而非语言则作为提供解释内容的框架,来表达信息的相关部分。

非语沟通的功能作用就是传递信息、沟通思想、交流感情。归纳起来是:

(1)使用非言语沟通符号重复言语所表达的意思或加深印象的作用。具体如人们使用言语沟通时,附带有相应的表情和其他非言语符号。

(2)替代语言。有时候某一方即使没有说话,也可以从其非言语符号比如面部表情上看出他的意思。这时候,非言语符号起到代替言语符号表达意思的作用。

(3)非言语符号作为言语沟通的辅助工具,又作为"语言",使语言表达得更准确、有力、生动、具体。

(4)调整和控制语言。借助非言语符号来表示交流沟通中不同阶段的意向,传递自己的意向变化的信息。

(5)表达超语言意义。在许多场合非语言要比语言更具有雄辩力。高兴的时候开怀大笑,悲伤的时候失声痛哭,认同对方时深深点头,都要比语言沟通更能表达当事人的心情。一般情况下,非语言沟通与口头沟通结合进行,能对语言表达起到补充、解释、说明和加强感情色彩的作用。

4. 技术设备支持的沟通

技术设备支持的沟通是指人们借助于传递信息的设备装置所进行的沟通,例如,利用电报、电话、电视、通信卫星、手机、网络支持的电子邮件、可视会议系统作为沟通媒介,进行信息交流。技术设备支持的沟通传递速度快、信息容量大,远程传递信息可以同时传递给多人,并且价格低廉,但是它属于单向传递,并且缺乏非语言沟通。

（二）按组织系统划分

1. 正式沟通

正式沟通是指以正式组织系统为沟通渠道,依据一定的组织原则所进行的信息传递与交流。例如,组织与组织之间的公函来往,组织内部的文件传达、会议,上下级之间定期的信息交换等。正式沟通比较严肃,效果好,约束力强,易于保密,可以使信息沟通保持权威性。但是这种方式依靠组织系统层层的传递,形式较刻板,沟通速度慢。

2. 非正式沟通

非正式沟通是指办公室人员在正式沟通渠道之外进行的各种沟通活动,一般以办公室人员之间的交往为基础,通过各种各样的社会交往而产生。作用可以弥补正式沟通渠道的不足,传递正式沟通无法传递的信息,使办公室领导了解在正式场合无法获得的重要情况,了解办公室人员私下表达的真实看法,为决策提供参照;减轻正式沟通渠道的负荷量,促使正式沟通提高效率等。

非正式沟通和正式沟通不同,因为它的沟通对象、时间及内容等各方面,都是未经计划和难以辨别的。如上所述,非正式沟通是由于组织成员的感情和动机上的需要而形成的。其沟通途径是通过组织内的各种社会关系,这种社会关系超越了部门、单位以及层次。在相当程度内,非正式沟通的发展也是配合决策对于信息的需要的。这种途径较正式途径具有较大弹性,它可以是横向流向,或是斜角流向,比较迅速。在许多情况下,来自非正式沟通的信息,反而获得接收者的重视。由于传递这种信息一般以口头方式,不留证据、不负责任,许多不愿通过正式沟通传递的信息,却可能在非正式沟通中透露。

过分依赖这种非正式沟通途径,也有很大危险,因为这种信息遭受歪曲或发生错误的可能性相当大,而且无从查证。尤其与员工个人关系较密切的问题,例如晋升、待遇、改组之类,常常发生所谓"谣言",这种不实消息的散布,对于组织往往造成较大的困扰。

（三）按方向划分

1. 下行沟通

下行沟通是指领导者对员工进行的自上而下的信息沟通。上级将信息传递给下级,通常表现为通知、命令、协调和评价下属。

2. 上行沟通

上行沟通是指下级的意见向上级反映,即自下而上地沟通。下属人员将获取的信息、有关工作的进展和出现的问题,上报给领导者。通过上行沟通,管理者能够了解下属人员对他们的工作、同事及整个组织的看法。下属提交的工作报告、合理化建议、员工意见调查表、上下级讨论等都属于上行沟通。

3. 平行沟通

平行沟通是指组织中各平行部门之间的信息交流。保证平行部门之间沟通渠道畅通,是减少部门之间冲突的一项重要措施如跨职能团队就亟须通过这种互动加强交流。

（四）按是否进行反馈划分

1. 单向沟通

单向沟通是指发送者和接收者两者之间的地位不变（单向传递）,一方只发送信息,另一方只接收信息。这种信息传递方式速度快,但准确性较差,有时还容易使接收者产生抗拒心理。

2. 双向沟通

在双向沟通中,发送者和接收者两者之间的地位不断交换,且发送者是以协商和讨论的姿态面对接收者。信息发出以后还需及时听取反馈意见,必要时双方可进行多次重复商谈,直到双方共同明确和满意为止,如交谈、协商等。其优点是沟通信息准确性较高,接收者有反馈意见的机会,从而产生平等感和参与感,增加自信心和责任心,有助于建立双方的感情。双向沟通方式花费的时间较多。

三、影响有效沟通的因素

有效沟通是指传递和交流信息的可靠性和准确性高,实际上还表明组织对内外噪声的抵抗能力强。在沟通过程中,由于存在着外界干扰以及其他种种原因,信息往往被丢失或曲解,使得信息的传递不能发挥正常的作用。组织中存在着各种阻碍有效沟通的情况,一些障碍的起因在于信息的发送者;一些障碍的起因在于信息的接收者;一些障碍的起因在于信息沟通的过程方面;还有一些障碍的起因在于组织方面。

(一) 个人因素

个人因素主要包括两大类:

1. 有选择地接收

有选择地接收是指人们拒绝或片面接收与他们的期望不相一致的信息。研究表明,人们往往愿意听到或看到他们感情上有所准备的东西,或他们想听或看到的东西,甚至只愿意接收中听的,拒绝不中听的信息。有人曾做过这样一个试验:请一家公司的 23 位主管回答"假如你是公司总裁,你认为哪个问题最重要",结果每个主管都认为从全公司角度出发,自己所负责的部门最重要。销售经理说营销是个大问题,生产经理认为产品是生命线,人事经理则回答说现代的管理人是中心。这个试验进一步表明:人们只看到他们擅长的东西的重要性;由于复杂的事物可以从各种角度去观察,人们所选择的角度强烈地影响了他们认识问题的能力和方法。

2. 沟通技巧的差异

除了人们接收能力有所差异之外,许多人运用沟通的技巧也大不相同。例如,有的人不能口头上完美地表述,但却能够用文字清晰而简洁地写出来;另一些人口头表达能力很强,但不善于听取意见;还有一些人阅读较慢,并且理解起来比较困难。所有这些问题都妨碍有效沟通。

(二) 人际关系因素

人际关系因素主要包括沟通双方的相互信任、信息来源的可靠程度和发送者与接收者之间的相似程度。

1. 双方的相互信任

沟通是发送者与接收者之间"给"与"收"的过程。信息传递不是单方面的,而是双方的事情。因此,沟通双方的诚意和相互信任至关重要。上下级间的猜疑只会增加抵触情绪,减少坦率交谈的机会,也就不可能进行有效沟通。例如,当下级怀疑某些信息会给他带来损害时,他在与上级沟通时常常对这些信息作一些有利于自己的加工。许多研究表明,很多经理自动地认为他们听到的信息是有偏见的,为了防止"偏听偏信",也随之根据自己的想象对"偏见"进行"纠偏"。例如,管理者常常认为有利于下级的信息准确性较差,而不利于下级的信息准确性较高。反过来,下级常常对损害自己形象的信息不屑一顾,对有利于自己的信息则大加渲染。

2. 信息来源的可靠程度

信息来源的可靠性由四个因素所决定:诚实、能力、热情、客观。有时,信息来源可能并不同时具有这四个因素,但只要信息接收者认可发送者具有即可。可以说信息来源的可靠性实际上是由接收者主观决定的。例如,当面对来源不同的同一问题的信息时,员工最可能相信他们认为的最诚实、最有能力、最热情、最客观的那个来源的信息。信息来源的可靠性对企业中个人和团体行为的影响很大。就个人而言,雇员对上级是否满意很大程度上取决于他对上级可靠性的评价。就团体而言,可靠性较大的工作单位或部门比较能公开地、准确地和经常地进行沟通,他们的工作成就也相应地较为出色。

3. 发送者与接收者之间的相似程度

沟通的准确性与沟通双方间的相似性有着直接的关系。沟通双方特征(如性别、年龄、智力、种族、社会地位、兴趣、价值观、能力等)的相似性影响了沟通的难易程度和坦率性。沟通一方如果认为对方与自己很相近,那么他将比较容易接受对方的意见,并且达成共识,正所谓"酒逢知己千杯少,话不投机半句多"。相反,如果沟通一方视对方为异己,那么信息的传递将很难进行下去。例如,年龄"代沟"在沟通中就是一个常见的问题。

(三) 技术因素

技术因素主要包括语言、非语言暗示、媒介的有效性和信息过量。

1. 语言

语言沟通的准确性依赖于沟通者赋予字和词的含义。由于语言只是个符号系统,本身并没有任何意思,它仅仅是描述和表达个人观点的符号和标签。每个人表达的内容常常是由他独特的经历、个人需要、社会背景等决定的。因此,语言极少对发送者和接收者双方都具有相同的含义,更不用说许许多多不同的接收者。语言的不准确性还不仅仅表现为符号,而且它能挑动起各种各样的感情,这些感情可能更进一步歪曲信息的含义。

2. 非语言动作

当人们进行交谈时,常常伴随着一系列有含义的动作。这些动作包括身体姿势、头的偏向、手势、面部表情、身体移动、眼神,这些无言的信号强化了所表达的含义。例如,沟通者双方的眼神交流,可能会表明相互感兴趣、喜爱、参与或者攻击;面部表情会表露出惊讶、恐惧、兴奋、悲伤、愤怒或憎恨等情绪;身体动作也能传递渴望、愤恨和松弛等感情。研究表明,在面对面的沟通中,仅有 7% 的内容通过语言文字表达,另外 93% 的内容通过语调(38%)和面部表情(55%)传达。由此可见,字词与非语言暗示共同构成了全部信息。遗憾的是,人们往往偏重语言的沟通,而忽略了面对面的交往。在不多的面对面交谈中,也低估了非语言动作的作用。

3. 媒介的有效性

书面沟通和口头沟通各有所长。

（1）书面沟通。主要通过备忘录、图表、表格、公告、公司报告等进行沟通,常常适用于传递篇幅较长、内容详细的信息,它具有下列几个优点:为读者提供适合自己的速度、适用自己的方式阅读材料的机会;易于远距离传递;易于储存,并在做决策时储存信息;比较准确,因为经过多人审阅。

（2）口头沟通。主要通过面对面讨论、电话、交谈、讲座、会议等适合于需要翻译或精心编制,才能使拥有不同观点和语言才能的人理解信息。它有下列几个优点:快速传递信息,并且希望立即得到反馈;传递敏感的或秘密的信息,以及不适用书面媒介的信息;适合于传递感情和非语言暗示的信息。总之,选择何种沟通工具,在很大程度上取决于信息的种类和目的,还与外界环境和沟通双方有关。

沟通中的"4W1H"决定着信息发送的有效性。

——When:是指何时发送信息,所定时间是否恰当。

——What:是指确定的信息内容要简洁、强调重点,并用熟悉的语言。

——Who:是指确定谁该接收信息,要获得接收者的注意还要考虑接收者的观念、需要及情绪。

——Where:是指在何处发送信息。我们要考虑地点是否合适、是否不被干扰。

——How:是指决定信息发送的方法,如电子邮件、电话、面谈、会议、信函等。

4. 信息过量

生活在一个信息爆炸的年代,企业经理面临着"信息过载"的问题。例如,管理人员只能利用他们所获得信息的 0.1%～1% 进行决策。信息过量不仅使经理等人员没有时间去处理,而且也使他们难于向同事提供有效的、必要的信息,沟通也随之变得困难重重。

(四) 消除沟通障碍的途径

沟通的障碍是由多种因素造成的,沟通不畅会对个人、组织造成严重的危害,因此要采取恰当的行为,消除有效沟通的障碍因素。

1. 明白沟通的重要性,正确对待沟通

在管理工作中,管理人员十分重视计划、组织、领导和控制,对沟通常有疏忽,认为信息的上传下达有了组织系统就可以,对非正式沟通中的"小道消息"常常采取压制的态度。这都表明沟通没有得到应有的重视,重新确立沟通的地位是刻不容缓的事情。

2. 缩短信息传递的途径

信息失真的一个重要原因是传递环节过多,因此缩短传递途径,拓展沟通渠道,可以保证信息传递的及时性和完整性。这需要对组织结构进行调整,减少组织机构的重叠,减少中间管理层次,使组织向扁平化发展。在利用正式沟通渠道的同时,开辟高层管理者至基层管理者乃至一般员工的非正式沟通渠道,从而提高沟通效率。

3. 选择适当的沟通方式,养成良好的沟通习惯

不同的沟通方式,传递信息的效果也不同。应根据沟通内容和沟通双方的特点,选择适合的沟通方式。书面沟通适合于组织中重要决定的公布、规章制度的颁行、决策命令的传达。当面对组织变革,员工表现出焦虑和抵触情绪,需要对员工表示关怀和坦诚时,面对面的沟通可以最大限度地传递信息。

四、有效沟通的技巧

(一) 洞察人性

人,最关心的永远是自己;人,最想表现的也永远是自己;人,都希望得到关心和重视;人,都希望被别人肯定;人,都希望得到别人的赞美。所以要想达到好的沟通效果,最主要的还是要洞察人性,要让对方乐意去听、听得进去。

(二) 同理心

沟通的首要技巧在于是否拥有同理心,即学会从对方的角度考虑问题,这不仅包括理解对方的处境、思维水平、知识素养,同时包括维护对方的自尊,增强对方的自信,请对方说出自己的真实感受。很多时候都要站在对方的角度上来考虑问题,而不仅仅是从自己的角度出发。因为沟通是两个人的事情,这就要求你要照顾到对方的情况。同样,在布置任务、汇报工作时更应该考虑接收方的情况,多站在对方的角度考虑问题。

(三) 善于倾听

沟通是为了传递信息。为了让别人能更好地接受自己所传递的内容,就要去了解听的人想听的内容,讲之前更要学会听,还要听对方的信息反馈,从中看得出对方对自己传递的信息是否已经正确理解或接受。有效倾听可以增强沟通效力,满足倾诉者自尊心,真实了解他人;有效倾听还能增强解决问题的能力,有助于个人发展。

真正的沟通高手首先是一个热衷于倾听的人。如果你在听别人说话时,可以听懂对方话里的意思并且能够心领神会,同时可以给对方以回应,这表明你已经掌握了倾听的要领。善于倾听,要做到以下几点:

(1) 和说话者的眼神保持接触。

(2) 不可凭自己的喜好选择收听,必须接收全部信息。

(3) 提醒自己不可分心,必须专心。

(4) 点头、微笑、身体前倾,记笔记。

(5) 回答或开口说话时,先停顿一下。

(6) 以谦虚、宽容、好奇的心胸来听。

(7) 在心里描绘出对方正在说的内容。

(8) 多问问题,以澄清疑问。

(9) 抓住对方的主要观点是如何论证的。

(10) 等你完全了解对方的重点后,再进行反驳。

(11) 把对方的意思归纳总结起来,让对方检测正确与否。

(12) 注意"时机是否合适、场所是否合适、气氛是否合适",要注意在不同的环境类型产生的倾听障碍。

(四) 控制情绪

情绪对沟通的影响至关重要,沟通中的情绪管理可以分成两方面:一方面是处理别人对自己的情绪;另一方面是管理自己的情绪。管理情绪要学会辨别自己和他人的各种情绪。对情绪丰富的人,除了开心、伤心、恐怖、愤怒、惊奇、厌恶这六种基本情绪之外,还能够表现出其他多种复杂的情绪。如果你无法认识或体会到某些情绪,就无法获得有关导致这些情绪的特定事件、情形或人的重要信息。此外,你会不认同或刻意回避那些会引起你内心不适的他人的情绪。

（五）赞美

人性的弱点是喜欢批评人,却不喜欢被批评;喜欢被人赞美,却不喜欢赞美人。这就拉开了人与人之间的距离。但如果把我们亲切的眼神带给对方,冷漠就会因此而消失,赞美使人愿意沟通。沟通是双方的互动,如果一方不愿沟通,那么,沟通必然失败。如在工作中,当你肯定同事的优点时,同事会很乐意帮你,会把他的经验告诉你,这就是赞美的作用,赞美让对方愿意与你沟通。虽然,赞美有利于沟通,但是,赞美也需要技巧、需要真情投入。适当的赞美是建立在细致的观察与欣赏之上的。

拓展阅读:
学会赞美

（六）使用肢体语言

人们在沟通时通常会借助一些肢体语言来辅助沟通。最典型的例子就是卓别林的幽默剧,大家看了就开始止不住地笑,这就是肢体语言的效果。在肢体语言运用过程中,要注意与人接触的距离,要注意眼睛的视线,要善于使用微笑和手势。

手势在沟通交流中是很容易被忽视的,手势表达有如下多重含义。

（1）掌心向上,表示顺从或请求。

（2）掌心向下,表示权威或优势。

（3）手掌收缩伸出食指,表示威吓。

（4）举手用力向下,有攻击、恐吓的意味。

（5）高举单手或竖起手指,示意你想说话或在会议中发表见解。

（6）用食指按着嘴巴,示意"肃静,不要吵"。

（7）手指着手表或壁钟,示意停止工作或时间到了。

（8）把手做成杯状放在耳后,手掌微向前,示意"请大声一点,我听不清楚"。

📣 总结案例

非语言沟通

某全国知名公司招聘一名英语专业的文员,招聘消息没发多久,就收到了大量的求职信,经过层层考核留下三个实力相当的应聘者,人力资源部主管让这三人每人写一篇800字以内的中文作文。

A女士:英语水平和中文表达能力都极其出色,面试时主管对她的印象最好,但通过仔细研究她的笔迹后,发现她有一种不可一世、压倒一切的霸气,主管认为这样的下属会很难领导。

B女士:人长得非常漂亮,口齿伶俐,英语口语也非常出色,但主管发现她的字非常小而粘连,字没有一点骨架,主管认为这是个心胸很小、吃不了一点苦而且有极强虚荣心的人。

C女士:表面上看她没有任何突出优势。她的英语口语和写作都不错,但由于人长得不起眼,而且很少说话,恰恰她的字让主管立刻注意了她。她的字写得清秀、清爽、整齐,笔压得很轻,通篇干干净净,字的大小非常均匀,而且字体中适度的棱角让字体很有个性,但这种棱角又没有咄咄逼人的压迫之气。从她的字可以判断出来她做事非常认真仔细,自律意识很强且安心做日常琐碎的工作。

在字迹的帮助下,主管选择了 C 女士做部门文员。半年过去了,事实证实她的性格完全与主管当初判断的相符合。

分析:一个人的字迹也可以成为一种非语言沟通的形式,传递更多的、更真实和客观的信号。

课堂活动

职场沟通问题分析

一、活动目标

使学生了解影响有效沟通的因素并掌握沟通技巧相关知识。

二、活动时间

建议 20 分钟。

三、活动流程

1. 教师展示以下材料

职 场 烦 恼

王芳是刚毕业的大学生,在校学习的是市场营销专业,毕业后顺利进入了一家上市大型房地产公司从事一线售楼工作。刚步入工作岗位的她怀揣着梦想,工作的唯一想法就是要把事情做到最好。

在售楼过程中,她首先了解不同楼盘和户型的特点,了解楼盘周边的环境,用她的专业知识制定售楼策略。在和客户沟通的过程中,她不急于售房,而是先耐心倾听客户的需求,在交流的过程中捕捉客户的想法,还不时地聊一些客户感兴趣的其他话题来调节气氛,之后她再给客户拿出相应的参考意见和客户一起交流探讨。当客户拿不定主意时,每次她会让客户考虑,有时会反复沟通很多次,她都会不厌其烦地接待,也将服务真正做到了极致。由于她的努力和付出,刚入职 3 个月她就售出了 10 套房子,含 1 套别墅。

某天,王芳刚和客户谈好,就被主管李彦叫到了他的办公室,"王芳,今天业务办得顺利吗?"

"非常顺利,李主管,"王芳兴奋地说,"我花了很多时间向客户介绍咱们楼盘的优势,帮着客户一起分析,因此很顺利就售出了 1 套。"

"不错,"李彦赞许地说,"但是,你完全了解了客户的情况了吗,会不会出现反复的情况呢?不签合同都会存在被退回的风险。"

王芳兴奋的表情消失了,取而代之的是失望的表情,"我是准备要和客户签合同的,这不被您叫来了吗。"

"别激动嘛,王芳,"李主管讪讪地说,"我只是出于对你的关心才多问几句的。"

之后的一周,李主管不怎么搭理王芳,她如果有工作汇报,就简单地应付两句。这让王芳感到上司对她是冷落的。于是她在一天中午请公司张姐吃饭,在快餐店里面请教张姐。

"最近我感到很苦闷,我知道我得罪李主管了。"王芳说。

"哦,怎么会呢? 你们相处没有多长时间。"张姐微笑地看着王芳。

王芳挠挠头说:"可能是因为我和他辩解时语气不太和缓,惹他生气了,他现在都不理我了。"

"上次的事,我也听说了,你们当时好像搞得很僵。我觉得没有必要,工作就是工作,哪来那么多想法,更不能有情绪呀。"张姐还是微笑着。

王芳委屈地说:"我最后带着情绪,这是我不对,但他那么说,就是不相信我,当时我不高兴了。"

张姐笑着抬起头说:"等你坐到了那个位置就知道了,业绩出了问题,老板不会骂你,只会骂他,他的压力比我们都大,工资比我们高不了多少,也不容易。你有没有站在他的角度想想? 人都是首先相信自己,其次才能相信别人,李主管的担心也是有道理的。"

王芳豁然开朗点点头:"张姐,你说的有道理,我要换位思考,让主管对我放心,回去我就找李主管说清楚,继续努力工作。"

2. 教师抽取如下相关问题组织学生进行研讨

(1)王芳售楼业绩突出,找出其能取得好业绩的要素。分析其将哪些沟通技巧运用到了职场中。

(2)王芳和李主管交流时发生了不愉快,分析问题产生的原因。如果是你,你会怎么做?

(3)如果你是李主管,你会如何做?

(4)王芳在工作中遇到烦恼时,采取什么方法解决问题? 如果是你,你会如何处理?

3. 学生按照4～6人分成一个小组,小组代表选取自己所在小组参加研讨的问题(避免小组间重复),通过内部讨论形成小组观点。

4. 每个小组选出一名代表陈述本组观点,其他小组可以对其进行提问,小组内其他成员也可以回答提出的问题;通过问题交流,将每一个需要研讨的问题都弄清楚。

5. 根据各组在研讨过程中的表现,教师点评并赋分。

🎓 **课 后 思 考** ------------------------------

归纳分析,扎实掌握并灵活运用沟通技巧,提升工作积极性。

3.3   问题解决

导 入 案 例

小 测 试

假如在上班途中,你远远看见路口围了一群人,前面像是发生了什么事,但由于距离较远,你无法看清也听不明白,心中有种不祥的预感。那么,根据自己的直觉判断,这会是什么事呢? 请根据第一判断,迅速选出你认为最有可能发生的事。测验选项:

A. 发生了一起严重的交通事故

B. 有人正在进行激烈打斗

C. 正在行窃的小偷刚被抓住

D. 发生了出乎意料的刑事命案

E. 一群不明身份的人在非法集会

F. 某商家正在举行商业活动

选项 A:你是一个具备独立解决问题能力的人。在行为上比较直观,会根据自己的方式、逻辑来处理问题,不过这也会让你显得有些循规蹈矩,缺乏灵活性。

选项 B:你具备解决问题的能力,但不意味着你能很好地解决。这是因为你常会受他人影响,建议你遇到问题后,稍微给自己留点时间和空间,待情绪平复后,再思考如何去解决。

选项 C:你具备很强的解决问题的能力。

选项 D:你解决问题的能力一般。这是因为你不太懂得利用资源以帮助自己更好地应对问题,常常依靠自己的能力,不愿麻烦他人。而当问题超出自己能力范围时,你就会变得紧张而焦虑。

选项 E:你自身独立处理问题的能力不强,但很会利用资源来应对困难。

选项 F:你解决问题的能力较差。你为人乐观、开朗,遇事不纠结,但在面对问题时往往缺乏理性的分析与判断,对问题的看法过于表面和肤浅。

分析:一个人的竞争力,在很大程度上来源于其解决问题的能力。对于我们每个人来说,几乎每天都会遇到各种各样的问题,既有生活中的,也有学习或工作上的。而对待问题的唯一途径,就是面对它并解决它。对于即将进入职场的"新手"们而言,要想在职场发展中得心应手、如鱼得水,就必须具有一定的处理问题的能力。

一、问题解决能力

问题解决能力是指在有特定目标而没有达到目标的手段和情境中,通过对知识、技能、思维和能力的综合运用而达到目标的一种综合能力。问题解决能力的内涵包括发现问题、确定问题(通过分析找出真正的问题)、形成策略(选择方法)、执行实现(制订计划、执行计划)、整合成果(检查效果)、推广应用等一系列步骤,如表3-1所示。这些步骤的核心是对事物发展的预见性、做出决定的决策力、制定解决方案后的执行力。

表 3-1 解决问题的一般步骤

问题解决的过程	相对应的"四阶段"	各阶段运用的能力
发现问题	理解和表征问题阶段	① 对境况的发展能保持正向、积极的心态 ② 面对问题能够先作合理评估,并具有勇于承担的态度 ③ 借助批判和想象等思维活动,意识到问题情境中还可能有许多开拓空间
确定问题		④ 能根据情境演变的脉络,确定"问题"的意义 ⑤ 能准确评估问题的初始状态和预测问题的最终状态 ⑥ 能洞察问题的各层次结构,并从结构中发现解决问题的关键 ⑦ 能适当和准确地评估可运用的资源和所受到的限制条件 ⑧ 能恰当地表述问题
形成策略	寻求答案阶段	① 能借助推论和想象来开拓"问题"的发展空间 ② 能同时拟定多种解题策略,能合理地进行决策
执行实现	执行计划或尝试解答阶段	① 能以行动来处理问题,具有动手实操的习惯 ② 具有行动能力,能控制变量并做有条理的处理 ③ 能随机处理预料之外的情境变化,使工作持续地沿主轴推进 ④ 养成能在过程中随时做好对"要达成的目标""教学活动"和"评价"三者之间进行相互校正的习惯
整合成果	评价结果阶段	① 对所获得的信息,能统合整理出成果,并做出合理的评价 ② 能根据事件的前因后果,发现其中的意义并做解释 ③ 能观察到处理问题过程中的不足之处和可以改进的地方
推广应用		④ 体会处理事件过程所产生的影响,并做合理的调节 ⑤ 了解事件后续的发展,并做适当的处理 ⑥ 获得经验,并应用于解决其他的问题上

能够分析、解决工作实践中的各种问题,往往是一个专业技能人员工作能力的最直接的证明。许多职校毕业生进入工作岗位后,解决了单位长期未解决的技术难题,一下子就能得到同事、领导的认可和重用,从而把握机会,找到职业发展的方向。相反,如果领导让你去解决一个问题,你无从下手,不知所措,那你就难以站稳脚跟,从而会失去发

展的机会。高职院校在人才培养方面非常重视培养学生独立运用知识解决问题的能力。因此,工作中不要怕问题,不时出现的问题往往是你施展才能的机遇。

解决问题的简化模型可以归纳为"GROW"。采用 GROW 问题模型应明确以下问题。

——G(goals),确定要达成什么目标。

——R(reality),认清目前的形势。

——O(options),讨论,并选择可行的策略。

——W(when),确定行动开始的时间,通过行动的方案。

二、问题的本质和分类

(一) 问题的本质

问题的本质是指期望与现实的落差。例如,当一家公司希望一年营业收入为 2 亿元的时候,如果当年营业收入只达到了 5 000 万元,这意味着公司期望的营业收入和实际营业收入之间有落差。

问题具有两面性。对于问题来说,除了期望与现实之间的落差之外,还有落差所延伸出来的课题。也正因为这样,解决问题的基本思路应该是分两步走,第一步,先发现期望与现实之间的落差;第二步,对落差进行提问,并找到解决方案作为问题的答案。

接着上面的例子来说,第一步先发现期望营业收入与现实营业收入之间差了 1.5 亿元。第二步,选择提问"如何提升收入以消除这 1.5 亿元的营收差距",换言之,问题就是"如何增加 1.5 亿元的收入",再为这个问题思考解决方案。

(二) 问题的分类

问题可以分为恢复原状型问题、防范潜在型问题和追求理想型问题。

1. 恢复原状型问题

恢复原状型问题是指将事情恢复成原本的状态。遇到这类问题,要把原本的状态设为预期。思考方式为:现状与过去的状况之间出现落差,要从落差中找到问题。例如:管理费用比去年多了 1 倍,销售额比去年少了 5 000 万元等。在这些问题里,人们把过去的状况设定为期待的状况,因此解决问题的办法就是恢复成以前的水平,所以叫恢复原状型问题。

2. 防范潜在型问题

防范潜在型问题是还未发生损害,但未来可能显化的问题。这类问题以及这类问题带来的损害不容易被直接观察到,但是如果不及时采取措施就会转化为显性问题。例如,一位同学下周一要做演讲,但是到本周日下午还没有准备和排练演讲的内容。在这个案例里,这位同学下周一可能会出现对演讲内容不熟悉、不能很好地回答观众的问题等情况,这些都是潜在型问题。如果本周日晚上还不进行排练,则上述情况很大可能会发生。

3. 追求理想型问题

追求理想型问题是指现状还不能满足期待。追求理想型的问题的思考方式是:因为现状与理想之间有差距,所以将现状视为问题。这个类型的问题的困难之处在于如何设定理想状况的位置。有的人把理想状况设定的太高,努力几次后达不到就放弃了。

而有的人定的理想太低,不能激发挑战的激情。

(三)发现问题的重要性

在问题没有被发现前,当事者就不会采取行动,因此解决问题的原点就是发现问题。在问题的初期阶段,落差还不明显,不容易被观测到,而当落差明显到任何人都能看到的时候,往往很难收拾。所以,最好在初期就能发现问题。

1. 发现问题的方法

问自己六个问题,识别问题类型。

(1)现状与期待的状况之间有无落差?

(2)现状有没有发生什么变化?

(3)是否觉得哪个部分进行得不顺利?

(4)是否有些事情未达标准?

(5)有没有哪些事情不是你原先期待的状态?

(6)若置之不理,将来是否会发生重大的不良状态?

结合之前的内容,回答这六个问题可以帮助识别问题属于哪种类型。

2. SCQA 分析设定课题

"SCQA"分析是指"情景—冲突—问题—答案"的分析方法,是一套麦肯锡顾问公司常用的方法,通过这个方法可以有效地持续掌握问题与设定课题的过程。

——S(situation)情景:由大家都熟悉的情景、事实引入。

——C(complication)冲突:实际情况往往和我们的要求有冲突。

——Q(question)问题、疑问:怎么办。

——A(answer)回答:提出解决方案。

SCQA 分析的第一步是描述当事人过去的经验,目前稳定的状态和未来的目标。这一步属于 SCQA 分析中的 S——情景。第二步,就是假设一个颠覆目前稳定状态的事件,也就是 SCQA 分析中的 C——冲突。冲突也可以被理解为问题,但它不一定是不良状态,只要是颠覆了目前稳定状态的事件都可以算作冲突。第三步,就是用自问自答的形式来假设各种课题,这是 SCQA 分析中的 Q——问题,也可以理解为疑问。疑问反映出对当事人来说的重要课题。第四步,也是最后一步,就是思考出问题的答案。这一步是 SCQA 分析中的 A——回答。这里的回答,指的是思考假设性的方案。

3. 接近问题的本质

课题的设定,决定了解答的范围,这也是为什么设定具体课题的步骤非常重要。

例如,快要下雨了,小朱思考自己是否要带伞外出。其实"是否该带伞外出"并非这个问题的实质。因为这个问题一提出来,解决方案的就聚焦在雨伞上,替代方案就成了:"去商店买伞""找人借伞"或"搭乘出租车"……

对这个情景,更加接近本质的问题是"怎么做才能避免被淋湿"。"被雨淋湿"这个事件与小朱的预期不符,而雨伞本身并不是关注的焦点。因此,对小朱来说,最重要的是防止被雨淋湿的策略。

人们每天都会遇到各种各样的问题,一提到解决问题,有人就想得到现成的解决方法。可是事实往往并非如此,应用接近问题本质的思路去思考解决问题:首先,要把事情的来龙去脉弄清楚;其次,要弄清楚问题到底是什么,出现在什么地方;再次,要想出尽可能多的解决方案;接下来,要将这些方案进行对比,选出最好的方案;最后,运用最好的方案解决问题。这些步骤都是很重要的,尤其在处理重大问题时更是缺一不可。但其中最关键的就是对问题的界定,即弄清楚问题到底是什么,也就是要发现问题本质,不要被表象迷惑。只有正确地界定了问题,才能找准"靶子",后面的几个步骤才能正确地执行;否则,就可能劳而无获,甚至与初衷南辕北辙。

三、分析问题

分析的本质是拆解。分析的基本概念是:将事物拆解,思考各个组成成分之间的相互关系。最能体现分析本质的思考方式是"MECE"。MECE 是"mutually exclusive collectively exhaustive"的缩写,意思是相互独立,完全穷尽,也就是拆解后的各个组成部分不重复也不遗漏。MECE 体现了从结构中理解全体的思考方式。MECE 主要有两条原则:第一条是完整性,说的是分解问题的过程中不要漏掉某项,要保证完整性;第二条是独立性,强调了每个项之间要独立,每项之间不能有交叉重叠。

1. MECE 的 5 种分类法

怎样才能做到不重不漏,这就是 MECE 的 5 种分类法。

(1) 二分法。二分法在日常生活中比较常见,是指把信息分成 A 和非 A 两个部分。比如:国内和国外、他人和自己、已婚和未婚、成年人和未成年人、左和右、男和女、收入和支出、专业和业余等。

(2) 过程法。过程法是指按照事情发展的时间、流程、程序,对信息进行逐一的分类。

在日常生活当中,制定的日程表、解决问题的 6 个步骤、达成目标的 3 个阶段,其实都属于过程分类。过程分类法特别适合用于项目进展和阶段汇报。

(3) 要素法。要素法是指把一个整体分成不同的构成部分(要素)。例如,优秀员工的 7 种品质、某公司的组织架构图等。

(4) 公式法。公式法是指按照公式设计的要素去分类,只要公式成立,那这样的分类就符合 MECE 原则。例如,销售额=单价×数量,这里就是把销售额通过公式拆解成了单价和数量。

前些年很多外资企业面试题里经常有这样的题目,让应聘者计算中国有多少车辆、北京有多少个餐馆等。其实企业并不是真的想知道中国到底有多少车,而是考察应聘者对信息的归纳、整理能力,看应聘者能不能用公式法把信息进行不重不漏的整理,考察的是一个人结构化思考的能力。

(5) 矩阵法。矩阵法是指按矩阵排列整体的不同构成部分,例如在安排工作的时候,有一种分类方式是把工作分成以下四种:重要紧急、重要不紧急、不重要但紧急、不重要也不紧急,这就是应用了矩阵法。

2. MECE 构架通常的两种做法

(1) 鱼骨图。在确立问题的时候,通过类似鱼骨图的方法,在确立主要问题的基础上,再逐个往下层层分解,直至所有的疑问都找到,通过问题的层层分解,可以分析出关键问题和初步的解决问题的思路。

(2) 头脑风暴法。可以结合头脑风暴法找到主要问题,然后在不考虑现有资源的限制基础上,考虑解决该问题的所有可能方法,在这个过程中,要特别注意多种方法的结合有可能是个新的解决方法,然后再往下分析每种解决方法所需要的各种资源,并通过分析比较,从上述多种方案中找到目前状况下最现实最令人满意的答案。

3. 常用的 MECE 架构举例

(1) 用于事业战略的"3C"。"3C"指的是自家公司分析(company)、对手分析(competitor)和顾客分析(customer)。其中,自家公司分析可以从市场占有率、技术力、销售力、成本竞争力、品牌力几个方面分析;对手分析可以从市场占有率、优劣势和战略几个方面分析;顾客分析可以从顾客规模、市场屏障、需求、结构等方面分析。

(2) 拟定营销策略的"4P"。"4P"指的是产品(product)策略、价格(price)策略、促销(promotion)策略、渠道(place)策略,是一个常用的分析架构。产品策略是关于公司售卖何种产品给顾客,这是营销的原点。价格策略是设定符合产品价值的价格,设定价格必须从购买者的观点来思考。促销策略是将商品的价值传达给用户的策略,促销策略的关键是融合宣传、公关、人员销售、营业推广等各个方面。渠道策略是指包含店铺在内的物流策略,能否将产品送到顾客手中也是影响销售的关键要素。

"促销组合"是对上面的"4P"策略中的促销策略更深入一步的分析,将宣传活动、公关活动、人员销售、营业推广这四种活动加以组合运用,为消费者提供适当、确切的产品信息,唤醒消费者的需求,促使他们购买。其中,营销广告是指通过电视、网络、报纸、杂志等大众媒体促使消费者购买产品或服务。公关活动是指利用新闻或报道,将制定的产品或服务信息传达给消费者,俗称"做公关"。有些公关活动会与企业可能接触的各种团体形成并维持良好的关系。但是,这项活动并非为了兜售产品或服务。营业推广是指通过优惠券、奖品和赠品促使人们在短时间内消费的促销策略。这个推广活动一般用来弥补销售人员的不足。人员销售是指销售员与顾客面对面接触,通过说明介绍等交流来销售产品。

案例阅读 3-1

国内某日化公司引进了一条国外肥皂生产线。这条生产线能将肥皂从原材料的加入直到包装装箱自动完成。但是,意外发生了。销售部门反映有的包装盒内是空的。于是,这家公司立刻停止了生产线,并与生产线制造商取得联系。得知这种情况在设计上是无法避免的。

经理要求工程师们解决这个问题。于是成立了一个以几名博士为核心、十几名研究生为骨干的团队。知识类型涉及光学、图像识别、自动化控制、机械设计等门类。在耗费数 10 万元后,工程师们在生产线上添加了一套 X 光透视设备和高分辨率监视器,当机器对 X 光图像进行识别后,一条机械臂会自动将空盒从生产线上拿走。

另外一家乡镇企业也遇到了同样的情况,老板对管理生产线的农民小工说:你一定要解决这个问题。于是这个小工花 90 元买来一台电风扇,摆在生产线旁,另一端放上一个箩筐。装肥皂的盒子逐一在风扇前通过,只要有空盒子便会被吹离生产线,掉在箩筐里,问题就这样解决了。

四、解决问题

善于解决问题的能力通常是缜密而系统化思维的产物,任何一个有才之士都能获得这种能力。有序的思维工作方式并不会扼杀灵感及创造力,反而会助长灵感及创造力的产生。管理岗位、采购、销售、市场营销、新媒体运营等岗位,既要求在专业知识方面很强,也要求有很强的解决问题的能力。因为很多问题在书本上找不到固定的答案,需要用一套行之有效的方法去解决。下面介绍几种常见的解决问题的方法。

(一)麦肯锡解决问题七步法

世界知名咨询公司麦肯锡解决问题的七步法,提供了能够短时间学习解决问题的方法:① 界定问题;② 分解问题;③ 排定优先级;④ 制订工作计划;⑤ 分析问题;⑥ 综合分析;⑦ 阐明观点。

1. 界定问题

任何问题的处理,需要确定问题的边界,否则就是无休止的蔓延,导致需要解决的问题不能被聚焦。解决问题同样如此,一定要确定问题的边界,即:我到底需要解决什么问题? 解决问题的目标是什么? 如果这个问题牵扯到团队,那么需要团队成员一致讨论并明确解决问题的目标及边界。

2. 分解问题

对于一个需要解决的问题,需要进行因素拆解,将可能解决问题的方法一一列出,同时需要将解决问题的关键阻碍因素一一列出,常用逻辑树进行分解。

3. 排定优先级

要学会经常推敲过程中的第一步,在假设、理论及数据之间的来回穿梭。重点努力解决最重要的问题,不仅要常问"那又怎么样",而且要问"你忘了什么"。淘汰非关键性问题是解决问题的关键。

4. 制订工作计划

工作计划的最佳做法:

(1)提早:不要等待数据搜集完毕才开始工作。

(2)经常:随着反复仔细分析数据而修改、补充或改善工作计划。

(3)具体:具体分析,寻找具体来源。

(4)综合:同项目小组成员一起检测,尝试其他假设。

(5)里程碑:有序地工作,使用"80/20"方法按时交付。

5. 分析问题

(1)尽可能选择简便的问题解决方式,并避免复杂、间接或推论的方法。

(2)对准目标即可,不需完美。

(3)寻找明显事物,一定要充分利用其他人的经验,并设法找专家来导引你的分析工作,进行检查以保证结论同事实相符。

(4)随着迹象的增多,准备重新修改你的假设。

(5)放眼未来,迎接分析方面将遇到的困难。同项目小组共享良计。永远寻找开创性的方法,仔细将你的工作记录成文件。

6. 综合分析

结论少而有力,只表达一个最为关键的结论。清晰简洁有逻辑地描述事实情况。整理并清晰有力地表达关键而有效的结论。

7. 阐明观点

结构性表达(参考金字塔原理);可视化表达,让别人更容易理解。根据不同的表达目的、对象和形式,相应阐明。

（二）解决防范潜在型问题

解决防范潜在型问题分为两步,第一步拟定预防策略,第二步确定不良状态发生时的应对策略。

解决防范潜在型问题有两种基本思路,一种是自下而上法:从个别的状况和现象思考可能发生的不良状态。另一种是自上而下法:先假设最后会发生某个不良状态,再思考可能引发这个状态的个别诱因。

1. 自下而上法

自下而上法从目前能观察到的一些特定的状况或现象开始着手,分为四步:

（1）从现状中确定必须注意的特定因素;

（2）假设不希望发生的不良状态;

（3）拟订预防策略,排除可能的诱因;

（4）预先拟好发生不良状态时的应对策略。

2. 自上而下法

自上而下法先假设不希望发生的结果,再查明诱因,分为四步:

（1）假设不希望发生的不良状态;

（2）确定引发不良状态的诱因;

（3）拟订预防策略,排除可能的诱因;

（4）预先拟好发生不良状态时的应对策略。

（三）如何解决追求理想型问题

追求理想型问题也分为两步,第一步定位理想,第二步实践理想。其中,最重要的是定位理想。如果理想定得太高,或许还没努力就放弃了;如果理想定得太低,也难激发挑战的激情。所以,一旦下定决心要追求理想,最好设定一些具体且可能达成的阶段性目标。追求理想型问题的出发点必须基于一种价值观,那就是追求的理想是较佳的选择。如果在过程中被迫中止,也不一定要完全放弃,也可借由调整理想的标准来减少成本。

实践理想有四要素,分别是期限、必要条件、技术和知识、实施计划。

（1）设定实现理想的期限:设定合理的期限,最好是充裕又带一点紧迫感。

（2）列出实现理想的必要条件:实现理想有许多必要条件,如经费、机会成本、推荐信等,在这个阶段要把它们列出来。

（3）学习实现理想必备的技术和知识:在了解了实现理想的必要条件后,下一步就是学习技术以完成这些条件。不一定要在事前做好所有的准备,可以向身边的人请教,可以利用公开的信息资源。

（4）制订实现理想的实施计划:制订留意细节的实施计划,安排具体的顺序,一般运用甘特图(横道图)。甘特图的纵轴表示计划的必要实施项目,横轴显示日程,带状横线表示各个实施项目的进度。

📋 总结案例

"填坑力"才是你的核心竞争力

常见的工作能力包括理解力、洞察力、执行力、反应力等。

"填坑力"这个概念还是头一回听到。所谓顺利的人生,就是畅通无阻地通过阳关大道,从起点到达终点。殊不知,这一路上有数不清的大大小小的坑。无论怎么努力,都避不开这些坑。然而,填坑并没有想象中那么容易。

朋友的公司在今年春节后,经历了一次离职潮。众所周知,每年的3、4月是求职高峰期,用人单位和求职者纷纷抓住时机。而今年离职的人员中,多数是公司的老员工。

这样一来,给公司造成了很多障碍和不便。从外部的客户管理、供应商管理到内部的沟通,几乎一度瘫痪。暂且先不说离职的原因以及公司的管理制度有何弊端。面对这样的大坑,要怎么解决才是重中之重要考虑的问题。

这时候,就能体现出不同人的填坑力了。

在公司工作同样年限的人,有的人就可以迅速顶上原有同事的角色,查看过往的工作流程和案例,主动找到其他部门同事沟通工作,在短短的一个月时间里就能让工作重新顺利运转。这样的人,填坑力强,核心竞争力就强。同样的坑,不是所有人都能填上。

"职场就是一个坑接一个坑,填不上,你可能就过不去。职场如此,人生亦如此。"

我们都希望生活可以风平浪静,一切安好。但是我们生活中的坑无处不在。大到健康出问题、家庭关系出现风波,小到家里地板破裂、水管漏水,这些无一不是人生中的坑。

既然无法避免,那就学会面对。填坑力,除了要有打不死的"小强精神",还得要有情商、智商、逆商,以及为人处世的社交学问。学会这些,总能在需要的时候,帮你填满一个又一个坑。

"人这一辈子过得好不好,就看你能填多少坑。填坑力,就是你的核心竞争力。"

分析:"填坑"的能力其实就是解决问题的能力,也是企业领导和老板最看重的能力,也是个人综合能力的集中体现,这包括专业能力,也包括我们在本模块提到的关键能力的提升。我们在职场中塑造的这种不可替代的能力正是关键时刻可以体现个人价值的因素。

课堂活动

解决问题

一、活动目标

通过开放性的问题,列出一些职场可能发生的突发事件,然后试着回答"你该怎么解决这个问题?"

二、活动时间

建议 30 分钟。

三、活动流程

1. 教师铺垫。老师先列出 1～2 个问题,例如:老板交给你一份纸质版文稿,让你 20 分钟内给他一份电子版的文件,发给客户,你怎么办?

2. 学生 4～6 人分成一个小组,通过小组内部讨论形成小组观点和实际操作方案。

3. 每个小组选出一名代表演示实际操作方案并陈述本组观点,其他小组可以对其进行提问,小组内其他成员也可以回答提出的问题;通过问题交流,将每一个需要研讨的问题都弄清楚。

4. 教师进行分析、归纳、总结。

5. 教师根据各组在研讨过程中的表现,给予点评并赋分。

课后思考

1. 如何训练个人发现问题、分析问题的能力?

2. 你认为遇到什么样的问题可直接请教他人、什么样的问题可通过自己去解决?请举例说明。

模块四

职业道德

引导语

"如果你是一滴水，你是否滋润了一寸土地；如果你是一缕阳光，你是否照亮了一份黑暗；如果你是一颗小小的螺丝钉，你是否还永远坚守在你的岗位上？"这是雷锋日记里的一段话，他告诉我们无论在什么样的岗位都要发挥潜能，做出贡献。

人总是要在一定的职业中工作生活，职业是人谋生的手段，是人的需求。在漫漫的人生历程中，多数人都是在平凡的生活中度过的。然而，有的人在平凡的岗位上做出了许多不平凡的事；有的人就在平凡中碌碌无为地消磨着岁月。任何事物都是从平凡开始的，平凡的起点是迈向成功的第一步。一个人如果想要有所成就、有所作为，首先得从学习如何做人、如何做事开始，脚踏实地，一步一个脚印地去努力。正如李大钊所说："凡事都要脚踏实地地去做，不驰于空想，不骛于虚声，唯以求真的态度做踏实的工夫。以此态度求学，则真理可明；此以态度做事，则功业可就。"唯有经过严格的职业训练和生活磨炼的人，才能获得实际有用的知识和人生智慧。无论什么人，只要想成就一定的事业，就离不开道德情感、道德态度、道德良知、道德意志、道德责任、道德理想的帮助和支持，一句话，离不开职业道德。

4.1　职业道德的内涵和意义

导入案例

子罕辞玉

春秋时期宋国的贤臣乐喜，字子罕，担任司城一职，主管建筑工程，位列六卿。

一天,有一个人上山采石时,偶然得到一块玉石,想献给子罕。子罕执意不收。献玉的人对子罕说:"我私下里把玉石给玉匠看过,这绝对是难得一见的珍宝。特意拿来敬献给您这样德高望重的人,大人您还是收下吧!"子罕义正词严地回绝道:"我把洁身自爱、不贪图财物的操守视为'珍宝',你则把这块世间罕见玉石看作是珍宝。假如你把美玉送给我,我又贪婪地收下,咱俩岂不是都丧失了自己拥有的'珍宝'了吗?我们还是各自珍视自己最宝贵的东西吧!"

听了子罕的话,献玉人肃然起敬,但还是叩首恳求道:"大人啊!小民献玉,并不是要攀附权贵。只是因为恶贼猖狂,我挖到宝玉的消息已经远近皆知,小人担心被恶人所图,留着宝玉恐怕会遭杀身之祸。"

子罕明白了献玉人的苦衷,便先把他安置在城里住下,将美玉送到工匠处,精雕细琢后卖了个好价钱,卖来的钱全部给了献玉人,还把他安全地送回了家。四乡百姓都敬佩子罕不占不贪的高尚品质。

分析:这个故事见于《左传·襄公十五年》。后来,人们就用"不贪为宝"这句成语来形容清正廉洁的高尚品质。不管从事什么职业,都要遵守职业道德规范。要常怀律己之心,常修为政之德,加强道德修养,夯实道德基础,涵养道德操守,追求道德高标准。

一、职业道德的内涵和特性

(一) 道德的内涵

道德一词,在汉语中可追溯到先秦经典《道德经》。在当时,道与德是两个概念,并无连用,其中"道"指自然运行与人世共通的真理,而"德"是指人世的德性、品行、王道。"道德"这两个字连起来用,最早见于荀子《劝学》"故学至乎《礼》而止矣,夫是之谓道德之极",从此一直为人们沿用。意思是说做人做事应该遵循自然规律。道德代表了社会的正面价值取向,用以衡量人们行为是否正当合理,与法律相辅相成,共同起到维护社会稳定、促进社会和谐的作用。马克思主义认为,道德是一种社会意识形态,它是人们共同生活及其行为的准则和规范。

案例阅读 4-1

传统美德与竞争意识

哈尔滨市某公司到省人才中心招聘销售人员,现场的应聘者多次抢占座位争取优先面试。一位叫张媛媛的大学生却几次主动让座,让别人先行面试。等终于轮到她面试,公司负责人对她的条件虽很满意,但认为她过于谦让,不适合到销售部工作。该公司负责人认为,谦逊的确是种美德,但面临激烈的市场竞争,公司更需要有竞争意识的员工。张媛媛却说,不具有良好道德修养的人,是干不好工作的。此事在冰城议论纷纷。有人说公司的要求符合市场经济的需要;有人说张媛媛做得对,应当继续保持这种美德,大家莫衷一是。

分析:人类社会的竞争选择,必须公正、有序,严格遵守社会公德和法律规范。如此才能在竞争中"优胜劣汰",使人类社会不断发展进步。否则,任人性中奸诈、邪恶的一面恣肆,竞争就必然导致"逆向选择",即"劣胜优汰"。一个知识不健全的人可以用道德去弥补,而一个道德不健全的人却难于用知识去弥补。

(二) 职业道德的内涵

职业道德的概念有广义和狭义之分。广义的职业道德是指从业人员在职业活动中应该遵循的行为准则,涵盖了从业人员与服务对象、职业与职工、职业与职业之间的关系。狭义的职业道德是指在一定职业活动中应遵循的、体现一定职业特征的、调整一定职业关系的职业行为准则和规范。职业道德是一般社会道德在社会职业领域的一个分支,是一般社会道德在社会职业领域的具体体现。职业道德是随着人类社会中各种职业实践活动的不断发展而不断变化发展的。职业道德是新时代中国特色社会主义道德建设的重要组成部分。

《新时代公民道德建设实施纲要》要求,"推动践行以爱岗敬业、诚实守信、办事公道、热情服务、奉献社会为主要内容的职业道德,鼓励人们在工作中做一个好建设者"。明确职业道德内涵、倡导践行职业道德,不仅是新时代公民道德建设的重要内容,也是培育和践行社会主义核心价值观、弘扬民族精神和时代精神的内在要求,对于推进中国特色社会主义事业、全面建设社会主义现代化国家具有重要意义。"敬事而信""执事敬",敬业品德中国自古有之。在今天我们这个礼敬崇高职业理想、张扬高昂奋斗精神的社会主义大家庭,在"劳动最光荣、劳动最崇高、劳动最伟大、劳动最美丽"的新时代,职业道德的重要性不言而喻:不仅其本身是一笔宝贵的社会精神财富,更直接引领社会物质财富的创造;不仅厚植起个人安身立命的坚实基础,更为强国建设、复兴征程注入澎湃活力。在新时代培养担当民族复兴大任的时代新人,一个重要内容就在于以职业道德建设引领行业文明进步,让高尚的职业情操、坚实的职业奉献,为社会文明风尚凝心聚力,为经济高质量发展固本培元。

"凡职业没有不是神圣的,所以凡职业没有不是可敬的。"有了职业道德的托举,"伟大出自平凡,平凡造就伟大"的奋斗哲理更显深刻有力。加强职业道德建设,对个人而言,意味着砥砺职业操守、恪守职业本分、干好本职工作,每件事、每个细节、每项产品力求无愧本心;对社会而言,需要弘扬道德楷模精神、营造爱岗敬业氛围,形成学有榜样、行有示范的良好风气;对国家而言,需要完善政策、搭建平台、健全机制,让广大劳动者敢想敢干、敢于追梦。当崇高的职业道德落实为掷地有声的职业行动,实现中国梦就有了强大精神力量和道德支撑。

(三) 职业道德的特性

职业道德规定了各种职业活动应尽的责任和义务,通过对各种职业活动的约束,保证着各种职业活动的正常进行,维系着各行各业的正常联系。虽然各行各业的职业道德区别很大,但在本质上还是有许多共同特征的,了解这些共同特征,有助于深化对职业道德的理解和认识。

1. 职业性和适应性

职业道德的内容与职业实践活动紧密相连,反映着特定职业活动对从业人员行为的道德要求。每一种职业道德都只能规范本行业从业人员的职业行为,在特定的职业范围内发挥作用。因此,职业道德有着明显的职业特性。

每一种职业道德都与职业岗位相适应,这又体现了职业道德的适应性。各种职业从行业要求出发,总结概括出一些明确具体的要求和准则,达到约束本职业人员的目的,如规章制度、工作守则等。职业道德与具体职业相适用,保证人们职业行为的正确性。

2. 多样性和强制性

社会分工对职业道德的种类有决定作用,社会分工的多样性决定了职业活动的多样性,同时也决定了职业道德繁多的种类。每种职业道德都是对一个门类职业活动的道德要求,因此,职业道德呈现出多样性。

职业道德还有强制性。职业道德对职业活动的调节,除了通过内心信念、社会舆论、公共监督等方式外,往往都会与职业纪律和行业责任等具体规范相结合,对操作流程、行业标准、工作态度等方面都有明确规定,如有违反,则会受到相应的纪律处分甚至是法律制裁。

3. 时代性和继承性

在不同的历史时期,社会道德对职业道德有着不同的要求。不同时期的职业道德都具有鲜明时代印记。职业道德随着时代的改变而变化,在一定程度上贯穿与映射了当时社会道德的普遍要求,新的行业职业道德规范也必将随着文化和科技的进步应运而生,这就是职业道德的时代性。

职业道德是在长期大量的实践过程中逐步形成的,会被作为经验与传统继承下来。即使在不同的社会发展阶段,相同的一种职业因服务对象、服务方式、行业利益、职业义务和责任相对稳定,职业活动的核心道德要求将被继承和发展,由此形成了被不同历史时期普遍认同的职业道德规范,这就是职业道德的继承性。

二、职业道德在职业发展中的意义

(一) 职业道德是步入职业生涯的必修课

具备良好的职业道德素养是职场人士取得职业成功的重要前提条件,它决定了从业者的职业生涯能否顺利发展及发展程度。在职业道德教育学习中,要从我做起,高标准、严要求,朝着高尚的职业道德境界去追求,迈好新征程的第一步,才能自觉养成一种道德习惯,进而形成良好的职业道德信念和品质。

(二) 良好的职业道德素质是大学生的成功之道

职业生涯是否顺利、能否胜任工作岗位要求和发挥应有的作用,既取决于个人专业知识与技能的掌握程度,也取决于个人的职业道德素养及其对待工作的态度和责任心。良好的职业道德不仅是市场经济发展的需要、文明社会建设的需要,也是提高个人素养、专业水平的需要。市场竞争日趋激烈的今天,拥有良好的职业道德品质势必在以后的就业生涯中更胜一筹。

总结案例

新时代大学生的新挑战

随着现代社会的进步和发展,专业化程度不断增强,社会分工不断细化,市场竞争愈演愈烈,导致社会对从业人员的要求越来越高,除了要求具备较高的职业专业知识,在职业观念、职业技能、职业态度、职业纪律和职业作风等方面也提出了更高的要求,因为只有每个从业人员都具备崇高的职业道德,做到忠于职守、爱岗敬业,恪守行规,做到对自己和对他人负责,各个行业才会蓬勃发展,拥有长久的生命力,我们的社会也会秩序井然。而大学生是社会各行各业的后备人才,承担着祖国的希望和未来,所以不断加强大学生的职业道德教育是当前社会发展迫切的需求。

生长在高速发展的现代化社会,大学生们普遍具有思想活跃、价值取向多元化、接收新生事物快、自我意识强、强烈的实现自我价值和自我发展的需要等特征,对未来充满希望,希望能够通过大学生涯做好充足的准备,顺利踏上社会岗位。但是怎么才算是做好充足的准备来走向社会,也使他们困惑和迷惘。对很多年轻人来讲,不仅要适应社会发展,同时也要兼顾自我发展。很多学生可能并没有对自己的专业有一个清晰的认识,特别是所学专业的社会价值和社会使命,他们不知道以后自己作为从业人员应该具备怎样的职业素养,不清楚到底应该怎么处理个体得失与公司行业利益以及与服务对象利益之间的关系。如何端正态度,树立正确的从业观也是现代大学生所困惑的。

2022年我国有高校毕业生1 076万人,同比增加167万人,受多重因素影响,就业形势复杂严峻,然而在严峻的就业形势下,仍然普遍存在毕业生"信心不足""毁约""不诚信""不会做人""不会做事""不适应"等问题,这些都可以属于"职业道德"的范畴。当代大学生价值观呈现出多元化的趋势,由于分配方式的多样化、信息与生活方式的多元化,使当代大学生出现了一些消极意识,带来了思想与心理的矛盾、冲突和困惑,导致其行为的多样性和选择的不确定性。比如,有的大学生的择业观带有浓厚的功利性,对工作岗位的工资待遇、工作地点极为重视,把现有的工作当成"跳板",待遇不好就跳槽,过分看重物质报酬,缺乏基本的敬业精神;有的大学生奉献意识极度缺乏,十分强调付出与索取的比例;有的大学生普遍缺乏健康正确的人格取向,缺乏责任感,缺乏脚踏实地的实干精神等,都反映出大学生职业道德修养存在的问题。

大学毕业生对自己所从事的工作有自己的定位,一般是期望较高。用人单位对所招聘的人才也有自己的要求,比如除了扎实的基础知识和专业知识,还非常注重人才的服务精神、合作精神和爱岗敬业精神等职业道德素养,当双方要求不一致,就导致了毕业生没有用人单位接收、企业招不到合适的人才的情况。解决这个问题,需要大学生提升自身的职业道德修养,要培养先就业后择业的理念,在了解社会现实、拥有专业技能知识的同时具备过硬的职业道德情操。

　　分析：大学生要充分培养对本职工作的热爱之情和敬业精神、为社会服务的奉献精神和与他人共事的团结合作精神，切实把个人追求融入国家发展、民族复兴的伟业。要保持乐观向上的生活态度、良好的道德品质、健康的行为习惯，矢志追求更有高度、更有境界、更有品位的人生。要把握大势、敢于担当、善于作为，勇挑重担、勇克难关，以丰富的知识、过硬的本领为国家富强、民族复兴、人民幸福贡献力量。

课 堂 活 动

一、活动目标

对职业道德的准确认知。

二、活动时间

建议 10 分钟。

三、活动流程

　　1. 了解职业道德，不妨从自己熟悉的身边事开始。请同学们列举平时生活中哪些是有道德的行为、哪些是不道德的行为。

　　2. 提问：如果"我"是一名教师、护士、军人、法官，将如何体现"人人为我，我为人人"？列举现实生活中教师、护士、军人、法官的职业道德。

　　3. 提问：从业人员为什么要遵守职业道德？

课 后 思 考

　　结合自己的专业谈谈你对职业道德内涵的理解。

4.2　榜样和引领

导 入 案 例

坚持榜样引领　凝聚榜样力量

　　在庆祝中国共产党成立 100 周年时，党内最高荣誉"七一勋章"首次颁授，29 位功勋党员接受表彰，他们行程万里不忘初心，始终勤勤恳恳为党工作，他们是平凡的英雄,每一个名字都是一面旗帜。我们应该向榜样学习,学习那种精神,并传承下去。

榜样,顾名思义,即激励大家学习能起表率作用的人。然而现在很多年轻人"追星"追的是"颜值",完全不注重其道德品质。殊不知,"追星"最重要的积极价值,是从榜样身上汲取向上的能量,在追星过程中找到激励自我的动力。尤其是近年"饭圈"乱象丛生,"资本＋流量明星"的无序扩张、过分追求高额回报、社会责任缺失,改变了青少年偶像崇拜的格局,对青少年培育和践行社会主义核心价值观造成严重冲击。

真正的榜样所代表的,是鲜活的价值观和有形的正能量。可以看到,许多的明星网红不过是"追星"路上的过客,快速闪现又匆忙消失,真正在时光深处闪耀的,永远是"不畏牺牲"刘胡兰、"助人为乐"雷锋、"为民务实清廉"焦裕禄、"舍己为民"孔繁森、"杂交水稻之父"袁隆平、"坚守初心"张福清这样的"心怀国之大者"。我们所追的"星",应该既能成为指引人生方向的旗帜,也能提供源源不断的精神力量。追该追的"星",从真正的榜样身上汲取奋发向上的力量,才是追星应有的姿态。

分析:榜样的力量是无穷的,一个正能量的榜样带来的激励力量是无穷的,榜样是旗帜,代表着方向;榜样是资源,凝聚着力量;榜样是标杆,指示着目标。在全面建设社会主义现代化国家的新征程上,涌现的正能量榜样不仅能够感染人、鼓舞人、带动人,更加能够激励全国人民向榜样看齐,凝心聚力将发展贯彻到底,将优秀品质人格化、具体化、形象化,把先进作风转化为可触摸、可感知、可学习的鲜活样本。

为了加强公民道德建设、提高全社会道德水平,促进全面建成小康社会、全面建成社会主义现代化强国,中共中央、国务院印发实施《新时代公民道德建设实施纲要》,对新时代公民道德建设提出了总体要求和重点任务。《新时代公民道德建设实施纲要》要求,推动践行以爱岗敬业、诚实守信、办事公道、服务群众、奉献社会为主要内容的职业道德。

一、爱岗敬业(最基本要求)

(一) 爱岗敬业的含义

爱岗敬业最基本的要求就是"干一行爱一行,爱一行钻一行"。爱岗与敬业是相辅相成的,是相互联系的。爱岗可以说是敬业的基础,敬业是爱岗的具体表现,不爱岗就根本谈不到敬业,不敬业也很难爱岗。

(二) 爱岗敬业的意义

爱岗敬业既是反映从业者道德的一面镜子,也是影响个人成长、成功的重要因素。各行业的从业者都应当立足本职、尽职尽责、脚踏实地,只有这样才能达到为人民服务的目的。只有做到爱岗敬业,才能担当时代大任,完成国家赋予的使命。

（三）爱岗敬业的基本要求

树立正确的职业态度；树立正确的职业理想；不断提升职业技能；遵守职业纪律；正确处理选择职业与自身条件的关系。

案例阅读 4-2

"文墨精度"

方文墨，"80"后，一名技校毕业生，身高 1.88 米，体重 200 斤。这样的身材在钳工中比较少见，身高比一米的工作台高了将近一倍，不少老师傅都觉得这样的身体条件，根本不可能成为出色的钳工。方文墨就不信这个邪，他把家里的阳台改造成了练功房。下班一回家，他就钻进阳台，苦练技术。长年累月的苦练，方文墨的背已经有些驼了。正常情况下，钳工一年会换 10 多把锉刀，方文墨一年却换了 200 多把，有几次居然生生把锉刀给练断了。经过不断努力，方文墨加工的精度达到了千分之三毫米，相当于头发丝的二十五分之一，这是数控机床都很难达到的精度，中航工业将这一精度命名为"文墨精度"。25 岁成为高级技师，拿到钳工的最高职业资格；26 岁参加全国青年职业技能大赛，夺得钳工冠军；29 岁，他成为了航空工业最年轻的首席技能专家，先后荣获全国五一劳动奖章、中国青年五四奖章、全国技术能手、辽宁省特等劳动模范、大国工匠等荣誉。

分析：方文墨之所以能取得这样的成绩，在于他身上体现着爱岗敬业的良好职业道德，他干一行爱一行，爱一行钻一行，敬业求精，尽职尽责。良好的职业道德是我们立足职场的重要条件和在职业生涯中脱颖而出的制胜法宝。

二、诚实守信

（一）诚实守信的含义

诚实守信是职业活动从事者在行业内立足的根基。诚实主要体现在职业活动中实事求是、勤勤恳恳、光明磊落。守信主要体现在言而有信、遵守契约、信守承诺。每一位从业者对自己的言行都有承担责任的义务，都要在具体的职业活动中体现出诚信品质、一诺千金的职业道德素养。

（二）诚实守信的意义

诚实守信在社会生活中有着极为重要的作用，既能促进从业者身心健康发展，也是职场人生存和创业的基础，还是衡量个人职业道德修养的重要标准。诚实守信作为优秀的道德品质和职业道德历来很受重视，是自己通往职场的有力通行证。诚信的品质比实际技能更加可贵，是从业者的立身之本，更是事业走向成功的基础组成。

（三）诚实守信的基本要求

诚实守信的基本要求：具备诚实可靠的本质；做实事，办真事；言必出，行必果；维护企业荣誉；保守企业秘密；忠诚所属企业。

一声承诺　一生践行

　　吴光潮是浙江建德乾潭镇梅塘村的村医。1966 年,年仅 20 岁的吴光潮受村民资助,获得村里唯一的外出学医机会。不少村民担心他"一走了之",在外出前,吴光潮便许下"一定会回来"的承诺。3 年后,他学有所成,也信守承诺回到村里从医。50 多年间,在卫生室坐诊、上山采药、下村走访,他总是随叫随到。为了减轻患病村民负担,从 1983 年开始,村民看病费用包括诊金和药费在内,吴光潮只收 1元,从未涨过价,他因此被村民们亲切地称为"一元村医"。已过古稀之年的吴光潮,至今仍干劲十足,他说:"只要村民需要我,我想一直在卫生室干下去,直到干不动为止。"2019 年 1 月 26 日,中央电视台新闻频道节目《24 小时》用了 10 分 23秒,以《73 岁仍坚守》为题讲述了吴光潮的动人故事。2021 年,吴光潮被中央宣传部、国家发展改革委评选为 2020 年"诚信之星"。

　　分析:医者仁心。吴光潮扎根偏远乡村,甘守清贫寂寞,为乡亲解决病痛,用其一生践行着村民"健康守门人"的职责,是"诚实守信"价值理念的坚定守护者,生动展现了新时代中国人守信践诺、以诚立身的精神风貌。

三、办事公道

(一) 办事公道的含义

　　办事公道是指各行业从业人员在本职工作中,都要做到公平、公正、不谋私利,不徇私情,不以权损公,不以私害民,不假公济私。在从事职业活动时,应站在公正的立场上,严格遵守相应职业的道德规范。要树立正确的是非观,要合乎公理和正义。还要反腐倡廉,在遇到不讲原则、不奉公守法的威胁和干扰时要勇于面对,并积极向组织寻求帮助。

(二) 办事公道的意义

　　办事公道为从业者个人发展创造了公平公正的竞争环境。每个行业的从业者作为国家和社会建设的当事人,其地位、权利、义务以及人格等方面都是平等的。随着市场经济的发展,人们的法治观念、民主意识不断增强,也越来越要求从业者做到处事公平,进而创造一种办事公道、透明公开的社会环境。

(三) 办事公道的基本要求

　　办事公道的基本要求:坚持实事求是,立场坚定;坚持照章办事,不徇私情;坚持公私分明,防患未然;坚持公平公正,无私无畏。

公正无私　道是"无情"亦有情

　　李庆军,河南省高级人民法院立案二庭原副庭长。2018 年 9 月 28 日,在与尿毒症顽强抗争 4 年后,他永远地离去了。他是一位普通的法官,留下的故事却震撼人心。李庆军出生在王屋山脚下的一个小村子。他经常跟家人感叹,一个农家子弟,能走出大山,上大学,做法官,自己特别知足。公正处理好每一个案件,是李庆军觉得最有成就感的事。他有句口头禅:"老百姓打官司不容易,越是扛着大包小裹来的,咱们越要倾注更多的精力。"在当事人眼中,李庆军是个好法官,可在老家人眼里,他似乎有点不近人情。不管是发小,还是老师,甚至是亲舅舅,为案件想让他打个招呼,他都决不开这个"口子"。每一次有老家人为此来找他,他都是好言相劝,对方临走时他还嘱咐:"生活上有困难尽管说,我在省里,工资高。"在同事眼里,李庆军还是一位淡泊名利的"三不法官"——不向领导要待遇,不给同事朋友找麻烦,不向当事人伸手要好处。工作 25 年以来,李庆军始终坚持司法为民、公正司法,带病坚守在审判一线,在多办案、办难案中摸索总结经验、苦练过硬本领,以扎实的业务素养和过硬的案件质量赢得人民群众的尊敬和信任。

分析:坚守公平正义、践行为民情怀。李庆军用实际行动深刻诠释了忠诚履职、为民服务、公正司法、无私奉献的优秀品质和职业道德精神。

四、服务群众

(一)服务群众的含义

服务群众是指要从人民群众的利益出发,为群众着想,为群众办事,时刻听取群众的意见,了解群众的需要。简而言之就是为人民服务。服务群众不仅仅是对某一社会群体的要求,也是对全社会所有从业者的要求。

(二)服务群众的意义

服务群众有利于树立崇高的职业理想,增强职业荣誉感。一切依靠人民群众、一切服务于人民群众,既是中国共产党多年来的根本宗旨,也是我党群众路线的重要内容,还是新时期职业道德的最高境界。服务群众是党的群众路线在社会主义职业道德中的具体体现,也是社会主义职业道德与其他私有制社会职业道德的分水岭。

(三)服务群众的基本要求

服务群众的基本要求:牢固树立马克思主义群众观;自觉遵守行业规范;自觉履行职业责任;自觉担当社会义务。

案例阅读 4-5

心系群众,担当实干

黄文秀,从北京师范大学硕士毕业后选择回乡工作,于 2018 年开始担任广西百色乐业县百坭村的驻村第一书记。有同学问过她,为什么要放弃在大城市工作的机会,偏偏回到贫穷的家乡?她回答:"很多人从农村走了出去就不想再回去了,但总是要有人回来的,我就是要回来的人。"黄文秀的家庭并不富裕,父亲身患重病，重重压力之下，黄文秀总是乐观开朗、积极向上。从进村开始，黄文秀就努力融入当地生活，挨家挨户走访。一年多时间，她帮村里引进了砂糖橘种植技术，教村民做电商；协调给每个村建起了垃圾池。在黄文秀任上，百坭村103户贫困户顺利脱贫88户，村集体经济项目收入翻倍。黄文秀驻村笔记中写道："每天都很辛苦，但心里很快乐。"2019年6月17日凌晨，黄文秀回村部署抗洪遭遇突发山洪不幸遇难，年仅30岁。

分析：黄文秀心系群众、担当实干，品德高尚、克己奉公，知重负重、坚韧不拔，用生命诠释了一名共产党员应有的价值追求和使命担当，是习近平新时代中国特色社会主义思想的坚定信仰者和忠实践行者，是新时代共产党员不忘初心、牢记使命、永远奋斗的典范。

五、奉献社会（最高层次要求）

（一）奉献社会的含义

奉献社会是指对事业忘我的追求和全身心投入，这是一种精神追求，需要有明确的信念和崇高的理想。奉献社会是对工作全身心投入的表现。无私奉献并不是要否定正当的合理的索取，而是要求每个有崇高理想和人生追求的公民，在个人利益与社会利益发生冲突时，自觉地将社会利益摆在第一位，将个人利益放在集体利益之后。

（二）奉献社会的意义

奉献社会是社会主义职业道德的最高境界和最终目的，也是从业者应具备的最高层次的职业道德修养。在社会主义市场经济条件下，倡导无私奉献精神，可以推动企业与从业者提升服务质量、增强竞争实力，从而赢得市场。

（三）奉献社会的基本要求

奉献社会的基本要求：正确认识奉献与利益的相融性；正确处理奉献社会和吃苦耐劳的关系；坚定理想信念，建立崇高理想。

📷 总结案例

一别六十载，从未曾离开

1962年，一场意外事故，雷锋不幸倒地牺牲，但雷锋精神闪亮矗立。人们一提起雷锋，就想到他的奉献精神，比如"雷锋出差一千里，好事做了一火车"，"人的生命是有限的，可是，为人民服务是无限的，我要把有限的生命投入到无限的为人民服务之中去"。现如今，只要有人干了好事，人们就会把他们赞为"活雷锋"。雷锋二字，已成为人们心目中热心公益、乐于助人、扶贫济困、见义勇为、善待他人、奉献社会的代名词。2021年9月，党中央批准了中央宣传部梳理的第一批纳入中国共产党人精神谱系的伟大精神，雷锋精神被纳入其中。

雷锋生活的年代是国民经济和社会发展极端困顿、集体主义价值观被强烈推崇、人们的思想观念非常单纯、利益需求非常趋同的时代。正是这样的时代,孕育出了以"心里永远装着别人,唯独没有他自己"为核心理念支撑的雷锋精神。那么,在市场经济快速发展、物质生活日益丰富、价值取向趋于多元的今天,雷锋精神是否过时了呢? 答案是否定的。雷锋精神永远不会过时,因为它与中华民族的传统美德和伟大的民族精神是联系在一起的。雷锋不是扁平的,而是立体的;雷锋精神不是单一的,而是丰富的。雷锋是一名士兵,驾驶员是雷锋的本职工作,而做好事只是其"业余爱好"。在存善心、行善举的雷锋背后,我们也不能忽略一个工作称职、有着极高职业素养和职业道德的雷锋。

雷锋的岗位是平凡的,但他"干一行爱一行、专一行精一行",在平凡的岗位上做出了不平凡的业绩。他不把工作当成负担,而是当作一种快乐,有快乐、全心投入,才能深入其中,积极创新。据报道,雷锋当年驾驶的卡车很破旧,是连队出了名的"耗油大王",但经过他精心维修保养,竟成为节油标兵车。

在那个时代,雷锋的内心深处也许没有职业道德这样的字眼,但他对职业道德有颇为形象的表达。"我愿永远做一个螺丝钉。螺丝钉要经常保养和清洗,才不会生锈。""如果你是一滴水,你是否滋润了一寸土地? 如果你是一线阳光,你是否照亮了一分黑暗? 如果你是一颗粮食,你是否哺育了有用的生命? 如果你是一颗最小的螺丝钉,你是否永远坚守在你生活的岗位上?"

这些名言提到的螺丝钉,后被赞为螺丝钉精神,即像螺丝钉一样爱岗敬业。雷锋这些朴素的表达,深刻地诠释了职业道德的真义。

雷锋精神集中表现为青春奋斗,青春奋斗成就雷锋精神。长征路上,红军作战部队的官兵平均年龄在 20 岁;社会主义建设时期,雷锋用 22 岁的青春凝铸成雷锋精神;改革开放以来,科技报国的"嫦娥团队""天问团队""神舟团队""北斗团队"的平均年龄都在 30～40 岁。

未来属于青年,希望寄予青年。当代青年是与新时代同行、砥砺奋进的一代人,肩负重大使命责任,更应自觉传承发扬雷锋精神,立大志、明大德、干大事、成大才,把青春奋斗与雷锋精神有机结合起来,融入党和人民的事业,勇做实现中华民族伟大复兴的先锋力量,让青春在为党和人民、为国家和民族的不懈奋斗中绽放出绚丽之花。

分析:坚持学习雷锋精神,就要把崇高的理想信念和道德品质追求融入日常的工作生活,就要在自己的岗位上奋发进取,像永不生锈的螺丝钉那样发挥作用。

课堂活动

社会实践调查

一、活动目标

通过实践活动,加深学生对职业道德主要内容的认知。

二、活动程序和规则

步骤1：全班以小组为单位

步骤2：开展社会调查活动，参与同学去找一找、听一听成功职业人士是怎样面对自身职业的，认真倾听他们建议和忠告。寻访身边的先进人物，仔细感悟他们的敬业精神与事业心，也可以采访身边的普通职业人。

步骤3：活动结束后，将被采访者的经验与采访者自身的心得体会整理成书面材料，形成调查报告。调查报告要求数据翔实，选取素材具有说服力，要有论点并加以自己的见解。核心内容围绕职业道德及其作用展开。

步骤4：以实地采访的方式，近距离接触职业人，设计提纲，做好记录。请同学以图片、文字将资料记录下来，对优秀作品进行展示表彰。

三、总结评价

通过小组报告，教师点评指导，加深对所学知识的掌握度。（建议用时：3天，课题布置和总结30分钟）

课后思考

根据自己的实际情况谈谈你对爱岗敬业的理解。

4.3   学习和弘扬

导入案例

企业家的选择

某高校一批青年学子在同一位知名的爱国企业家座谈时，有这样一段对话：

"请问您的企业需要什么样的人才？"

"要德才兼备。"

"德才两者，哪个优先？"

"德！有德的人至少可以找到适合他的工作岗位；缺德的人我们企业坚决不要。"

"您所指的德是什么？"

"首先是社会公德，职业道德。"

"为什么？"

"个别毕业生，根本不遵守签订的合乎法律的合同，干了几个月，把公司借给他的公用财物囊括而去，不辞而别，逃之夭夭了。这怎么行？没有起码的社会公德和职业道德！这种人怎么可以相信？怎么可以聘用？"

企业家的回答,提出了现代企业及至现代社会评价和选拔人才的标准,同时也是对我们培养人才提出的警醒。新的时代、新的社会环境,需要大量德才兼备的人才。如果我们培养的人才,不爱国,不顾公共利益,缺乏职业道德,只要利己就什么都干得出来,确实会贻害无穷。爱因斯坦说得好:"第一流的人物对于时代和历史进程的意义,在其道德品质方面,也许比单纯的才智成就方面还大。"

分析:现代化社会需要有道德的现代人,道德素质的培养要放在素质教育的首要地位来考虑。对于即将进入职场的大学生来说,职业道德修养的提升也是刻不容缓的。

　　恪守职业道德,弘扬职业精神,首先要加强从业人员的思想教育。思想教育是职业道德建设的基础。这就要求我们扎实开展形式多样的学习和教育活动,不断提高从业人员的思想认识。要大力加强爱国主义、集体主义、艰苦创业、廉洁从政等内容的宣传教育,把职业道德教育与社会公德、家庭美德教育相结合,把学习国内先进人物与学习本系统、本单位先进典型相结合。通过丰富多彩的教育学习活动,切实提高从业人员的职业道德修养,进而转化为自觉遵守职业道德的行动。

一、职业道德修养内涵

（一）修养与道德修养的内涵

1. 修养

修养是一个合成词,"修",是指学习、提升、完善;"养",是指培育、陶冶、教育。现代汉语中"修养"有两种常用解释,其一是指养成的正确的待人处事的态度;其二是指思想、理论、知识、艺术等方面达到的一定水平。

2. 道德修养

道德修养是修养的组成部分之一,是指个人自觉地将一定社会的道德要求转变为个人道德品质的内在过程。不同社会和时代的道德修养有不同的目标、途径、内容和方法。当今,道德修养是提升道德素养水平、铸就完美道德人格、培养优良道德品质的重要道德实践活动组成部分。

（二）职业道德修养的内涵

职业道德修养,是指从业人员在道德意识和道德行为方面的自我教育及自我完善中所形成的优秀的职业道德品质以及达到完美的职业道德境界。职业道德修养是一种自律行为,关键在于"自我教育"和"自我完善"。职业道德素质的提升,职场竞争力的增强,一方面靠他律约束,即社会的培育和组织的教导;另一方面就取决于自我修养提升。职业道德修养水平的提升,其实质为个人通过自身努力与职业实践参与,将社会职业道德规范内化为自身职业道德标准,以此来约束自我职业行为的过程。

二、职业道德修养的内容与作用

（一）职业道德修养的内容

职业道德修养是衡量从业者职业素养的决定性因素之一,一般由四个方面架构而成,即职业道德"知"的修养,职业道德"情"的修养,职业道德"意"的修养,职业道德"行"的修养,四方面结合统一。

1. 道德认知

职业道德"知"的修养,是指从业者对道德价值及规范的认知力,包括在职业实践过程中应严格遵守的职业道德原则与行为要求,明晰这些原则与要求对履行职业义务及职责的指导性意义。

2. 道德情感

职业道德"情"的修养,是指从业者在对职业道德认知具有一定理解后,在职业活动中对职业道德原则与行为要求产生的内心情感。职业道德情感对职业道德信念的发展起到决定性作用,表现为对道德的行为方式具有认同感,对于不道德的行为方式具有憎恶之感。

3. 道德意志

职业道德"意"的修养,是指从业者在履行职业义务及职责时,自觉排除困难,克服障碍的决心与精神,坚持正确职业道德要求并为之奋斗的毅力与行为。是否具有高品质的职业道德意志是鉴定从业者是否具有较高职业素养的重要衡量标准。

4. 道德行为

职业道德"行"的修养,是指从业者在具有相对职业道德认知、情感、意识认识水平引导下,将职业道德原则与行为要求外化的一种行为模式。在职业道德培养教育中,职业道德的行为与习惯的培训,是重点环节之一,也是职业道德教育的重要内容。

案例阅读 4-6

一场关于职业道德的讨论

一次思想道德教育课上,老师让同学们讨论这样一个真实的故事:大连市公汽联营公司 702 路 422 号双层巴士司机黄志全,在行车途中突然心脏病发作。在生命的最后一分钟里,他做了三件事:把车缓缓地停在路边,并用生命的最后力气拉下了手动刹车闸;把车门打开,让乘客安全地下了车;将发动机熄灭,确保了车和乘客的安全。他做完了三件事,趴在方向盘上停止了呼吸。

故事讲完后,同学们都踊跃发言,各自谈了自己的看法和感受。大部分同学是这样理解的:司机师傅的行为难能可贵。在生命的最后一分钟里,他的感情天平偏向无私,舍弃渺小的自我,保全了集体;他是一个高尚的人;他动人的事迹值得大家去学习和赞颂。

但是,有一位同学却是这样评论这件事的:我不认为他的行为有多伟大和高尚。相反,我觉得他所做的一切只不过是一件平凡的小事。换作是我,在那样的情况下,我也一样会这样做。我相信任何有良知的人,在那种情形下,都会作出相同的选择。而且,作为一名司机,他有义务在自己的岗位上尽责尽守。他这样做,是对自己的职业负责,是对社会负责的表现。一句话,他有高度的责任感。另外,也是最重要的一方面,在生命的最后关头,他本可以对此弃之不顾,但他没有。而是在生命的最后一分钟里做了三件小事确保了乘客们的安全。那个时刻,那种情境,做出那样的选择,是职业道德的使然,是崇高责任感使然。

分析:每个人都能在平凡的岗位上做出不平凡的事来。选择从事一种职业,不单单工作上要严格要求自己,而且要有高尚的职业道德感。职业道德是靠自觉来实现的,因此衡量一个员工素质的高低,职业道德修养肯定是最有力的证据之一。

(二) 职业道德修养的作用

职业道德修养水平是事业成败与否的重要因素,是提升自身价值和实现社会价值的重要前提条件。

1. 提升综合素质

随着科技社会的快速进步,全方位发展的技术型人才队伍不断壮大,对高素质人才的要求越来越高。优质从业者应该是德智体美劳全面发展的复合型人才,具备连续性的求知欲望和积极的学习习惯、不怕失败的坚毅品质、认真履职勇于担责的精神,以及处理人际关系的能力、优秀坚定的个人品质等综合素质。

2. 推动事业发展

社会的进步发展会促进从业者在职业活动中激发能力与潜质,具有优良职业道德的从业者会受到人们的尊敬与信任,其职业行为会受到人们宣传与鼓励,其个人事业会受到人们与社会的信任与帮助,从而对其事业发展产生良性的推动作用。

3. 体现人生价值

人生价值的体现离不开良好品质的职业道德行为习惯,人生价值既包括社会价值也包括个人价值,是两者相互结合的产物。人的价值会在服务社会的从业实践中体现,同时也会在得到人们支持鼓励中得以实现。

4. 杜绝歪风邪气

具有良好的职业道德修养的从业者,在做好本职工作的同时,也会自觉提升个人思想政治觉悟。积极主动汲取正能量,培养全心全意为人民服务的决心与意识,保持抵制不良之风的斗志与勇气。良好的职业道德修养能帮助抵制诱惑,坚定从业者的职业道德理想信念。

三、提升职业道德修养的途径与办法

职业道德修养的提升与发展贯穿于整个职业生涯,需要用毕生的精力去探索。职业道德修养是从业者由内向外逐渐进步的过程,也是从业者不断完善自我、提升自我的一个过程。

(一) 加强理论学习指导

理论作为行动的指南针,没有理论的科学指导,行动必然迷失方向。只有不断地加强理论学习,才能丰富自身文化内涵修养,完善个人道德品质。从业者提升社会主义职业道德修养,必须掌握主动性,不断丰富思想理论。

开展政治思想理论和职业道德修养理论的学习,加强专业知识与法律法规的学习,以此提升职业道德修养层次,树立社会主义职业道德理想,并积极将理想化为行动,成为一名具有高度职业道德修养的从业人员。

（二）培养日常生活习惯

从小事做起。良好的职业道德行为养成是长期规范培养及自身努力的结果。要从点滴做起，慢慢积累，才能实现从量变到质变的飞跃，养成自觉性、习惯性、持续发展，从而达到从业道德要求预期目标。

拓展阅读：
老木匠退休

从自我做起。良好的职业道德行为养成需要积极培养分辨是非的能力，严格遵守道德行为规范，养成长期性自律习惯，磨炼顽强坚毅的职业道德意志品质。

（三）坚持理论结合实际

职业道德修养实践是将职业道德规范作为自我教育、自我修正、自我锻炼、自我改造的途径。加强职业精神，遵守职业规则，需要系统掌握专业知识与先进技术，全面培养专业兴趣与职业情操，在潜移默化中促进职业道德修养行为养成。大学生应在有关专业课中主动吸取相关职业道德内容，在学习过程中自觉按照职业规范要求系统学习，重视技能训练，提升职业素养，加强职业能力培训，将专业基础知识与职业技能训练相结合，多次实践、锤炼，形成过硬的职业技能，从而加强职业核心竞争能力。

（四）学习先进模范人物

榜样的力量是无穷的，有榜样的地方，就有进步的力量。要以榜样为镜，以模范为标杆，对标榜样，见贤思齐，汲取砥砺前行的强大力量，逐步提升自我职业道德品质。要深入学习领会、准确掌握榜样力量的精髓，以思想武装头脑，密切联系自身职业活动和职业道德实际，指导实践与推动工作，成为良好道德情操、思想风貌的效法者和学习者。对标榜样，深刻查找自身差距，把榜样教育成果转化为干工作的实际行动，做一名具有高层次职业道德标准的从业者。

（五）增强社会实践体验

实践是提升道德修养的基础，职业道德的培养与职业道德修养目标，同样需要在职业道德修养训练与职业道德实践中完成。职业道德教育不能单纯停留在理论基础上，更应该通过职业道德实践培养出深厚的职业情感，磨炼出坚毅的职业道德意志，树立好正确的职业道德目标。

（六）提高自我修养境界

面对职场的困难与挑战，从业者需要主动寻找自身的差距与不足，善于反省改进，即便在无人监督的情况下，仍然可以严格遵守职责，不断完善自我修养，拥有高层次职业道德品质。经常检查自己的言行，思考自己职业行为的善与恶、对与错，自觉纠正言行偏差，并不断给自己提出更高的职业道德要求，从而使自己的职业道德修养朝着新的境界不断迈进。

课 堂 活 动

制作"职业道德自我修炼手册"

一、活动目标

通过实践活动，提升自身职业道德修养。

二、活动程序和规则

步骤 1：全班同学参与，结合自身所学专业，填写表 4-1。

步骤 2：教师总结点评，鼓励学生突破难点，寻找差距，积极改进。

表 4-1 职业道德自我修炼手册

姓　　名		专业	
理想职业		班级	
职业道德目标	爱岗敬业		
	诚实守信		
	办事公道		
	服务群众		
	奉献社会		
	其他方面		
今后的专业学习、职业生涯将如何践行社会主义职业道德			

三、总结评价

通过填写"职业道德自我修炼手册"，同学之间互评，教师点评指导，加深对所学知识的掌握度。（建议用时：30 分钟）

课 后 思 考

结合自己的实际情况谈谈如何提升职业道德修养水平。

模块五

劳动精神

引导语

　　劳动精神既包含了对劳动价值的认识、对劳动的正向态度以及对劳动者、劳动过程、劳动成果的尊重，又包含了热爱劳动的态度在劳动主体身上的体现，包括劳动者身上所具有的对于劳动的积极评价、敬业态度、积极性、创造性等。劳动精神值得在全社会特别是青年学生中弘扬，教育引导青年学生崇尚劳动、尊重劳动，懂得劳动最光荣、劳动最崇高、劳动最伟大、劳动最美丽的道理，进入社会后能够辛勤劳动、诚实劳动、创造性劳动。

　　本模块共分为劳动精神的内涵和意义、劳动精神和职业素养、树立正确的劳动观和践行劳动精神三部分。希望通过本模块学习，能够熟悉通过践行劳动精神来修炼与提升职业素养的相关知识和方法，树立正确的劳动观和积极的劳动态度，尊重、热爱劳动过程、劳动成果和劳动人民，不断追求高超的技艺和精湛的技能，形成良好的劳动习惯，努力成为一名优秀的富有创造性的新时代劳动者。

5.1　劳动精神的内涵和意义

导入案例

曾国苍：劳动最光荣

　　曾国苍，南通万达锅炉有限公司容器制造部手工焊组班长，2019 年全国"五一劳动奖章"获得者。他勤学苦练，不断进取，熟练掌握多种焊接方法操作技能，曾获得南通市职工职业技能大赛第一名、第四届全国职工职业大赛第五名、第三届北京

"嘉克杯"国际焊接技能大赛"优秀选手"。他"焊"艺卓绝,在公司技术创新、重大项目难点攻克、关键工序应用研发方面做出了突出贡献,先后荣获"全国技术能手""中央企业青年岗位能手""南通市劳动模范"等荣誉称号。

分析:曾国苍是一名普通焊工,他立足岗位做贡献、扎实工作求发展,在自己的岗位上踏实工作,在平凡的工作中做出了不平凡的业绩。他是千千万万工人的代表,用勤劳的双手描绘了美好的图画,也为无数青年树立了榜样。

一、劳动观

(一) 劳动观概述

劳动观是人们在劳动的过程中,对劳动形成的看法和认识,反映着劳动者对劳动的态度,决定着劳动者在劳动过程中的行为。

劳动观与世界观、人生观是一脉相承的,世界观、人生观决定着劳动观,劳动观生动地反映着世界观、人生观。一个人只有树立了正确的劳动观,才能让自己更好地懂得尊重劳动,更好地珍惜自己的劳动成果,并以热情饱满的劳动态度积极投入社会生产和生活劳动当中,用双手和智慧去创造人生,实现自己的理想,促进个人的全面发展。

(二) 新时代的劳动观

习近平总书记在多次重要讲话中对劳动进行深刻阐述,形成了立意深刻、内涵丰富的新时代劳动观。新时代劳动观在继承马克思劳动价值论的同时,独具中国特色和时代诉求,引导全社会凝心聚力,爱劳动、尊劳动、护劳动,让全体劳动者进一步焕发劳动热情、释放创造潜能,通过劳动创造更加美好的生活。

1. "劳动是一切幸福的源泉"的观念

回望历史,"中国奇迹"的创造、"中国震撼"的交响,无不凝聚着广大劳动者的智慧和汗水;生活的美好、社会的进步,莫不源于平凡艰辛的劳动。"人生在勤,勤则不匮",幸福不会从天降,美好生活靠劳动创造。

2. "崇尚劳动、热爱劳动、辛勤劳动、诚实劳动"的观念

随着社会发展和科技进步,劳动形态和方式会发生变化,劳动内容会不断丰富,但劳动是推动人类社会进步的根本力量,是培养人、塑造人和发展人的重要手段,这一价值永恒不变。奋斗目标的实现,归根到底要靠辛勤劳动、诚实劳动、科学劳动。

3. "劳动没有高低贵贱之分,任何一份职业都很光荣"的观念

在我们社会主义国家,一切劳动,无论是体力劳动还是脑力劳动,都值得尊重和鼓励;一切创造,无论是个人创造还是集体创造,也都值得尊重和鼓励。让劳动创造成为时代强音,离不开价值的引领。任何时候任何人都不能看不起普通劳动者,都不能贪图不劳而获的生活。

4. "劳动最光荣、劳动最崇高、劳动最伟大、劳动最美丽"的观念

劳动创造了中华民族,造就了中华民族的辉煌历史,也必将创造出中华民族的光

明未来。"一勤天下无难事。"实践证明,人世间的美好梦想,只有通过劳动才能实现;发展中的各种难题,只有通过劳动才能破解;生命里的一切辉煌,只有通过劳动才能铸就。

5."劳动精神体现为科学精神、以人民为中心的精神、实践精神、开放精神"的观念

科学精神强调通过劳动来认识和遵循客观规律,以人民为中心的精神强调尊重人民群众的劳动主体地位及其劳动的积极性、主动性、创造性,实践精神强调借助劳动实践来完成认识世界、改造世界的任务,开放精神强调劳动者需要不断地自我革命和自我提升。其中,以人民为中心的精神是劳动精神的核心。这就要求我们弘扬和践行劳动精神,必须坚持人民立场,富有人民情怀,大力弘扬劳动光荣、知识崇高、人才宝贵、创造伟大的时代新风,推动全社会热爱劳动、投身劳动、爱岗敬业,为社会主义现代化建设贡献智慧和力量。

二、劳动精神内涵

劳动精神是指劳动者在劳动中展现的精神状态,精神面貌,精神品质。在不同的社会形态下,由于对劳动的理解不同,劳动精神也有差异。劳动是财富的源泉,也是幸福的源泉。"我们要在全社会大力弘扬劳动精神,提倡通过诚实劳动来实现人生的梦想、改变自己的命运"。习近平总书记关于劳动和劳动精神的系列重要讲话是我们正确理解劳动精神的重要依据,也是大力弘扬劳动精神的重要参考。

拓展阅读:
自己动手,
丰衣足食

(一) 劳动的基本属性

劳动是人类生存的前提,也是人类社会产生和发展的基础,离开劳动,人类社会就不可能产生,更不可能发展。劳动是与人类社会相伴相生的,劳动的发展和人类社会的发展都是历史的过程。劳动具有以下属性:

1. 源泉性

劳动的源泉性是指劳动是创造财富的主要源泉。人类劳动的最大特征是制造和使用生产工具改造自然,生产和制造人类所需要的社会财富。劳动不是财富的唯一源泉,但有了良好的自然条件,而不去劳动,它也不会转化为社会财富。

2. 目的性

劳动的目的性是指人类劳动是受意识支配的有计划、有目的的自觉的活动。人们在劳动之前就已有了劳动结果的表象,如盖大楼,在没有施工之前就有了大楼的样式、规模、构造。

3. 社会性

劳动的社会性是指人的劳动不是孤立的、个别人的行为,而是一种共同的社会性行为。它是在一定社会历史条件下,在一定的社会生产关系中靠群体进行的社会性活动。

4. 素质性

劳动的素质性是指劳动的能量和质量是通过劳动成果表现出来的。劳动产品质量的优劣性是衡量劳动活动的综合指标,它最终取决于劳动者的素质。

劳动可以分为两种基本的形态,即脑力劳动和体力劳动。脑力劳动是在无形的、抽象的,是在他人看不见的状态中用头脑和知识进行的;体力劳动是有形的,是在他人看得见的状态中用体力进行的。因为这两种不同性质的劳动而有了两种不同性质的劳动

者,一种是从事脑力劳动的劳动者,另一种是从事体力劳动的劳动者。体力劳动者并非不用头脑和知识,而是因为体力劳动者用头脑和知识的目的在于出力,技艺是它的最高形式;脑力劳动者本身并非不用体力,而是因为脑力劳动者用体力的目的在于获取和运用知识。

（二）劳动精神的含义

"精神"一词有两个方面含义,一是指人的意识、思维活动和一般心理状态,二是指人所表现出来的活力和"活跃、有生气"。劳动精神是指人们为创造美好生活而在劳动过程中秉持的对劳动的热爱态度、劳动观念以及劳动者在劳动过程中体现出来的积极人格气质和劳动精神风貌。

劳动精神既包含了对于劳动价值的认识、对于劳动的正向态度以及对劳动者、劳动过程、劳动成果的尊重,又包含了热爱劳动的态度在劳动主体身上的体现,包括劳动者身上所具有的对于劳动的积极评价、敬业态度、积极性、创造性等。劳动精神内涵呈现"尊重劳动、劳动平等"的价值导向性,倡导"劳动创造"的实践创新性,强调"劳动神圣、劳动光荣"的精神幸福性。

进入新时代,劳动精神有着更丰富的内涵,不仅在内容上继承并发展了马克思主义劳动价值观和中华民族传统优秀的劳动观念,还彰显了"辛勤劳动、诚实劳动、创造性劳动"的新理念,倡导"劳动光荣、技能宝贵、创造伟大"的时代风尚,生成了一种"劳动者至上、劳动者平等、劳动者可敬、劳动最光荣、劳动最崇高、劳动最伟大、劳动最美丽"的劳动观。

（三）新时代劳动精神

1. 在劳动人格上倡导尊重劳动

尊重劳动是新时代劳动精神蕴含的核心要义。第一,尊重劳动是对每个人的道德要求。劳动不仅创造了世界和人本身,而且为推动社会进步提供了必备的物质基础,因此一切劳动都应当受到尊重。第二,尊重劳动者创造的价值。劳动者付出了劳动,为社会创造了物质和精神财富,应获得必要的回报。第三,维护劳动者的尊严。要合理安排劳动者的劳动时间,维护劳动者合法权益,保障劳动者合法权益不受侵犯,创设更舒适安全的劳动环境,让劳动者心情舒畅,在工作中体会到劳动的快乐和收获的幸福。

2. 在劳动权利上倡导劳动平等

劳动平等是维护劳动者权利的基本条件和维护劳动者尊严的基本保障。第一,强调人人享有平等的劳动机会,即所有的劳动者都能够有机会平等地参与劳动。第二,反对一切劳动歧视与偏见。劳动没有高低贵贱之分,任何一份职业都很光荣。第三,强调人人都可以通过劳动作贡献。每个人的劳动不仅可以创造自身的幸福生活,而且可以为中国特色社会主义事业作出自己的贡献。

3. 在劳动使命上倡导"劳动神圣"

劳动具有光荣和神圣的意义。第一,劳动是宪法赋予的、不可剥夺的权利和义务。我国宪法规定:"公民有劳动的权利和义务。"劳动一方面是公民依法"行使的权利",另一方面也是公民依法"享受的利益"。第二,劳动是我们生存于世界的最为神圣的活动。劳动是人类生存和发展的最基本条件,是每一个现代人必备的基本素质或行为习惯。

第三,劳动果实是圣洁的。劳动果实是诚实劳动、精诚合作的劳动结晶。

4. 在劳动实践上倡导"劳动创造"

新时代科学技术迅猛发展,弘扬劳动精神要更加注重培养学生的实践性和创新性。第一,培养服务至上的敬业精神。新时代弘扬劳动精神强调劳动的实践体验性,在劳动中有效提升学生的动手能力、沟通合作能力及解决实际问题的能力,培养学生的职业道德,养成专业敬业的工匠精神。第二,培养精益求精的品质。新时代劳动精神的培养注重与技术相结合,以技术应用和技术创新为核心,引导学生在工作中养成认真严谨、精益求精的工匠精神。第三,培养追求卓越的创造精神。新时代劳动精神的培养与"创新驱动"的国家发展战略相结合,注重创新意识的提升、创新思维的训练和创新能力的培养,鼓励学生不断追求卓越,进而在全社会弘扬"劳动光荣、技能宝贵、创造伟大"的劳动风尚。

5. 在劳动成就上倡导"劳动光荣"

新时代劳动精神倡导每个人通过自己的劳动,收获满足感、快乐感、尊严感,在创造丰富物质财富的同时,拥有丰盈的精神世界。第一,个体可以通过劳动充分发挥自身的积极性与创造性,学会与人合作,追求个体幸福,享受劳动尊严;第二,通过劳动磨砺人的意志,培养勤俭节约、勤劳勇敢、艰苦奋斗、坚韧不拔等精神品质。

(四) 弘扬新时代劳动精神的意义

弘扬新时代劳动精神,就是要紧紧把握新时代劳动精神的深刻蕴含,引导全社会进一步崇尚劳动、尊重劳动,懂得劳动最光荣、劳动最崇高、劳动最伟大、劳动最美丽的道理,能够辛勤劳动、诚实劳动、创造性劳动,共同为实现中华民族伟大复兴而奋斗。在新时代的时代际遇和历史方位下,培育青年学生劳动精神有着重要的价值意蕴,是契合时代需要、彰显制度优势和映现青年学生青春气质的重要举措。

1. 新时代劳动精神是对广大劳动者劳动实践的高度肯定与科学总结

在革命建设和改革中,广大劳动者展示了奋勇拼搏、艰苦创业的风采,成为激励一代又一代劳动者的强大精神力量。随着社会发展和科技进步,资本、知识、技术的力量凸显,人们对劳动的理解发生了很大变化,有人忽视劳动的价值,低估劳动者的作用,急功近利、心态浮躁,期望走捷径、一夜暴富。事实证明,无论劳动的具体形态、劳动与其他生产要素之间的关系怎样变化,劳动是唯一价值源泉这一点始终都没有改变。弘扬新时代劳动精神,对于进一步焕发广大劳动者的劳动热情,释放创造潜能,对实现中华民族伟大复兴的中国梦,将产生重要的推动作用。

2. 新时代劳动精神是对马克思主义劳动价值论、劳动观的丰富和发展

劳动至上是马克思主义的重要原则,劳动价值论是马克思主义政治经济学的理论基石。马克思主义认为,劳动是人类最基本和最重要的社会实践,是人类社会生存和发展的根本前提,它是整个人类生活的第一个基本条件,在某种意义上不得不说:"劳动创造了人本身","在劳动发展史中找到了理解全部社会史的锁钥"。弘扬新时代劳动精神,对劳动在人类活动中的地位及劳动者的尊严给予应有的肯定和褒扬,是新形势下对马克思主义劳动观的坚持和延伸。

3. 新时代劳动精神是社会主义核心价值观的应有之义

新时代劳动精神与劳模精神、工匠精神相互包容。践行社会主义核心价值观,要求实践爱国、敬业、诚信、友善的个人行为准则,敬业就是对劳动的尊重、崇尚和热爱,就是要求做到辛勤劳动、诚实劳动、创造性劳动,这与劳动精神高度一致。"爱岗敬业、争创一流,艰苦奋斗、勇于创新,淡泊名利、甘于奉献"的劳模精神彰显劳动的价值、展现劳动者的境界,是劳动精神的集中体现。工匠精神体现了劳动者钻研技能、精益求精、敬业担当的职业精神,是对劳动精神的精粹提升。

4. 新时代劳动精神是学生全面发展的需要

新时代的青年学生身处一个多元思想观念的新的成长环境,自信有追求、个性张扬、思维活跃、接受新事物能力强,正是身心全面发展的关键期。培养新时代劳动精神能让他们明确劳动者光荣、劳动伟大的劳动理念,明白劳动实践是实现人生价值的途径;让他们养成良好的劳动习惯,在劳动实践中增强自我认知能力,实现自我追求,从而完善自我,成长为真正全面发展的人。

5. 新时代劳动精神是引领学生劳动实践的精神高地

在学校中讲好工匠故事、劳模故事,使抽象的劳动精神变成一个个具体的真实的劳动人物、一个个具体的真实的劳动成果、一个个令世界惊叹的奇迹,让青年学生感悟新时代的高素质技术人才必须具备的爱岗敬业、精益求精的劳动品质,吃苦耐劳的劳动境界,改革创新的劳动技能,团结协作的劳动作风等,以新时代工匠、劳模为榜样引领学生的劳动精神塑造。

6. 新时代劳动精神是催生青年肩负历史担当投身劳动实践的精神动力和力量源泉

青年处于朝气蓬勃、精力旺盛的青春时期,昂扬奋进是其主旋律。青春是用来奋斗的,奋斗的青春才是最美的青春。新时代劳动精神和这种奋斗精神有着密切的关联性。

📖 总结案例

郭洪猛:"90后"小将的大国工匠梦

郭洪猛,出生于1993年,2015年毕业于河北工业大学,随后来到天津住宅集团工业化建筑有限公司;2016年担任生产制造部工长,主要负责生产管理、工艺指导和预制构件生产质量。作为一名"90后",在担任工长期间,他可谓敢打敢拼。当时,由于装配式预制构件的生产是新队伍、新设备、新工艺,从生产组织安排到与工人技术交底、指导,他几乎每天都在生产线上处理问题,监督生产管理,遇到解决不了的质量难题,他更是几天几夜地泡在公司。"2016年年初,我们有一个项目工期很紧张,郭洪猛几乎每天夜里两三点才回宿舍,早上七八点钟就又回到车间继续工作。这样的状态至少持续了一个礼拜。"他的同事如是说。由于装配式预制构件的精细度高,产品尺寸误差往往要求在几毫米内,为了更好地了解装配式预制构件的现场使用情况,郭洪猛主动要求调到条件更差的工地项目组。在他的影响下,不少年轻员工的积极性也被调动起来,公司的产量有了明显飞跃。他的班组负责完成的"双青新家园20#地"及全装配楼所需各类构件生产供应,所有环节验收全部一次性通过,并作为经典案例,被收录到《装配式混凝土结构技术体系与工程案例汇编》中,荣获了多项国家奖项。在 2018 年中国技能大赛首届全国装配式建筑职业技能竞赛总决赛中,郭洪猛带领的团队以扎实的技术功底、精湛的技艺及出色的表现,击败了来自全国各地的另外 13 支队伍,获得了最具含金量的混凝土构件制作组全国冠军。面对荣誉,郭洪猛说:"和发达国家相比,目前我国装配式领域的技术水平还有很大的发展空间。希望通过我们脚踏实地的努力,能够展现我们大国工匠的精神,让装配式建筑从中国走出去。"

分析:郭洪猛之所以能成就一番事业,除过硬的专业技能外,还与他的良好的职业素养和劳动精神分不开。郭洪猛有恒心,有毅力,坚持不懈,开拓创新,不再将工作作为谋生的手段,而是视工作为事业,视责任为使命,在为社会创造价值的过程中,实现自己的人生价值。

课 堂 活 动

探寻大国工匠们的劳动精神

一、活动目标

通过探寻大国工匠们的事迹和劳动精神、工匠精神,帮助自己进一步理解弘扬新时代劳动精神的意义。

二、活动时间

建议 20 分钟。

三、活动流程

1. 自由组建小组,每组 5～6 人,以小组为单位开展活动。

2. 小组成员分工明确,集思广益,积极利用网络,查找资料。

3. 通过探寻到的大国工匠们事迹,分析大国工匠们所具备的劳动精神,并分享感想和体会。

4. 教师对最终的活动进行评讲和分析,并对每组给予等级评价。

课 后 思 考

1. 针对当前一些青少年中出现的"不爱劳动、不会劳动、不珍惜劳动成果"的现象,你觉得应该如何纠正。

2. 请结合自身的专业,谈谈你对"劳动最光荣、劳动最崇高、劳动最伟大、劳动最美丽"这句话的理解。

5.2 劳动精神和职业素养

李素丽：劳动精神和职业素养的完美结合

李素丽，北京人，1981年参加工作，1984年加入中国共产党，先后在客运分公司60路、21路任售票员，1998年到总公司及"李素丽热线"工作；2000年被评为全国劳动模范。李素丽在近20年的售票工作中，岗位作奉献，真情为他人，用真情架起了一座与乘客相互理解的桥梁，把微笑送给四面八方，被广大群众誉为"老人的拐杖，盲人的眼睛，外地人的向导，病人的护士，群众的贴心人"，充分体现了公交"一心为乘客，服务最光荣"的行业宗旨，赢得了广大乘客的尊敬和爱戴。她刻苦学习文化知识，认真学习英语、哑语，并努力钻研心理学、语言学，利用业余时间走访地理环境，潜心研究各种乘客心理和要求，有针对性地为不同乘客提供满意周到的服务。李素丽说："如果我能把十米车厢、三尺票台当成为人民服务的岗位，实实在在去为社会做贡献，就能在服务中融入真情，为社会增添一份美好。即便有时自己有点烦心事，只要一上车，一见到乘客，就不烦了。"

分析：做好自己的本职工作，就是具备了最好的职业素养。李素丽热爱自己的岗位和工作，尊重劳动、诚实劳动、创造性劳动，她的职业素养始终是和作为一名优秀的售票员联系在一起的，在平凡的岗位上刻苦学习、积极进取，最终使平凡的售票工作升华为一种艺术化的服务。

一、劳动精神的主要内容

劳动精神的主要内容包括崇尚劳动、热爱劳动、辛勤劳动和诚实劳动。崇尚劳动就是要让每一位劳动者认识到劳动的重大价值，树立劳动最光荣的理念。热爱劳动就是让每一位劳动者热爱自己的岗位和工作，营造热爱劳动的社会风气，培育青少年热爱劳动的习惯和素养。辛勤劳动就是勤奋地劳动，从中磨炼劳动意志和劳动毅力。诚实劳动可以概括为诚实做事、诚实做人。

（一）崇尚劳动

崇尚劳动是指要牢固树立劳动最光荣、劳动最崇高、劳动最伟大、劳动最美丽的观念。

劳动开创未来，劳动是推动人类社会进步的根本力量，劳动是财富的源泉，也是幸福的源泉。劳动创造了中华民族，造就了中华民族的辉煌历史，也必将创造出中华民族的光明未来。全社会应该大力弘扬劳动光荣、知识崇高、人才宝贵、创造伟大的时代新风,促使全体社会成员弘扬劳动精神,推动全社会热爱劳动、投身劳动、爱岗敬业,为改革开放和社会主义现代化建设贡献智慧和力量。劳动是共产党人保持政治本色的重要途径,是共产党人保持政治肌体健康的重要手段,也是共产党人发扬优良作风、自觉抵制"四风"的重要保障。劳动是一切成功的必经之路。人类是劳动创造的,社会是劳动创造的。劳动没有高低贵贱之分,任何一份职业都很光荣。

对劳动的重视,本质上是对劳动者的重视。因为劳动的主体是劳动者,劳动的成果也是满足劳动者的需要。因此,全社会都要贯彻尊重劳动、尊重知识、尊重人才、尊重创造。要坚持社会公平正义,排除阻碍劳动者参与发展、分享发展成果的障碍,努力让劳动者实现体面劳动、全面发展。劳动,无论是体力劳动还是脑力劳动,都值得尊重和鼓励;创造,无论是个人创造还是集体创造,也都值得尊重和鼓励。全社会都要以辛勤劳动为荣、以好逸恶劳为耻,任何时候任何人都不能看不起普通劳动者,都不能贪图不劳而获的生活。劳动者,只要肯学肯干肯钻研,练就一身真本领,掌握一手好技术,就能立足岗位成长成才,就能在劳动中发现广阔的天地,在劳动中体现价值、展现风采、感受快乐。尊重劳动者的要求,也对劳动者提出了希望。所以,崇尚劳动的最终目的就是尊重劳动者及其劳动。

(二)热爱劳动

对于广大劳动者来说,热爱劳动主要指的是热爱自己的岗位和工作。这就要求每一位劳动者都应该干一行、爱一行,认真钻研业务,争取成为行家里手。一份工作既是劳动者的"饭碗",可以养家糊口,也是展示自己才能和实现自己价值的平台,更是为单位、社会和国家创造价值的机会。一个人如果不能为单位、社会和国家创造足够的价值,不仅无法实现自己的价值,甚至还会影响到自己的"饭碗"。所以,热爱劳动是每一位劳动者的本分。

每一位劳动者都希望通过劳动创造自己的幸福生活和美好未来,更希望能在工作岗位上不断提升自己的综合素质,带来更好的发展机会,这都需要有一颗热爱劳动的心。对于劳动者来说,热爱劳动就是勇于承担起工作中的重任、积极面对岗位上的难题,恪尽职守,认真完成每一项工作,从而推动社会进步,汇聚成国家振兴的力量。对岗位和工作的热爱,实际上就是对单位、社会和国家的热爱。

热爱劳动表面上看热爱的是劳动,实际上热爱的是劳动所承担的责任。也就是说,一个富有高度社会责任感乃至对人民、对国家有大爱的人,他的劳动就会取得难以想象的成就,他的劳动价值也将是无可限量的。

(三)辛勤劳动

"一勤天下无难事",实现奋斗目标,归根结底要靠辛勤劳动、诚实劳动、科学劳动。实现中华民族伟大复兴的中国梦,要靠各行各业的人们辛勤劳动。辛勤劳动除了要承受得住辛苦、艰苦外,还要养成勤快的习惯。勤能补拙是良训,天道酬勤讲的就是勤快的重要性。很多事情不是短时间就能完成的,需要坚持、坚守、坚定自己的信念和习惯。

在工作中,各种问题总是层出不穷,所以需要养成善于观察问题、分析问题、解决问题的思维。例如,有的生产技术难题可能需要经过几十次、上百次乃至更多次的反复试验,才会找到最后的解决方案。如果离开了"勤",可能就会与最后的解决方案失之交臂。实际上,辛苦和勤劳在很多情况下是密不可分的。辛苦的人在很多情况下是因为太勤劳了,而勤劳的人总是比较辛苦的。所以,才会有了辛勤劳动的说法。只有辛勤劳动,才会收获自己的幸福和未来。

(四) 诚实劳动

诚实劳动是指每一位劳动者都要以诚实的态度做人,既要真实展示自己,又要真诚对待别人。做事先做人。劳动品德对于诚实劳动有着更重要的价值,因为做人不诚实,做事也很难诚实。

人世间的美好梦想,只有通过诚实劳动才能实现;发展中的各种难题,只有通过诚实劳动才能破解;生命里的一切辉煌,只有通过诚实劳动才能铸就。广大劳动群众要立足本职岗位诚实劳动。只要踏实劳动、勤勉劳动,在平凡岗位上也能干出不平凡的业绩。

在劳动态度上,诚实劳动是用诚实的态度做事。这就需要每一位劳动者尊重客观规律,坚持问题导向。这里的问题主要是指劳动者在工作中遇到的问题。如果一个人用诚实的态度做事,就会严格按照单位和岗位工作的要求做事,深入思考和钻研劳动中遇到的各种问题,采用科学的思路,找到解决问题的科学方法。相反,用不诚实的态度做事就会违反客观规律,最终的劳动效果也会适得其反、事与愿违。以诚实的劳动态度做事,总会生产出有质量保证的产品、提供有信誉保证的服务。以不诚实的劳动态度做事,则往往以假冒伪劣产品或不良服务赚取不义之财。

在劳动品德上,诚实劳动是用诚实的态度做人。其实,诚实本身就是人的一种品德修养,每一个人都应该诚实做人。诚实就是要真诚,要实在,不弄虚作假,不瞒哄欺骗,做到言行一致、表里如一,以本来面目示人,实实在在对人。一个人要想在社会上立足,就要努力做一个诚实的人。诚实劳动就是要做一个诚实的劳动者,包括劳动者自身的诚实语言、诚实形象以及诚实交往等。如果一个劳动者不诚实,就会想方设法掩盖自己,甚至谎话连篇,到处骗人。

从这个意义上讲,诚实劳动就是诚实做人。所以,诚实劳动的关键在于劳动品德的教育和塑造。特别是对于青少年和孩子们的劳动教育,劳动品德的教育应该是第一位的。

📖 案例阅读 5-1

时传祥:一人脏换来万人净

时传祥,北京市崇文区粪便清除工人。他以"一人脏换来万人净",赢得了人们的普遍尊敬,并因此荣获"全国劳动模范"等光荣称号。出生在山东省齐河县赵官镇大胡庄的时传祥,15岁逃荒流落到北京城郊,受生活所迫当了淘粪工,从此在粪霸手下干了20年,受尽了欺凌。中华人民共和国成立后,党的阳光照耀着工人的生活,也照亮了时传祥的心,他决心用自己的双手,为首都的干净美丽做出贡献。就这样,中华人民共和国成立后的十七八年里,他以"宁肯一人脏,换来万家净"的精神,无冬无夏、挨家挨户地为首都群众淘粪扫污。在那些年里,他几乎放弃了节假日休息,有时间就到处走走看看,问问闻闻。哪里该淘粪,不用人来找,他总是主动去。不管坑外多烂,不管坑底多深,他都想方设法淘干扫净。他一勺一勺地挖,一罐一罐地提,一桶一桶地背,每天淘粪背粪5吨多,背粪的右肩磨出了老茧。毛泽东、刘少奇、周恩来、朱德等中央领导曾亲切接见时传祥,并对时传祥的事迹给予了高度评价。

分析:全国劳动模范时传祥的事迹鼓舞了几代人,他的"宁肯一人脏,换来万家净"的精神诠释了劳动精神的本质。劳动精神已经成为推动社会发展的重要精神力量。

二、职业素养

(一) 素养

素养是指人在特定情境中综合运用知识、技能和态度解决问题的高级能力与人性能力。素养与素质虽然在日常生活中人们常常交叉使用,但素养与素质却是不同的概念。素质一般是事物本来的性质,具有先天性,心理学中的素质是指人的神经系统、感觉器官上的先天特点等。而素养则是指人的日常(即"素")修养(即"养"),主要指向后天养成的人格品质。

(二) 职业素养

职业素养是社会工作对人们个人素质培养的内在要求,是个人在职业过程中表现出来的综合品质,是职场成功的关键。职业素养包含职业道德、职业技能、职业行为、职业精神和职业意识等方面。

1. 职业道德

职业道德是指同人们的职业活动紧密联系的符合职业特点所要求的道德准则、道德情操与道德品质的总和。它既是对从业人员在职业活动中的行为标准的要求,又是职业对社会所负的道德责任与义务。

2. 职业技能

职业技能是指在职业分类基础上,根据职业的活动内容,对从业人员工作能力水平的规范性要求,是一个人所从事的工作要求具备的专业知识和技术能力。职业技能可以通过学习、训练获得。

3. 职业行为

职业行为是指人们对职业劳动的认识、评价、情感和态度等心理过程的行为反映,是职业目的达成的基础。从形成意义上说,它是由人与职业环境、职业要求的相互关系决定的。职业行为包括职业创新行为、职业竞争行为、职业协作行为和职业奉献行为等方面。

4. 职业精神

职业精神是指与职业活动紧密联系、具有自身职业特征的精神。职业精神的本质是为人民服务。职业精神是对职业素养的一种更高层次的体现。职业精神的实践内涵体现在敬业、勤业、创业、立业等方面。

5. 职业意识

职业意识是指职业人所具有的意识,包括职业信念、职业理想、职业追求等。积极向上的职业意识具体表现为：工作积极认真，有责任感，具有基本的职业道德。所以，职业人在职业生涯中应培养积极的心态，具有上进心、自觉、顽强、坚韧的精神。

（三）职业素养的两种属性

职业素养由显性职业素养和隐性职业素养共同构成。显性职业素养是指人们看得见的个体行为总和构成的外在表象，代表形象、资质、知识、职业行为和职业技能等方面，可以通过各种学历证书和职业证书来证明，或者通过专业考试来验证。隐性职业素养是指人们看不见的，如职业意识、职业道德和职业精神等方面。

显性职业素养是隐性职业素养的外在表现。隐性职业素养决定、支撑着外在的显性职业素养。因此，职业素养的培养应该以培养显性职业素养为基础，重点培养隐性职业素养。

三、新时代职业人必备的职业素养

在当今市场经济条件下，大学生就业常常出现这样的情况：一方面，大学生进入工作领域后，由于各个方面的原因，频频跳槽，导致企业的不满；另一方面，由于学习能力的缺乏，许多人进入工作领域后无法进一步提高个人水平，因而失去可持续发展的能力，最终在激烈的竞争中被淘汰。这些状况归根结底是因为部分学生缺乏不断提高自身职业素养的意识。经济社会的快速发展，带动了企业对从业人员需求水平的提高，若想在激烈的竞争中立于不败之地，必须注重自身职业素养的训练和提高。

（一）具有综合性的基本素质

当今社会的特征就是学科交叉、知识融合、技能集成，这一特征决定着每个职业人都要提高自身的综合素质，既要扩展知识面，又要不断地调整心态，变革自己的思维。社会发展对职业人提出了新要求，不仅要在专业技能方面有突出的经验，还要具备较高的相关技能，能够在很多领域大显身手。综合性的基本素质包括知识复合、能力复合、思维复合等。

案例阅读 5-2

未来很有潜力的行业有哪些?

1. 大数据智能行业。云计算和智能大数据行业已经成为人们按需使用信息处理、信息存储、信息交互资源的重要模式，也是进行大数据处理和深度挖掘的重要平台。

2. 传媒和内容创新行业。全球传媒步入了基于数字常态时代的全面战略转型期，数字理念已经深入传媒业产销的各个环节，遍及社会生活的方方面面，形成数字文化。

3. 体育经营管理。中国体育产业的发展空间非常广阔，体育场馆、体育服饰、体育器材已成为体育产业的主力军。

4. 人才服务行业。人力资源服务业已经成为现代服务业新的增长点，与此同时，人社部还进一步加大了人力资源市场对外开放的力度。

5. 泛娱乐产业。作为现代第三产业核心的以文化产业为主的泛娱乐现代服务业发展缓慢,因此中国泛娱乐文化市场供需缺口巨大,特别是卡通产业,即以卡通形象及品牌为核心,由动漫、动画、影视、图书、音像制品及衍生产品和特许经营产品等所形成的产业链。

分析:新职业的来源有几个途径:一是新技术带来传统职业的升级;二是信息化催化衍生了新职位;三是产业结构升级带来的高端技术岗位;四是消费升级推动生活服务类细分出来的新职业。大学生只有努力提高自身的综合素质,多关注职业世界的变化,为自己提供多渠道的就业途径,才能适应社会的需要。

(二)学会迅速适应环境

善于适应环境是一种能力的象征,具备这种能力的人,手中便握有了一个可以纵横职场的筹码。

在就业形势越来越严峻、竞争越来越激烈的当今社会,不能迅速适应环境已经成为个人素质中的一块短板,这也是无法顺利工作的一种表现。

(三)化工作压力为动力

压力,是工作中的一种常态,对待压力,不可回避,要以积极的态度去疏导、去化解,并将压力转化为自己前进的动力。最出色的工作往往是在高压下完成的。思想上的压力,甚至肉体上的痛苦都可能成为取得巨大成就的"兴奋剂"。

(四)具备与劳动过程相匹配的劳动素养

劳动素养是指劳动者在劳动过程中与之相匹配的劳动心态和劳动技能的综合概括,是处于社会实践活动中的实践主体在掌握一定知识储备和劳动技能基础上开展实践活动,特别是劳动实践中所展现的优良品质的集合,包括劳动意识、劳动精神、劳动能力以及知识储备和创新精神等状况。它是衡量劳动者能否完成某项对应性工作的最根本、最直接的工作能力指标。

(五)处理好做人与做事的关系

工作中,低调做人,你将一次比一次稳健;高调做事,你将一次比一次优秀。在"低调做人"中修炼自己的品德修养,在"高调做事"中展示自己的专业技能,这种恰到好处的低调与高调,可以说是一种进可攻、退可守,看似平淡,实则高深的处世谋略。

(六)按计划一步一步达成目标

在工作中,首先应该明确自己想要什么,然后再去致力追求。人如果没有明确的目标,就像船没有导航系统。每一份富有成效的工作,都需要明确的目标指引。缺乏明确目标的人,工作上必将庸庸碌碌。拥有坚定而明确的目标是专注工作的一个重要原则。

(七)服从安排并且勇于担责

服从上级的安排是员工的天职,在企业组织中,没有服从就没有一切,所谓的创造性、主观能动性等只有在服从的基础上才能够产生。同时,要勇于承担责任,没有比员工的责任心所产生的力量更能使企业发展壮大的了。那些服从安排并具有强烈责任感的员工才能在职场中具备更强的竞争力。

（八）信守契约和承诺

员工和企业，社会中各个法律实体之间，在法律的意义上都是契约关系。信守契约和承诺是保证企业正常运行和社会生活正常开展的最为基本的条件。

（九）具有开放的心态

在从事自己非常熟悉的工作时，也许是得心应手的，但也应该自觉主动地听取别人的意见。在遇到不同意见的时候，要静下心来，认真地想一想对方为何提出这个意见，不要拘泥于自己的想法和观点。

四、劳动教育对职业素养培育的积极作用

职业素养的培育是人才培养的重要指标，是大学生综合素质的重要体现。劳动教育的开展对于职业素养的培育有着积极作用，大学生应学会劳动、热爱劳动、尊重劳动，在劳动中增强技能，锤炼意志，弘扬劳动精神。

（一）学会劳动，职业素养培育之基

大学生在接受劳动教育时，要注重劳动知识的学习与劳动技能的训练，学会劳动的方法和本领，强化劳动价值观、劳动情感态度、劳动成就意识等方面劳动素养的培养。高技能的培养离不开高强度的劳动技能训练，大学生要以提高技能、增强本领作为职业素养提升的基础，理解"纸上得来终觉浅，绝知此事要躬行"的道理，认识到劳动技能训练对提升职业素养的积极意义。

（二）热爱劳动，职业素养培育之要

作为大学生，只有把安身立命的职业做精做强，不畏困难和压力，钻研增进，追求卓越，不断找寻工作的乐趣，才能拓宽事业发展道路，实现人生价值。只有把这种热爱劳动的态度坚持下去，才会带来享受劳动成果的畅快。这种职业精神是最受企业欢迎的，也是大学生职业素养培育的核心内容。

（三）尊重劳动，职业素养培育之魂

尊重劳动，不仅要尊重自己从事的工作，更要尊重别人的劳动和劳动果实，劳动不分贵贱，只是分工不同而已。只有充分地尊重劳动，尊重劳动成果，才能享受劳动的快乐，找到人生的真谛，领悟职业素养之魂。

眼高手低是当下许多就业失利的大学生的通病，缺乏脚踏实地精神，不能实事求是地看待自身价值，是横亘在诸多大学生职业成功道路上的一块大石。受制于对传统观念的误解，不在少数的大学生误读"劳心者治人，劳力者治于人"，错误地认为体力劳动和体力劳动者是低等的，导致他们不愿下车间，不愿从事艰苦的工作岗位。这种劳动意识不强，好高骛远，缺乏艰苦奋斗、吃苦耐劳坚强意志的工作表现和态度是职业素养提升重点要解决的问题。

📖 总结案例

职业素养是世界 500 强企业招聘员工的主要要求

有人通过对世界 500 强企业招聘员工试题进行调查，发现一个现象，那就是

越来越多的世界 500 强企业,在招聘员工的时候,考核职业素养的试题超过 80%,只有 15%～20% 的试题是考核专业技术。这些企业的人力资源部门负责人解释说,职业素养这一项要着重了解,打造职业素养对于职场人士尤其重要。他们说,做了这么多年的管理工作,也分析了应聘者后来职业的发展,发现专业技能其实不是最重要的,更重要的是他们的职业素养,以及职业素养的再造能力,即可塑性。所以,员工进入公司以后,也会把职业素养作为很重要的一项,不断地强化和提升它。拥有好的职业素养,角色转换和能力提升的速度都是很快的。强化职业素养的再造能力,能非常快地发挥潜能,可以在工作中掌握专业技术能力,提升沟通协调和承上启下的能力。

分析:职业素养是社会工作对人们个人素质培养的内在要求,是个人在职业过程中表现出来的综合品质,是职场成功的关键。在职场中,职业素养比专业技能更加重要,更能决定一个人在职场事业上的成功。

课堂活动

"年轻人能不能选择躺平"辩论赛

一、活动目标

"躺平"是一个网络流行语,是指无论对方做出什么反应,你内心都毫无波澜,对此不会有任何反应或者反抗,表示顺从心理。通过"年轻人能不能选择躺平"话题的辩论,帮助自己能以积极的心态,培养努力上进、顽强坚韧的精神,提升自己的职业素养。

二、活动时间

建议 20 分钟。

三、活动流程

1. 自由组建小组,每组 5～6 人,以小组为单位开展活动。

2. 小组成员分工明确,集思广益,积极查阅资料准备辩论稿并模拟辩论。

3. 进行辩论比赛,分享感想和体会。

4. 教师对最终的活动进行评讲和分析,并对每组给予等级评价。

课后思考

1. 请结合自己学习和生活经历,谈谈你对劳动精神内容的理解。

2. 你认为针对自己所学专业提升职业素养有哪些途径?

5.3 树立正确的劳动观和践行劳动精神

🔧 导 入 案 例

袁隆平：大爱造就出的"共和国勋章"获得者

袁隆平,1930年9月7日生于北京,籍贯江西省德安县,首届国家最高科学技术奖得主,被誉为"世界杂交水稻之父",先后获得改革先锋、"最美奋斗者"、"共和国勋章"等荣誉和称号。1949年8月,19岁的袁隆平高中毕业,到了西南农学院读书。1953年,袁隆平从西南农学院毕业,成为新中国培养的第一批大学生。1960年,严重的大饥荒像蝗虫般掠过中华大地,饿殍遍野,惨不忍睹。袁隆平内心的壮志被激发起来。他发誓,一定要研究出一种高产的水稻,让自己的同胞吃饱。当时,科学家都认定水稻杂交没有优势,可是倔强的袁隆平不认输,他相信自己的判断没有错,无数次试验、无数次失败都没有使他气馁。终于在1973年,袁隆平在全国水稻科研会议上,正式宣告中国籼型杂交水稻"三系"配套成功。他是一位真正的耕耘者。当他还是一位乡村教师的时候,已经具有颠覆世界权威的胆识;当他名满天下的时候,却仍然只是专注于田畴。他毕生的梦想,就是让所有人远离饥饿。这些年来,袁隆平的杂交水稻还走出了国门,被越来越多的国家引种,为解决全球饥饿问题立下了汗马功劳。早在十几年前,就有评估机构得出结论,仅"袁隆平"这个名字的品牌价值就达千亿元之巨。但袁隆平认为,用财富衡量科学家太低级、太庸俗。在他眼中,下田种稻,让稻高产,不让人挨饿,才是他的兴趣所在,才是真正体现自己价值的"身价"。

分析：正确的劳动观和积极向上的劳动精神有助于培养热爱劳动的美德,成就美好的未来。只有将个人价值与奉献社会结合起来,个人的成功才能熠熠生辉。袁隆平的故事再一次告诉我们,用梦想驱动奋斗,奋斗才会走向成功。

一、大学生树立正确劳动观的重要意义

(一) 树立正确的人生观和价值观

马克思主义劳动观启示我们,劳动是一切历史的基本条件,是人类赖以生存、发展的决定力量。树立正确的劳动观,有利于大学生真正认识到劳动创造人类社会的本源性价值,树立正确的人生观和价值观。树立正确的劳动观,有助于培养大学生热爱劳动的美德。热爱劳动,尊重劳动,激发学习热情和创新精神,真正认识到劳动是生命意义和生命价值实现的唯一途径,认识到劳动是财富创造的源泉,幸福都是奋斗出来的。

案例阅读 5－3

互联网时代的"懒人经济"

"90后""00后"成长于互联网技术大发展、智能手机普及的时代。他们对自动化、信息化、智能化、远程化等生活方式具有一种几乎天然的认同感和亲近感，伴随科学技术的飞速发展和"互联网＋"的兴起，网络订餐、网上购物、网约车等社会服务业日益发达，饿了么、美团、淘宝、天猫、滴滴打车等网络平台无孔不入地嵌入了青年学生的日常生活，对他们的衣食住行产生了翻天覆地的影响。然而，科学技术是一把双刃剑，在便利人们生产和生活的同时也增长了人们的惰性。如外卖订餐的出现，在为忙碌的人们节省时间的同时，也助长了部分人的懒惰，不少青年学生不去餐厅吃饭，而是习惯点外卖，甚至有的学生外卖到了都懒得下楼去取。

分析：青年学生只有树立正确的人生观和价值观，才能通过劳动充分发挥自身的积极性与创造性，磨砺个人的意志，培养勤俭节约、勤劳勇敢、艰苦奋斗、坚韧不拔的精神品质。

（二）使生活丰富而充实

青春是用来奋斗的。劳动最光荣。再宏伟的目标、再美好的愿景，只有靠脚踏实地诚实劳动、勤勉工作，才能一步步变成现实。实现理想，必须依靠知识，必须依靠劳动，必须依靠科学劳动。"劳动是世界上一切欢乐和一切美好事情的源泉。"生活中，劳动必将是一笔难得的人生资源和财富。人生的绚丽和精彩都是在不断劳动、并勇于创造的过程中书写出来的。劳动能使我们消除不必要的忧虑和摆脱过分的自我注意，使生活内容丰富而充实。劳动的成功与成果，可使我们认识到自己生存的价值，因而对生活充满信心。

（三）形成积极向上的就业创业观

部分大学生在毕业就业过程中容易形成眼高手低的择业观念、不能胜任工作等问题，只有树立正确的劳动观，才能形成积极向上的就业观和创业观。不管是从事体力劳动，还是从事脑力劳动，不管是从事简单工作，还是从事复杂工作，也不管是从事重要工作，还是从事一般性工作，性质都是一样的，其地位都是平等的。只有理解了这一点，才能客观地看待自己劳动的岗位，愉快地服从组织分配的任何工作，在本职岗位上建功立业。正确的劳动观能够培养大学生吃苦耐劳的劳动精神和创新精神，促进大学生的自主创业。

（四）促进全面发展

作为社会主义建设者和接班人，大学生的全面发展对于实现中华民族伟大复兴的中国梦有着重要作用。合格的建设者和接班人本质上是"以劳动实现中国梦"的劳动者，既是辛勤的劳动者，也是敬业的劳动者，更是创造性的劳动者。树立正确的劳动观，有利于大学生在劳动中增强体魄、磨炼意志、提升人格品质，实现以劳树德、以劳增智、以劳健体、以劳育美的目标。

二、当代大学生如何树立正确的劳动观

（一）树立科学的劳动价值观

马克思、恩格斯认为，劳动不仅是谋生的手段，更是通向客观世界与主观世界的媒介。当代大学生应不断提高劳动认知并达成劳动共识。要学习马克思关于劳动的经典论述，从社会发展和人性本身去剖析，增强时代的劳动认知。将劳动理论的教育与劳动专业技能的培养相结合，在具体的劳动技能传授和劳动基本功锻炼的基础之上，体会"干中学的乐趣"。正确理解脑力劳动与体力劳动相互依存的关系，懂得尊重不同工种、不同职业的劳动者，在成长过程中形成对崇尚劳动、尊重劳动的价值认同。

（二）弘扬艰苦奋斗的劳动精神

劳动精神归根到底反映的是思想情感和价值态度，表现为一种对劳动不惧困难、坚定不移积极接受的态度。艰苦奋斗是中华民族的传统美德，它激励着勤劳勇敢的劳动人民铸就了辉煌的成就，新的历史阶段更应该大力弘扬艰苦奋斗的劳动精神。大学生是社会主义的建设者和接班人，应弘扬和践行艰苦奋斗的劳动精神，营造良好的劳动氛围，走进工厂、社区、农村、部队，将劳动实践与思想教育结合、与专业教育结合、与创新创业教育结合，敢于突破常规，勇于推陈出新，培养创新性劳动精神，在劳动中实现自身价值。

（三）养成良好的劳动习惯

劳动习惯是指由于经常劳动而形成的自动劳动需要的行为方式，劳动习惯既反映了人们是否形成了劳动的潜意识自觉，又反映了人们的劳动行为是否合乎规范的潜意识自律。当代大学生应在劳动实践中，不断锤炼劳动意志并培养劳动能力，养成良好的劳动习惯，形成勤奋严谨的学风。对工作保持一如既往的干劲，永葆奋斗品质。

（四）培养敬业奉献的劳动态度

劳动态度是指个人对劳动相对稳定的一种心理倾向。敬业奉献，是中华民族一以贯之的传统美德，是劳动观中最为基本的劳动态度，是社会主义基本原则和时代要求的具体体现。现存的重视脑力劳动、轻视体力劳动的偏见，在一定程度上影响了青年大学生群体的劳动态度。因此，当代大学生需不断增强劳动意识并激发劳动情感，形成辛勤劳动、诚实劳动和创造性劳动的主流价值取向，积极自觉地投入到劳动中，享受劳动所带来的成就感，尊重和珍惜劳动成果，用劳动创造更美好的生活。

案例阅读 5-4

王金良：平凡岗位敬业奉献的楷模

王金良，浙江省常山县乡村语文教师。在王金良所带的班级中，留守儿童占了 70% 左右。因为孩子们缺乏上网课的条件，疫情期间为了让孩子们能够跟上学习进度，他风雨无阻，坚持每天走 30 公里路，为 35 名同学收发作业、辅导功课。每天早上 5 点多，王金良便背上双肩包出门收发作业，大约要花两个小时才能将作

业全部收发完毕,途中经过了他早已安排好的七个路线点,保证每个孩子都能够准时拿到作业,并抽出剩余的时间帮学生补习功课。下午三点半王金良便再次出发,将孩子们半天的作业收回,带到家中批改。疫情期间,王金良用沉甸甸的书包装满了对孩子们满满的爱,宁愿自己吃苦也决不亏待孩子,他只希望孩子们可以走出山村过更好的生活。王金良说:"我还有两年零七个月就要退休了,几十年的教学生涯,我最舍不得的就是这些孩子。"

分析:敬业奉献,是中华民族一以贯之的传统美德,是劳动观中最为基本的劳动态度。王金良在平凡岗位上创造出不平凡的人生价值。

三、弘扬劳动精神与新时代大学生的全面发展

弘扬劳动精神,鼓励大学生热爱劳动、尊重劳动者,有利于提升大学生的综合素质,培养大学生成长为符合经济社会发展要求的时代新人。培养大学生的劳动精神,培养造就德才兼备的高素质人才,从而最大限度地帮助大学生真正成为德智体美劳全面发展的社会主义建设者和接班人。

倡导劳动崇高、劳动光荣、劳动伟大、劳动美丽的社会主义劳动精神,对于鼓励大学生依靠诚实合法劳动来实现梦想,抵制现实存在的不劳而获、贪图享乐安逸的想法具有非常重要的现实意义。

大学生处于人生奋斗的关键时期,应该树立自觉劳动、奋发图强的思想理念。劳动精神的培育和养成可以提高大学生独立生存能力,促使大学生以更加积极的姿态投身于社会主义建设事业,从而更好地服务人民。大学生劳动精神培育与养成的过程是自身想象力和创造力不断被激发的过程,这也是时代青年自信奋进的最好写照。

案例阅读 5-5

柳祥国:"苦中寻乐"的中华技能大奖获得者

柳祥国,1974 年 11 月出生,是湖南株洲冶炼集团股份有限公司的一线工人,曾获省市劳动模范、湖南省技能大师、全国技术能手、中国有色行业技术能手、中国职工第三届创新成果奖、全国五一劳动奖章、全国劳模、中华技能大奖等荣誉和称号。1993 年,刚进厂的柳祥国的主要工作是用小铁铲敲松阴极板,析出锌片后,再把锌片剥下来。看似简单的敲、剥、拉的动作,每一步都有门道。工作现场,热浪扑面而来,工人们厚厚的工装上有一个又一个被烧穿的洞。上完班,长筒套鞋和胶皮手套里"能倒出半把汗水",周身皮肤就像被虫子叮咬一样,奇痒无比。当时和柳祥国一起来的有 28 人,最后只有柳祥国一个人坚持了下来。每天,柳祥国置身于四五十摄氏度高温的锌电解槽上,酸雾呛得他鼻涕、眼泪直流。他在酸雾中摸爬滚打,装槽、出槽、巡检、剥锌、码堆等一系列操作工艺他都得熟悉透彻。为了学好槽上的核心技术,他不顾酸雾侵扰,鼻子两边被酸雾腐蚀到溃烂,至今留下

两道伤疤。1994年,他经过苦干加巧干,极力摸索锌电解的窍门,向厂里提出第一条创新建议:"阴阳两极定位法"。这一方法在全厂推广,获得株冶集团科技创新一等奖。初尝成功的喜悦激发了柳祥国的创新热情,更让他对看似辛劳、枯燥的工作充满了无穷的乐趣。2010年,以柳祥国名字命名的"平、清、紧、看""四一先进操作法"问世,一举打破电解工艺操作几十年来的传统方式。新的操作法推广实施后,每年可为工厂创造经济效益7 600万元以上,他也因此获得全国第三届职工科技创新成果奖和第十三届中华技能大奖。

分析:柳祥国的事迹再次告诉我们:青春是用来奋斗的。劳动最光荣。劳动是财富的源泉,也是幸福的源泉。

四、培育和践行劳动精神

(一)劳动精神的培育

劳动精神的培育对青年学生正面劳动观念的形成、正向劳动情感的滋养、正义劳动品质的锻炼和正确劳动习惯的养成有着重要的作用,有利于促进青年学生全面发展。平心而论,多数人是出于无奈才选择接受职业教育的,绝大多数青年学生尚处于迷茫状态,这就更需要加强劳动精神的培育。

1. 以美好生活愿景激发对劳动的热爱

人生而为人,在于人可以发挥主观能动性来绘制自我发展的蓝图,并用自身的艰苦奋斗去满足自身的需求、实现自己的目标。"奋斗的价值、自我的超越",是对美好生活的向往及努力,这是一种理想,也是一份责任。培育劳动精神,应以美好生活的愿景来激发对劳动的热爱,具体有以下两个方面:

(1)以个人幸福梦激发对劳动的热爱。我们每一个人都期盼能成长得更好、工作得更好、生活得更好,这些是我们的美好生活需要,也是我们理想的生活愿景。但是,理想不是空想,幸福不是坐享其成,要实现个人的价值,追求幸福的生活必须发扬艰苦奋斗的新时代劳动精神。

(2)以国家富强梦、民族振兴梦激发对劳动的热爱。立足当代,我们都是国家富强梦、民族振兴梦的追梦者和圆梦人,新时代的发展舞台十分宽阔、前景十分光明,我们要以国家富强、人民幸福为己任,把自己的理想同国家的前途、民族的命运结合在一起,胸怀理想、志存高远,以国家富强梦、民族振兴梦激励自己积极投身中国特色社会主义伟大实践,并为之奋斗终身。

2. 以正向的劳动精神引领正确劳动观念的生成

错误的劳动价值观会产生消极的影响,必须要用正向的劳动精神引领正确劳动观念的生成。

一方面,要抵制急功近利的劳动价值观,培育常态化的奋斗精神。另一方面,抵制惰性和不作为,保持奋发有为的精神风貌。当今时代仍然是一个"爱拼才会赢"的时代,是一个属于真正奋斗者的时代。如果不想在这个百舸争流、千帆竞发的时代原地踏步,就必须同自身的惰性思维做斗争,不能沉迷于"伪奋斗"而不能自拔,而要勇做新时代的弄潮儿。

3. 以汲取劳模精神、工匠精神丰润劳动情感的培养

培育劳动精神需要营造一个学习劳模精神、工匠精神的良好环境,通过正面学习、耳濡目染将劳动精神内化于心,外化于行。劳动模范人物是优秀劳动者的典型代表,他们身上都有着一种吃苦耐劳、进取创新、无私奉献精神,是我们学习的榜样。

通过对劳模的先进事迹学习,不断汲取劳模精神、工匠精神的滋养,才能更加自觉地接受"劳动光荣、技能宝贵、创造伟大"的时代风尚的洗礼,主动回应"人人皆可成才、人人尽展其才"的良好环境的呼唤,紧紧抓住人生出彩的机会,树立劳动意识,随时准备通过诚实劳动铸就生命里的一切辉煌。

4. 以丰富的实践活动助推劳动行为习惯的养成

新时代劳动精神培育不是一句空洞的理论口号,不能"纸上谈兵",止步于思想环节,而是要落实到具体的实践工作中。以丰富的实践活动助推劳动行为的养成,可以从以下两个层面进行:

(1) 在学习上,注重实践锻炼,做到理论与实践相结合。一方面,可以通过读好"有字之书",间接学习别人有益经验来磨炼意志、增长见识以培育劳动精神。另一方面,要身体力行,通过参加各种劳动实践锻炼,来培养吃苦耐劳的精神,通过理论与实践的紧密结合将劳动精神融入个人品格中。

(2) 在生活中,加强实战演练,养成勤劳自持的习惯。在学校学习阶段,我们需要走出"衣来伸手、饭来张口"的舒适圈,独立地解决自己的衣食住行问题,照顾好自己,自觉养成劳动行为习惯。

(二) 践行劳动精神

1. 以劳动树德

劳动是中华民族的优秀传统,正是劳动创造了我国五千多年的灿烂历史文化,勤劳勇敢是中华民族精神的重要内涵。作为一名大学生,要主动投身劳动实践中去,在劳动中充实自己,用劳动创造人生价值、自我价值。要坚信自己的志向需要通过努力拼搏、诚实劳动来实现。通过劳动,可以让自己所学知识与社会实践相结合,不断培养吃苦耐劳、踏实肯干的劳动精神,从而自信从容地面对社会的磨砺,帮助自己成为有本领、有责任、有担当的新时代青年。

2. 以劳动增智

大学生对劳动最光荣、劳动最美丽要有更深的认识,对在平凡的岗位上坚守执着、精益求精、一丝不苟的劳动者要有更深的敬意。创造性劳动是推动科技创新的关键,作为新时代的大学生,在劳动中要更加注重培养发现问题、解决问题的能力,并通过劳动实践不断提升自己专业能力、综合能力、创新能力。通过劳动实践,锻炼自己的实践动手能力与劳动技能水平,磨炼意志、开阔眼界,培养勤俭、奋斗、创新、奉献的劳动精神。

3. 以劳动强体

大学生的体质,不仅关乎个人的身体健康,更关乎着一个国家青年人的精神风貌,而劳动是加强身体素质的一个有效方法。作为新时代的大学生,要积极参与学校、社会的各类志愿服务和公益活动,在劳动实践中培养进取的精神,不断锻炼体魄、增强身体素质,体悟劳动艰辛、感受劳动快乐,从而使自己成为意志坚强、全面发展的优秀人才。

一份汗水,一分收获。通过劳动,让自己远离好逸恶劳的恶习,培养热爱劳动、自强不息的奋斗精神,不断增强自身综合素质。

4. 以劳动育美

劳动创造美,劳动教育蕴含美。新时代的大学生要通过劳动实践,不断想象美、创造美,逐渐建立自身的审美意识。从小事做起,在学校通过打扫寝室内务、整理教室卫生,在美化自身学习生活环境的同时,培养了自己爱干净、爱整洁的良好生活习惯,真正感受到了生活美、心灵美的含义,从而激发自己热爱劳动的内生动力,学会劳动、学会勤俭、学会感恩、学会助人,成为一个全面发展的人。

总结案例

崔曜烨:一个善于培养自己的有心人

崔曜烨,大连航运职业技术学院经济管理系国际邮轮乘务专业毕业生。在校期间,崔曜烨经常帮助同学、辅助老师工作,在忙碌奔波中不断提升自己的综合素质,渐渐锻炼了自己的能力。在博鳌亚洲论坛大酒店客房部实习期间,她工作努力,认真负责,表现出色,特别是在综合素质管理能力方面得到领导们的好评,并获得"优秀实习生"称号。在天津海邮酒店餐饮部实习,她由于工作出色,经常帮助领导分担工作,得到了上级的肯定。实习结束后,崔曜烨成功应聘到皇家加勒比邮轮工作,她从助理服务员做起,希望通过自己的努力得到更大的提升。

分析:职业素养的培养需要有一个循序渐进的过程,劳动精神是个人职业素养培育的积极因素,在校学生要做一个有心人。案例中的崔曜烨在校期间经常帮助同学、老师,这是她培养职业素养的基础;在博鳌亚洲论坛大酒店客房部的实习工作努力、认真,获得"优秀实习生"的称号,以及在天津海邮酒店餐饮部实习,工作出色,从而得到上级的肯定,这是她提升职业素养的过程;实习成功应聘,这是她培养职业素养的结果。

课堂活动

关于"啃老"现象的讨论

一、活动目标

通过对"啃老"现象的讨论,认识树立正确的劳动观和践行劳动精神在当今社会中的重要意义。

二、活动时间

建议 20 分钟。

三、活动流程

1. 自由组建小组,每组 5～6 人,以小组为单位开展活动。

2. 小组成员围绕活动目标开展讨论,并形成小组观点。

3. 以小组为单位分享讨论观点。

4. 教师对最终的活动进行评讲和分析,并对每组给予等级评价。

课后思考

1. 谈谈你对树立正确劳动观的理解。

2. 请举例说明弘扬并践行劳动精神与新时代大学生的全面发展的关系。

模块六

工匠精神

引导语

　　曾经,工匠是一个老百姓日常生活须臾不可离的职业,木匠、铜匠、铁匠、石匠、篾匠等,各类手工匠人用他们精湛的技艺为传统生活景图定下底色。随着农耕时代结束,社会进入后工业时代,一些与现代生活不相适应的老手艺、老工匠逐渐淡出日常生活,但工匠精神永不过时。

　　工匠们喜欢不断雕琢自己的产品,不断改善自己的工艺,享受着产品在双手中升华的过程。工匠们对细节有很高要求,追求完美和极致,对精品有着执着的坚持和追求,把品质从 0 提高到 1,其利虽微,却长久造福于世。

　　工匠精神是社会文明进步的重要尺度、是中国制造前行的精神源泉、是企业竞争发展的品牌资本、是员工个人成长的道德指引。"工匠精神"就是追求卓越的创造精神、精益求精的品质精神、用户至上的服务精神。

　　本模块主要通过古今中外历史上和当代工匠的鲜活案例来诠释工匠精神的内涵和意义,通过讲述当代大国工匠的成长道路历程,来阐明新时代工匠精神内涵。在这些榜样的感召和引领下,帮助学生践行新时代工匠精神,树立良好的职业素养,学习和弘扬新时代大国工匠精神。

6.1 　　工匠精神的内涵和意义

导入案例

徐立平:"雕刻"火药,大国工匠为国铸剑

　　0.2 毫米,不到两张 A4 纸的厚度,这是徐立平的"雕刻"精度;下刀的力度完全

由自己感知和判断,稍有不慎就可能导致灾难,这是徐立平的工作环境……

徐立平是中国航天科技集团有限公司第四研究院 7416 厂班组长。30 多年来,徐立平立足航天固体发动机整形岗位,不惧危险,执着坚守,勇于担当,练就一身绝技绝招,为火箭上天、导弹发射、神舟遨游"精雕细刻",是雕刻火药、为国铸剑的大国工匠。他光荣当选第十三届全国人大代表,荣获时代楷模、最美航天人、全国技术能手等荣誉称号,获全国五一劳动奖章、中华技能大奖。

1989 年,工作还不到 3 年的徐立平,为找出正在研制的某重点型号发动机的故障原因,与专家们一起从发动机中仔细探寻。在狭窄空间里,人在成吨的炸药堆里小心作业,每次只能铲出四五克药。为确保安全,规定每人在里面最多干上 10 分钟就必须出来。但为了让队友们能多休息一会儿,徐立平每次都坚持多挖五六分钟。历经 2 个多月的艰难挖药,故障成功排除。

凭着过人胆识和刻苦练习,徐立平练就了一手"精雕细刻"的绝活。0.5 毫米是固体发动机药面误差允许的最大误差,而徐立平整形的误差控制在不超过 0.2 毫米。30 多年来,徐立平整形的产品始终保持着 100% 合格率和安全事故为零的纪录。他还依托"徐立平大师技能工作室"帮助青年职工成长,所在班组被命名为"徐立平班组",其中多人成长为国家级技师和技能技艺骨干。

分析:相较于"劳模精神"的本土性而言,"工匠精神"所植根的人类历史更长,语境也更丰富。工匠精神是指工匠不仅要具有高超的技艺和精湛的技能,还要有严谨、细致、专注、负责的工作态度和精雕细琢、精益求精的工作理念,以及对职业的认同感、责任感、荣誉感和使命感。在人类漫长的历史长河中,从农业文明刀耕火种到工业文明机械加工,人类对工匠精神的追求永不止步。

一、工匠概述

某技术公司总裁说:"很多人认为工匠是一种机械重复的工作者,但其实,工匠意味深远,代表着一个时代的气质,与坚定、踏实、精益求精相连。"工匠的技艺水平往往代表着时代的科技水平。从石器时代、青铜时代、铁器时代到蒸汽时代,催生这种革命的都是以工匠为主导的科技发现和技艺改良。如果没有大批杰出工匠的创造性劳动,人类的一切奇思妙想都将是空中楼阁。工匠的身份地位、生产方式和技术水平不断变化发展的过程,也在塑造着工匠精神的萌发、增长和成熟。

(一) 工匠的起源和分类

在人类起源初期,为了生存,人类首先要采集生活资料,包括采集野果、捕获森林中的野兽、水中的鱼,然后进一步配置和采集农作物和果实,这是工匠的雏形。

在古代,有手艺的劳动者,称为"匠",他们在劳动中所表现的才能,则被称为"技"。匠,乃罕见之人才;技,乃稀有之能力。

工匠即手艺工人、从事手艺的人,一般指有工艺专长的匠人。专注于某一领域、针对这一领域的产品研发或加工过程全身心投入,精益求精、一丝不苟地完成整个工序的每一个环节,可称其为工匠。

古代的工匠,大体可分为两类:第一类是与社会生产及人们生活直接相关的,即为人们提供劳动工具和食、衣、住、行需要服务的各行业工匠,如石匠、铁匠、木匠、锁匠、鞋匠、泥匠等;第二类是从事文化艺术活动的,如画匠、纸匠、笔匠等。另外,还有一些专门从事各种行业劳动的家、户等,如制作武器的弩家、榨油的梁户、酿酒的酒户等。

（二）工匠的历史演化

距今 7 000～8 000 年前的原始社会末期,人类出现了第一次社会大分工,手工业从农业分离出来,此后逐渐出现了专门从事手工业生产的工匠,按照现代产业的分类,工匠参与的活动领域属于第二产业和第三产业。

1. 自然矿物资源开采中的工匠工作

自然矿物资源开采主要是针对自然资源的开采,包括对煤炭、金属矿物和非金属矿物的开采,对石油和天然气的开采(也可以部分地包括农、林、牧、渔的自然性捕捞、采集)。

在这一领域中工匠工作的主要特点有:

（1）工匠工作必须直接面对天然、自然环境。

（2）工匠工作需要面对不确定性和风险。

（3）需要相对众多的人力资源,使用巨大、笨重的工具,并依靠工匠由重复和熟练得来的经验实现目标。

（4）在相当长的历史时期内开采工作使用的工具多数重且大,使用手段也相对粗笨、简单。

（5）基础设施建设是一项必不可少的工作,不同开采环境对于基础设施建设提出了不同的要求。

（6）随着人类开采工作的不断推进,开采工作呈现出一种难度不断加大、成本日趋提高的趋势。

（7）开采工作会受到相应的社会关系和社会文化因素的制约、影响,同时也会造成新的社会环境、新的工匠从业机会。

2. 工业加工行业中的工匠工作

人类通过开采或其他手段从大自然获得资源后,就需要对所获得的初级产品进行加工。加工工作是持续进行的,初加工、精加工到具体产品的生产与制作都可以称为加工。

在这一领域中工匠工作的主要特点有:

（1）工业加工行业工匠工作的出现,标志着人类文明的进步和人类创造水平的提高。工业加工行业工匠工作是以资源开采为基础的。

（2）工业加工行业工匠工作在人类改造自然过程中是比较典型的创造性工作,工匠有自己能力的发挥空间。

（3）工业加工行业工匠由于在工作之初就需要按照客户要求的质量要求进行操作,伴随着加工过程的进展和深化,质量越来越被工匠重视,重视质量的意识逐步成为工匠精神的重要组成部分。

（4）加工业的进展往往表现为工匠所掌握的工艺的高级化和复杂化,从机械加工过渡到物理化学加工、从分离加工到合成加工的规律性。

（5）加工业的产品很多,但每个行业都会产生出具有代表性的产品,这种产品通常是一种最大量、最重要、最典型的产品。

3. 服务业中的工匠工作

服务是无形产品和有形产品的有机结合，是指履行职责和义务，为他人做事，并使他人从中受益的一种有偿或无偿的活动，不以实物形式而以提供劳动的形式满足他人某种特殊需要，是一种过程或行为。它不像商品交易那样会发生所有权的转让，消费者能带走的是由服务所带来的体验。

在这一领域中工匠工作的主要特点有：

（1）无形性。服务本质上是无形的，不能被触摸，不能被品尝，不能被嗅到，不能被看到，需要通过服务在过程中体验。

（2）不可存储性。服务一经生产就必须被消费掉。

（3）不可分离性。服务的生产和消费通常是同时进行的。

（4）品质差异性。不同服务者提供的服务品质存在一定的差异性。

（5）不可量化感知性。消费者在享受服务前无法预知服务质量，服务后通常很难立即感受到服务带来的利益，也难以对服务质量做出即时客观准确的评价。

（三）中国古代工匠代表人物

夫匠者，手巧也。工匠精神早已融入中华民族血脉，成为代代相传的宝贵精神财富。在中国历史的各个时期，能工巧匠辈出，在匠人们数年如一日的匠心坚守和一点一滴追求极致的精进中，工匠精神传承至今、渊远流长。

1. 鲁班（中国建筑鼻祖和木匠鼻祖）

鲁班，人称公输般（班、盘）、班输，春秋时期鲁国人，出生于世代工匠的家庭，他被后世工匠，特别是建筑业工匠、木匠尊为"祖师"。据说，古代兵器如云梯、钩强；木工师傅们用的手工工具如锯子、钻、刨子、铲子、曲尺，画线用的墨斗；农业机具石磨，其他如机封、伞、锁钥都是鲁班发明的。而每一件工具的发明，都是鲁班在生产实践中得到启发，经过反复研究、试验得来。

（1）云梯：是古代攻城用的器械。公元前约450年，鲁班从自鲁至楚，帮助楚国制造兵器，并创制云梯，作为攻打宋国之用。

（2）钩强：钩强也叫"钩拒""钩巨"，是古代水战用的工具。据《墨子·鲁问》记载：从前楚越水战，因"楚人顺流而进，迎流而退，见利而进，见不利则其退难。越人迎流而进，顺流而退，见利而进，见不利则其退速"，致使楚败于越。楚为改变这种战局，在鲁班初到楚国后，就让他制造了这种兵器，对败退的敌船能钩住，对进攻的敌船能抗拒。

（3）木鹊：一种以竹木为材的飞翔器械。据《墨子·鲁问》记载："公输子削竹木以为鹊，成而飞之，三日不下"。

（4）木工工具：春秋战国时期，建筑木工的生产技术水平已达到相当高的水平，鲁班和当时的工匠建造房屋、桥梁，都离不开木工工具。《孟子·离娄》说："公输子之巧，不以规矩不能成方圆"。足见当时已有"规"与"矩"。现在沿用的曲尺，可能就是鲁班在"矩"的基础上发展而来的，现代木工称它为"鲁班尺"。

历代工匠都希望提高自己征服自然、改进工艺的能力，把鲁班想象成具有神奇技艺和无穷智慧的匠师。民间很早就称赞鲁班的"巧"，说他造的木头鸟能飞，木头人能够劳动，他造的灯台点燃后可以分开海水，他的墨斗拉出线来就可以弹开木头，他可以用唾液把碎木粘合成精美的梁柱,他可以在一夜之间建起三座桥等。

2. 蔡伦

蔡伦,东汉桂阳郡人。蔡伦总结以往人们的造纸经验革新造纸工艺,终于制成了"蔡侯纸",后在民间推广开来。蔡伦的造纸术被列为中国古代"四大发明",对人类文化的传播和世界文明的进步做出了杰出的贡献,千百年来备受人们的尊崇。蔡伦也被纸工奉为造纸鼻祖、"纸神"。《时代周刊》"有史以来的最佳发明家"中蔡伦上榜。

3. 马钧

马钧,字德衡,生活在三国时期,是中国古代科技史上最负盛名的机械制造家之一。马钧年幼时家境贫寒,自己又有口吃的毛病,所以不擅言谈却精于巧思,后来在魏国担任给事中的官职。指南车制成后,他又奉诏制木偶百戏,称"水转百戏";接着马钧又改造了织绫机,提高工效四五倍。马钧还改良了用于农业灌溉的工具龙骨水车(翻车),此后,马钧还改制了诸葛连弩,对科学发展和技术进步做出了贡献,当时人称其"天下之名巧"。

4. 祖冲之

祖冲之,字文远,是中国南北朝时期杰出的数学家、天文学家。祖冲之一生钻研自然科学,其主要贡献在数学、天文历法和机械制造三方面。他在刘徽开创的探索圆周率的精确方法的基础上,首次将"圆周率"值精算到小数点后第七位,即在 3.141 592 6 和 3.141 592 7 之间,直到 16 世纪,阿拉伯数学家才打破这一纪录。由他撰写的《大明历》首先引入岁差,是当时最科学最进步的历法,对后世的天文研究提供了方法。他还造指南车、作水碓磨、千里船等,都很机巧。

5. 毕昇

毕昇,生于北宋,在宋仁宗庆历年间发明活字印刷术。活字印刷术的发明,是印刷史上的一次伟大革命,是中国古代四大发明之一,它为中国文化经济的发展开辟了广阔的道路,为推动世界文明的发展做出了重大贡献。

6. 黄道婆

黄道婆,又名黄婆或黄母,是宋末元初著名的棉纺织家、纺织技术革新家,由于传授先进的纺织技术以及推广先进的纺织工具而受到百姓的敬仰,对当时植棉和纺织业起到推动作用。

二、工匠精神

(一) 工匠精神概述

工匠的职业操守、精益求精、敬业奉献精神形成了工匠精神,它是一种职业精神,也是职业道德、职业能力、职业品质的体现,是从业者的一种职业价值取向和行为表现。它是一种在设计上追求独具匠心、质量上追求精益求精、技艺上追求尽善尽美、服务上追求用户至上的精神。

工匠精神是指不仅具有高超的技艺和精湛的技能,还有严谨细致、专注执着、精益求精、淡泊名利、敬业守信、勇于创新的工作态度,以及对职业的认同感、责任感、使命感、自豪感等可贵品质。

工匠们喜欢对自己的产品精雕细琢、精益求精,不断改善自己的工艺,享受着产品在双手中升华的过程。工匠们对细节有很高要求,追求完美和极致,对精品有着执着的

坚持和追求,把品质从 99％ 提高到 99.99％,其利虽微,却长久造福于世。

工匠精神是社会文明进步的重要尺度、是制造业前进和发展的内在驱动力和精神源泉、是企业(工坊)竞争发展的品牌资本、是制造业从业者个人成长的道德指引。

(二) 工匠的特点

在历史的发展和文化的传承中,工匠亦形成了自己的精神境界,具有了独特的精神层面的界定。工匠自身的技能、技艺和技术是"工匠精神"的物质载体和最根本的职业生涯的追求。工匠的特点有:

1. 工匠具备较强的专业特性

优秀的工匠都具有较为专业的理论知识和专业技能,能在所从事的领域内有所见地、有所建树,能够利用技能生产或创造产品,最终获取价值。

2. 工匠具备坚定的职业追求

优秀的工匠对每一道制作工序都是很严谨,一丝不苟。他们工作时不投机取巧,必须确保每个部件的质量,对产品采用严格的检测标准,不达到要求绝不轻易交货。他们注重品质、精益求精、善于创新,对细节有很高的要求,追求完美和极致,不惜花费时间和精力,孜孜不倦,反复改进,对制作精品有着执着的坚持和追求,用产品质量和品质体现自己的职业追求。

3. 工匠应该具备较高的职业素养

优秀的工匠无私且敬业。具有可持续发展的能力,具有创新能力和超越自我的能力,具有社会人文关怀,由此构成了工匠的职业态度和职业素养,以职业素养引领工匠职业态度和职业技能提升,成为行业持续发展和不断创新的动力。

三、当代工匠的职业价值

当代工匠相对于传统工匠而言,其内涵和外延都发生了很大的变化。由于工业化大生产和现代科技的生产应用,传统工匠和工匠作坊已日渐式微,而当代工匠则借助现代科技,在各类企业中进行着工业化生产活动。因此,当代工匠现在被称为技术技能人才;他们中的优秀分子,被称为高技能人才。他们是当代先进工艺技术的掌握者和应用者,也是当代任何高科技产品的最终实现者。

案例阅读 6-1

港珠澳大桥是粤港澳首次合作共建的超大型跨海交通工程,其中岛隧工程是大桥的控制性工程,也是目前世界上在建的最长公路沉管隧道。工程采用世界最高标准,设计、施工难度和挑战均为世界之最,被誉为"超级工程"。在这个超级工程中,有位普通的钳工大显身手,成为"明星工人"。他就是管延安,中交港珠澳大桥岛隧工程Ⅴ工区航修队首席钳工。经他安装的沉管设备,已成功完成 18 次海底隧道对接任务,无一次出现问题。接缝处间隙做到了"零误差"标准。因为操作技艺精湛,管延安被誉为中国"深海钳工"第一人。

零误差来自近乎苛刻的认真。管延安有两个多年养成的习惯,一是给每台修过的机器、每个修过的零件做笔记,将每个细节详细记录在个人的"修理日志"上,遇到什么情况、怎么样处理都"记录在案"。从入行到现在,他已记了厚厚四大本,闲暇时他都会拿出来温故知新。二是维修后的机器在送走前,他都会检查至少三遍。正是这种追求极致的态度,不厌其烦地重复检查、练习,练就了管延安精湛的操作技艺。

(一) 手工技艺依然无法被取代

传统工匠主要依赖手工技艺进行器物的制作,其特点主要有两个方面:一是速度慢、周期长、标准不规范、生产效率低;二是体现制作者的个性特征,能够按照需求进行个性化制作,每件作品都独一无二。正是上述两个方面的特点,决定了手工技艺在当代科技水平已经非常高超的今天,依然无法被取代。例如,在餐饮、工艺品等行业中,手工技艺往往还是行业价值的最高体现。即便在已经实现了规模化大工业生产的鞋业、钟表业等行业,一些恪守传统的企业家依然坚持以手工制作为主,以便让自己的产品具有独特的性质而拥有广阔的市场。其中,最具代表性的当属瑞士的手表,瑞士企业家将手工制作视为手表的灵魂,从而让瑞士表成为"高贵"的代名词,由于产量有限,一些著名品牌的手表订单,甚至排到了 30 年后。

坚持手工技艺并不意味着要拒绝当代科技。第一,借助于机器特别是精密机器可以提升手工技艺的效率和质量,像瑞士手表的零件,基本上都是机器生产,只有到了装配这个关键环节,才全部采用人工;第二,借助于现代企业管理可以使手工技艺能够在大工业背景下,克服生产周期长、效率低等缺陷,获得与大工业生产相抗衡的内在动力;第三,在奢侈品生产领域,产品和艺术品高度融合,使手工技艺及其产品的内涵得到了极大拓展,既推动了手工技艺的传承与弘扬,又拓展了手工产品的人文价值和市场空间。

所以,当代工匠中的手工艺人,既要得到传统工匠的"风骨"真传,又要获得当代科技文化的极高素养。他们是相关产业的人才支柱和相关产业发展的技术基石。

(二) 现代企业中的"三驾马车"之一

通常,管理人员、科技人员、技能人员被视为现代企业的"三驾马车"。管理人员负责各生产要素的组织,科技人员负责产品的研发,技能人员负责产品的生产。三者各司其职,相互协作,缺一不可。

由于社会分工的精细化和现代企业生产组织架构的复杂化,现代企业中的技能人员,也就是当代工匠的劳动方式,较之传统工匠发生了很大的改变。第一,一个产品在现代企业生产中被分成了若干的工序(工种),当代工匠只负责其中某个工序(工种)或者几个工序(工种)的生产;第二,产品的生产有着极为规范的标准,当代工匠必须按照规范的工艺流程进行操作;第三,生产工具的现代化和智能化趋势,要求当代工匠必须不断地通过学习而熟练地操纵机器设备。

虽然现代企业中的当代工匠不能自主地决定产品的生产方式和技术规范,但他们对规范和标准的领会程度以及操控机器设备的能力依然决定着产品质量的优劣。现在所公认的高质量的"德国制造",就是得益于大批高素质的当代工匠。德国为了培养这些工匠,建构了当今最为有效的"双元制"职业教育体系,保证每个现代企业的从业人员都得到了符合现代企业生产所需的系统培训,从而使企业中的管理、科技、技能三类人员的作用相辅相成、相得益彰。

现在,"中国制造"已走遍世界,像"中国高铁""盾构机""隧道掘进机""百万千瓦水轮发电机组""核电"这样的"中国品牌"国之重器越来越多,其中最重要的支撑因素就是我国现代企业中越来越多的高素质技能人员。当然在其他领域还有很多空白,需要继续加油,所以,打造大批高素质的当代工匠是发展的需要、历史的必然。

(三) 当代科技创新的最终实现者

人类第一次工业革命发生前,工匠的技艺水平代表着时代的科技水平。从石器时代、青铜时代、铁器时代到蒸汽时代,催生这种革命的都是以工匠为主导的科技发现和技艺改良。经瓦特改良后的蒸汽机被投入到纺织业使用。人类迎来了第一次工业革命,整个人类社会因而焕然一新。第一次工业革命后,科学家作为一个群体迅速崛起,他们专司研究,在短短的两百多年中,将人类社会带向了电气时代、信息时代。这期间,虽然工匠不再作为科技创新的主力军,但依然是所有科技创新的最后实现者。个中原因非常简单,越是尖端前沿的科技构想,越是需要杰出的工匠将之打造为实物。可以这样说:如果没有大批杰出工匠的创造性劳动,人类的一切奇思妙想都将是空中楼阁。

总结案例

庖 丁 解 牛

庖丁给梁惠王宰牛。手接触的地方,肩之所倚,脚之所踩,膝之所顶,哗哗作响;进刀时的声音节奏,没有不合音律的。梁惠王说:"嘻,好啊! 你解牛的技术怎么竟会高超到这种程度啊?"

庖丁回答说:"我所追求的,是解牛的规律,已经超过一般的技术了。开始我宰牛的时候,眼里看到的是一整头牛;几年后,再未见完整的牛了。现在,我凭精神和牛接触,而不是用眼睛去看。依照牛的生理上的天然结构,砍入牛体筋骨相接的缝隙,顺着骨节间的空处进刀,游刃有余,一气呵成。因此,十九年来,我用的这把刀的刀刃还像刚从磨刀石上磨出来的一样。即便如此,每当碰到筋骨交错聚结的地方,我还是小心翼翼,将视力集中到一点,将动作放慢、放轻,用最锋利的刃尖划断关节,那牛的骨和肉一下子分开了,就像泥土突然散落在地上一样。"

分析:人类从远古时期就开始屠宰动物了,但将宰牛做到声音合乎音律、牛肉如土委地的,庖丁算是我国古代文献中的第一人了。这就是工匠,过去叫屠夫,现在叫屠宰工;过去只用一把宰牛刀,现在则是电控流水线操作;过去一人完成,现在团队合作。管窥而知,工匠职业群体源远流长,值得仔细咀嚼、反复回味。

课 堂 活 动

一、活动目标

引导学生理解工匠精神,尤其是新时代工匠精神对自我职业发展所起的作用。

二、活动时间

建议 10 分钟。

三、活动流程

1. 教师出示以下阅读材料,并提问:张翼飞的工匠精神体现在哪里?

"焊神"张翼飞

张翼飞是沪东中华造船公司的一名焊工。焊接,是造船企业的关键工序,对上岗者有着严苛的素质要求。张翼飞从进厂起,就开始系统地学习焊接理论,潜心研究焊机设备的操作技术。这使得他在后来的各类全国技术比武中,屡屡获得殊荣。数年前,沪东中华从日本引进一批先进焊接设备,日本专家几经调试也无法使设备的某些位置技术参数达到施工要求。张翼飞解决了这个问题,保证了新的生产线如期投入生产。为了实现中国造船强国梦,张翼飞积极做好各项技术储备工作,使自己的焊接技术底子厚些、再厚些,焊接领域宽些、再宽些,这样就可以适应各种高端船舶建造。现在,张翼飞掌握了 100 多种焊材的焊接技术,成为企业的一名"焊神"。

2. 学生 4～6 人分成一个小组,通过小组内部讨论形成小组观点。

3. 每个小组选出一名代表陈述本组观点,其他小组可以对其进行提问,小组内其他成员也可以回答提出的问题;通过问题交流,将每一个需要研讨的问题都弄清楚。

4. 教师进行分析、归纳、总结。

5. 教师根据各组在研讨过程中的表现,给予点评并赋分。

课 后 思 考

1. 结合本单元学习内容,你认为工匠精神的特点有哪些?

2. 从工匠价值的角度,你认为黄道婆及其改良的纺织工具对当时社会的发展有哪些杰出贡献?

6.2 榜样和引领

导 入 案 例

航天精雕师常晓飞:精丝微米间练就"中华绝技"

在直径跟头发丝一样细的金属棒上刻字,刻出的字在显微镜下才能看得清;在金属板指甲盖大小的区域钻出 100 个肉眼几乎看不到的小孔,当强光从背后照射,像变戏法似的,一把熊熊燃烧的火炬出现在金属板上。这两件作品,均出自数控微雕能手常晓飞之手。数控微雕,是运用数控技术进行精密加工的一项技术,需要高超的数控技术水平。常晓飞的微雕技术则被同行誉为现代版的航天"核舟记"。

刚进入军工厂,常晓飞就遇到了自己的"偶像"——被誉为导弹"翅膀"雕刻师的数控铣工曹彦生,还机缘巧合地成为他的徒弟。曹彦生对自己的这个徒弟也是很爱惜,评价说:"他最大的特点就是极致、专注,做事能钻进去、上手快。"

凭着一股勤学肯钻、能吃苦的劲头,常晓飞一个月后就可以独立完成任务,成为同批新人里第一个"挑大梁"的人。那时候,常晓飞跟着师傅接触的多是复杂零件的加工任务,需要从头摸索、反复钻研。虽然很苦很累,但常晓飞没有丝毫怨言。他说:"做的活种类越多、难度越大,能力提升得越快。"

细心、沉稳,是很多同事对常晓飞的评价。他每天工作是从清洗机车、检查设备开始——打一盆水,仔细擦拭机床,检查机床的每个部位,查看机床的工作状态,对设备进行维护和保养。所有流程,他都会一个不落认真走完。精心养护之下,他负责的设备也因此故障率最低,使用寿命最长。"我总是想把零件做得更完美。"常晓飞说,"有时花 50 分精力能做到的事情,我可能会花 100 分,只为把工件打造得更加完美。"

凭着刻苦钻研的精神和精雕细琢的工作态度,常晓飞锤炼出一身过硬的本领,攻克了多个复杂产品零部件加工难题。也正是这身过硬本领,让常晓飞十年来收获了不少荣誉:全国五一劳动奖章、全国技术能手、第六届全国数控技能竞赛职工组第一名……

用精湛的技术参与到祖国的航空航天事业,常晓飞是出色的航天产品雕刻师,也是当之无愧的大国工匠。

分析:常晓飞是新时代众多技术工人的代表和缩影,这些普通的劳动者默默坚守、孜孜以求、坚守初心、执着专注,精益求精、不断创新,在平凡岗位上追求职业技能的完美和极致,最终成为国家的金牌技师和技能工匠,他们用实际行动诠释了新时代的"工匠精神",体现了不平凡的人生价值。

一、新时代工匠精神来源

劳动者素质对一个国家、一个民族发展至关重要。当今世界,综合国力的竞争归根到底是人才的竞争、劳动者素质的竞争。这些年来,中国制造、中国创造、中国建造共同发力,不断改变着中国的面貌。从"嫦娥"奔月到"祝融"探火,从"北斗"组网到"奋斗者"深潜,从港珠澳大桥飞架三地到北京大兴国际机场凤凰展翅……这些科技成就、大国重器、超级工程都离不开大国工匠执着专注、精益求精的实干,刻印着能工巧匠一丝不苟、追求卓越的身影。

2016 年,工匠精神被首次写入政府工作报告——"培育精益求精的工匠精神"。当年,工匠精神迅速流行开来,成为制造行业乃至整个社会的热词。直到 2022 年,工匠精神一词先后5次被写入政府工作报告,不仅折射出我国在推动国家高质量发展过程中对技术人才的需求日益旺盛,也体现了工匠精神在整个社会层面已成为备受推崇和重视的精神力量。

"工匠精神"是工匠对产品精雕细琢,追求完美和极致的精神理念,是善于用创新的精神去对产品精雕细琢、反复打磨,体现出最大价值,创造出最完美的产品品质;工匠精神中也包含了一丝不苟、踏实敬业。它是一种技能,更是一种精神品质。此后,不仅制造行业,各行各业都提倡"工匠精神"。任何行业、任何人"精益求精,力求完美"的精神,都可称"工匠精神"。

二、新时代工匠精神内涵

从手工匠人到科研人员,从简单劳动到复杂劳动,工匠精神作为我国人民劳动创造历史、发展进步的强大精神力量,已成为社会共识和时代召唤,在新时期焕发出更加璀璨的光彩。工匠精神是我们宝贵的精神财富,是新时代的精神指引,习近平总书记在2020年召开的全国劳动模范和先进工作者表彰大会上精辟概括工匠精神的深刻内涵——执着专注、精益求精、一丝不苟、追求卓越。新时代的工匠精神的基本内涵主要包括爱岗敬业的职业精神、精益求精的品质精神、协作共进的团队精神、追求卓越的创新精神。

（一）爱岗敬业的职业精神

中华民族历来有"敬业乐群""忠于职守"的传统,敬业是中国人的传统美德,也是当今社会主义核心价值观的基本要求之一。

爱岗敬业是从业者基于对职业的崇敬和热爱而产生的一种全身心投入的认真、尽职的职业精神状态。爱岗是敬业的基础,而敬业是爱岗的升华。"爱岗"就是干一行爱一行,热爱本职工作,不见异思迁,不被高薪及利益所诱,淡泊名利,坚守初心。"敬业"就是要钻一行,精一行,对待工作勤勤恳恳,兢兢业业,一丝不苟,认真负责。

（二）精益求精的品质精神

精益求精,是从业者对每件产品、每道工序都凝神聚力、精益求精、追求极致的职业品质。所谓精益求精,是指无论产品大于小,都不满足于现有标准和成就,还要求进一步提升质量,投入时间和精力,反复改进产品,努力把产品的品质从99%提升到99.999%,以期达到尽善尽美。追求极致、精益求精,是获得各类"工匠"荣誉称号的技术工人的共同特点,这也是他们能身怀绝技、在国内外各种技能大赛中夺金戴银的重要原因。

（三）协作共进的团队精神

新时代工匠尤其是产业工人的生产方式已不再是手工作坊,而是大机器生产,他所承担的工作,只是众多工序中的一小部分。比如"复兴号"列车,一列车厢就有三万七千多道工序,这三万七千多道工序,一个人是不可能完成的,必须由车间或班组亦即团队协作来完成。团队需要的是"协作共进",而不是各自为战。因此,"协作共进的团队精神"是现代"工匠精神"的要义。"协作",就是团队成员的分工合作;"共进",就是团队成员的共同努力、共同进步。

（四）追求卓越的创新精神

传统的"工匠精神"强调的是继承,祖传父、父传子、子传孙,是传统工匠传承的一种主要方式,而新时代的"工匠精神"强调的则是在继承基础上的创新。因为只有在继承基础上的创新,才能跟上时代前进的步伐,推动产品的升级换代,以满足社会发展和人们日益增长的对美好生活的需要。有无"追求卓越的创新精神",是判断一个工人能否被称为新时代"工匠"的一个重要标准。

技能工匠需要传承传统技术和工艺,但不能因循守旧,墨守成规,需要大胆探索创新,才能适应制造业发展的新形势,跟上时代步伐。用新思维、新办法、新工艺来解决技术及产业发展中老问题和新难题,勇攀新高峰,创造新成绩。

三、新时代工匠精神的现实意义

时代发展需要大国工匠,工匠精神历久弥坚。工匠精神契合了中国经济发展新常态下的转变经济发展方式、产业结构转型升级、经济增长动力转换和供给侧结构性改革的客观需求。工匠精神被赋予以创新为导向、以技术为生命、以质量为追求的新内涵,精准展现了这个时代的现实需求及价值取向,在全社会弘扬和培育新时代工匠精神,激励劳动者特别是青年人走技能成才、技能报国之路,培养更多高素质技术技能人才、能工巧匠、大国工匠,其意义重大而深远。

(一)发展方式向集约转型需要工匠精神

发展方式转变是中国经济新常态的基本要求,在这个过程中,实现发展方式由粗放向集约转型,需要追求完美、耐心专注、一丝不苟和不走捷径的工匠精神来引领。目前,中国的劳动力成本和资源环境优势正在衰减,粗放式、高能耗、高污染的传统增长方式难以持续,必须依托工匠精神培育以质量、技术、品牌、标准、服务等方面的新竞争优势,进而实现向高效型、集约型、技术型的现代增长方式转型。

(二)产业结构向中高端迈进需要工匠精神

当前,中国正在由制造大国向制造强国转变,我国制造业正处在转型升级的关键时期,制造企业持续优化升级,特别是数字化转型升级进程加快,数字化、智能化的制造业需要高素质的产业工人队伍,需要以工匠精神内化的追求卓越、不断精进的品质引领高端制造业和现代服务业发展;需要工匠精神引领企业精细化生产和精细化管理,进而推动产业在全球价值链分工体系中迈向中高端。

(三)增长动力向创新驱动转换需要工匠精神

在经济新常态下,技术创新的增长引擎作用更加凸显,工匠精神是制造业"干中学"实践中的创新,在技术"引进、消化、吸收、再创新"的过程中发挥着重要作用,大批基层技术人员和产业工人既是创新的构思者,也是创新的践行者。与此同时,工匠精神的不断追求、永不满足的创新精神持续催生着新的技术、新的服务、新的标准和新的品质,直接推动着技术升级、质量升级和产品升级,进而推动经济发展动力向创新驱动转换。

(四)推动供给侧结构性改革需要工匠精神

当前,中国经济结构调整中诸多行业存在无效和低端产能,中高端产品供应不足,无法满足社会日益增长的中高端消费需求,这就客观上需要弘扬工匠精神,重塑产品自身独特的专业品位和专业价值,让企业根据客户不断升级的消费需求对产品精心设计打磨,对品牌精心培育维护,让职工对工作一丝不苟、追求卓越的品质渗透到每一件产品,实现产品升级到品牌升级。

《关于提高技术工人待遇的意见》《关于推动现代职业教育高质量发展的意见》《关于进一步加强高技能人才与专业技术人才职业发展贯通的实施意见》……近5年围绕着《新时期产业工人队伍建设改革方案》推出的一系列配套措施,对于构建产业工人技能形成体系,创新技能导向的激励机制等作出了系统性制度安排。这一系列政策、举措,努力让技术工人在发展上有空间、经济上有保障,大力培育尊崇工匠精神的社会风尚,建立健全配套的制度体系,激发市场活力和社会创造力,利用高效率的制度来激发企业和职工追求极致、奋斗创新、尽善尽美的价值取向。完善育人用人体制机制,培养一流的"工匠"队伍。优化市场环境,让工匠精神引领创新创业。

（五）体现生产者个人价值需要工匠精神

如今,高技能产业工人、技术工人在经济、政治、社会、文化方面地位和作用被广泛重视,工匠人才应享有的社会认同和尊重愈加凸显,劳动光荣的社会风尚和精益求精的敬业风气蔚然成风。工匠精神提倡生产者对自己的产品认真、质量负责的态度和理念。在中国制造2025和工业4.0背景下,中国制造业处于快速发展和上升的关键时期,新时代工匠精神是提倡从业者既能对本职工作抱守初心和职业热爱、对行业技术专注和琢磨、对产品质量提升和创新、对精品打磨坚持和执着,又满足自身个性需求,鼓励他们发挥自身特长,促进他们在生产过程中增品种、提品质、创品牌,实现个人收益和体现人生价值的双丰收。

总结案例

"铣工状元"董礼涛的"国家级技能大师"工作室已完成各类创新成果近百项,取得28项国家专利、命名操作法3项;成立于2015年的"韩舒技师创新工作室",长期深耕变电站升级建设,截至目前已有10多项发明获得实用新型专利……老师傅展现榜样力量,青年人迸发拼搏热情,匠心技艺的传帮带,加快了产品更新换代节奏,更为产业储备了后续人才。

分析：像董礼涛这类大国工匠,始终怀着"择一事终一生"的执着专注,"干一行专一行"的精益求精,"偏毫厘不敢安"的一丝不苟,"千万锤成一器"的追求卓越……我们相信,以工匠精神激励更多劳动者争做高技能人才,用实干成就梦想,必将汇聚起推进高质量发展的坚实力量,在新征程上创造新的辉煌!

课堂活动

一、活动目标

理解新时代工匠精神。

二、活动时间

建议10分钟。

三、活动流程

1. 教师出示以下阅读材料,并提问:你从艾爱国身上学到了什么?

永远的热爱　永远的事业

2021 年 6 月 29 日,"七一勋章"颁授仪式在人民大会堂隆重举行,全国 29 人获此殊荣。接过沉甸甸的勋章,湖南华菱湘潭钢铁有限公司焊接顾问艾爱国没有在北京多停留,匆匆返回工作岗位。

"当时有好几个急难险重项目,正是关键时刻。"艾爱国说,有一台价值 3 000 多万元的电机和一台钢管扩径机的大型轴承等待他去维修,都是"让人心里没底,干不好会砸招牌"的事情。然而,艾爱国依然选择顶上去,工人们再一次对他竖起大拇指。

1983 年,凭借着对焊接工艺的钻研劲儿,还是一名焊接普工的艾爱国被选入了新型贯流式高炉风口攻关团队。"高炉风口的研制原理简单,就是把锻造出来的紫铜和铸造出来的紫铜焊接在一起,但是用当时常规的焊接方法都做不好。"艾爱国说。

"氩弧焊。"项目负责人口头说的一个词,引起了艾爱国的注意。在当时,对这种大型特殊材质部件采用氩弧焊,国内还没有先例。"没有就试!"艾爱国和团队成员一边论证,一边试错。100 多公斤的铜料被焊枪加热后产生的热辐射,透过石棉隔热板和石棉手套,依旧能炙烤皮肉。"只好在工作服里面多穿厚衣服。"艾爱国说,即便是这样,每一次焊完,他的双手还是会被烫出血泡,衣服被汗水浸湿后又被烤干,硬得好像被浆洗了一遍。最终,艾爱国和团队成员把交流氩弧焊机改造成直流焊机,焊枪也被改造成耐高温设计。这一项目后来获得国家科技进步二等奖,艾爱国是获奖的 9 人中唯一一名普通工人。

中国从缺钢国家发展到钢铁大国,继而迈向钢铁强国的历史进程,艾爱国是见证者,更是参与者。2020 年,华菱湘潭钢铁大线能量焊接船舶系列用钢在国际机构见证下,顺利通过性能检测,这标志着湘钢已完成该系列用钢船级社认证的关键环节。

艾爱国说,这种船用钢板需要承受极高的焊接热输入。而这一关键指标的验证,需要由焊接试验完成。艾爱国带领焊接团队,与湘钢材料研发团队联合攻关,十年磨砺,一朝功成。多年来,湘钢研发的上百种新型钢材背后,都有艾爱国带领的焊接团队的默默付出。

72 岁的艾爱国并不"落伍"。他会用电脑做幻灯片、画工艺图,能熟练收发电子邮件,还能写学术文章。"吃老本没有用,靠名气没有用,只有不断学习,才能跟上时代的步伐。"艾爱国说。

但是艾爱国也"服老"。他的徒弟欧勇,已经成长为湘潭钢铁首席技师。年仅 20 岁的"徒孙"谭昶鑫,已相继在全省、全国的职业技能大赛中频频获奖。如今艾爱国领衔的湘钢焊接试验室,不仅有各类高级技师,更有教授级高工、博士,拥有了 100 人的研发团队。"他们啊,真是赶上了好时代。"艾爱国说。

2. 学生按照 4～6 人分为一组,通过小组内部讨论形成小组观点。

3. 每小组选出一名代表陈述本组观点,其他小组可以对其进行提问,小组内其他成员也可以回答提出的问题;通过问题交流,将每一个需要研讨的问题都弄清楚。

4. 教师进行分析、归纳、总结。

5. 教师根据各组在研讨过程中的表现,给予点评比并赋分。

课后思考

1. 新时代工匠精神的内涵是什么?

2. 新时代工匠精神的现实意义有哪些?

6.3　学习和弘扬

导入案例

工匠精神的养成途径
——2021年大国工匠年度人物刘更生

刘更生是中国非物质文化遗产京作硬木家具制作技艺第五代代表性传承人、北京金隅天坛家具股份有限公司龙顺成公司工艺总监。

他从事京作硬木家具制作与古旧家具修复已经 39 年,从一名木工成长为北京一级工艺大师、全国五一劳动奖章获得者、北京市劳动模范、北京大工匠、2021 年"大国工匠年度人物"。

1. 打磨精湛技艺

1983 年,19 岁的刘更生和那个年代的很多青年人一样,顶替父亲的工作岗位吃上了"公家饭",成为有着 160 年历史的京作宫廷家具老字号——龙顺成的学徒,学习"京作"硬木家具制作与古旧家具修复技术。

"刚开始当学徒,都要先学习开榫、凿眼。我在凿一眼的时候,一下把眼给凿坏了,师傅非常生气,他心疼这块料。"

师傅后来的一番教导让刘更生懂得,作为木匠应该惜木如金,更让他明白只有静下心来,才能把手上的活练好。从那时起,刘更生每天都背着一大包废木材,刮刨子、下锯、凿孔,这些看似简单的动作,他重复练习了成千上万次。

长时间保持同一姿势,刘更生变得有些驼背,但年复一年的勤学苦练,让他在方圆之间练就了精湛的木工技艺,锛凿斧锯样样精通,刨出的刨花也薄如纸张。

"有一次我在地摊上发现了一本关于中国传统家具的书,要 150 元,当时我一个月就挣 300 元,但我还是狠狠心买了,拿回家以后翻来覆去地看。当时我想,一定要把修复的手艺学好。"刘更生说。

出于对中华传统文化发自心底的热爱和尊重,刘更生沉浸在对木艺制作的潜心钻研中,技艺愈发精湛。

2. 修复经典文物

2001 年,刘更生开始负责古旧家具的修复工作。

他说:"修复工作远比制作新家具要难得多,要对传统家具的文化、历史、风格谱系均有细致的了解及研究,才能分辨出古旧家具的材质、器型与制作工艺,从而将各种木工技艺运用于修复工作中。"

近几年来,刘更生多次参与重要文物的大修与复制。

"这是 2013 年故宫博物院'平安故宫'工程中的照片。"在龙顺成京作非遗博物馆里,刘更生指着一张张照片向记者介绍。

他还成功修复了故宫养心殿的无量寿宝塔、满雕麟龙大镜屏等数十件木器文物,复刻了故宫博物院金丝楠鸾凤顶箱柜、金丝楠雕龙朝服大柜,使经典再现,传承于世,为京作技艺、民族文化的继承和发扬作出了贡献。

"我还设计制作了 2014 年 APEC 峰会 21 位国家元首桌椅、内蒙古自治区成立 70 周年大座屏、宁夏回族自治区成立 60 周年贺礼、2019 年新中国成立 70 周年大庆天安门城楼内部木质装饰等国家重点工程家具。"站在一幅幅实景图前面,刘更生如数家珍。

3. 传承非遗技艺

"有缝隙,这块还需要再处理一下。"北京冬奥会开幕之前,刘更生每天都忙着为冬奥会定制座椅进行平整度检测。

"国家对红木家具平整度的要求是小于 0.2 毫米,而我们对冬奥会产品的平整度要求是小于 0.1 毫米。"京作工艺为全榫卯结构,榫卯相扣,契合为一。每个精微步骤都是匠人与技艺的心灵对话。

作为公司工艺总监,刘更生带领团队研究完成名贵木材曲线拼接技法、线型刀具制作、异型部件模具的制作及应用、传统家具表面处理工艺技法及传统榫卯结构基础上进行改良等多项创新项目。2019 年,与北京林业大学合作编制完成《京作硬木家具制作工艺标准》,为行业高质量发展夯实基础。

他说:"我理解的工匠精神就是追求极致,是发自内心对手艺的敬重。我希望能用我的双手让传统家具焕发新生命。"

以心琢物,以技传世。2016 年,刘更生创新工作室成立。他不遗余力地将手艺传授给生产一线的工人们,并成立"1351 技艺传承梯队",为非遗技艺的传承培养了大批人才。

分析:刘更生多年来勤奋执着、爱岗敬业、无私奉献,在坚守传承非遗技艺的初心道路上践行着大国工匠的坚持与追求。在他的带动和引领下,他的团队正在通往技能工匠的道路上砥砺奋进,将新时代工匠精神接续传递。

一、世界技能大赛

世界技能大赛被誉为"世界技能奥林匹克",是全球地位最高、规模最大、影响力最大的职业技能竞赛,由世界技能组织举办。世界技能组织成立于 1950 年,其前身是"国际职业技能训练组织",该组织的主要活动为每年召开一次全体大会,每两年举办一次世界技能大赛。它代表了职业技能发展的世界先进水平,是世界技能组织成员展示和交流职业技能的重要平台。2019 年 8 月,在俄罗斯喀山举办的第 45 届世界技能大赛上,我国选手共获得 16 金 14 银 5 铜和 17 个优胜奖,位列金牌榜、奖牌榜、团体总分第一名。

劳动者素质对一个国家、一个民族发展至关重要。技术工人队伍是支撑中国制造、中国创造的重要基础,对推动经济高质量发展具有重要作用。要健全技能人才培养、使用、评价、激励制度,大力发展技工教育,大规模开展职业技能培训,加快培养大批高素质劳动者和技术技能人才。要在全社会弘扬精益求精的工匠精神,激励广大青年走技能成才、技能报国之路。

（一）世界技能大赛的渊源

1947 年,西班牙工业的急速发展催生了大批技术工人。为了激发技术工人提升职业技能的热情,西班牙相关工商协会联合举办了由本国 4 000 名技术工人参加的全国技能大赛,引起了巨大的社会轰动并得到了政府和学者的高度重视。

1950 年,由西班牙发起、葡萄牙参加的国际技能大赛开赛,共 12 名选手参加,整个赛程向国际社会公开,展示了当时赛项领域内的最高职业技能水平。

1953 年,在西班牙的组织下,参赛国增加了德国、英国、法国、瑞士、摩洛哥,使得这项赛事更具挑战性、吸引力和影响力。

1954 年,第一个由大赛参与国政府代表和技术代表共同构成的技能竞赛委员会成立,开始为这项赛事制定规则,此后绝大部分欧洲国家均加入了这项赛事。由于参与国中的德国、瑞士职业教育起步早、效能高且工业水平最为发达,所以这个阶段及此后相对一段时期内技能大赛的金牌几乎都为这两个国家的选手所囊括。

1962 年,日本成为参加世界技能大赛的首个亚洲国家,从第 11 届大赛开始,日本 6 次斩获金牌总数第一,4 次斩获金牌总数第二,并先后 3 次成为世界技能大赛的主办国。

1967 年,韩国首次派出选手参加第 16 届世界技能大赛 9 个工种的比赛,6 个工种获得奖牌并获得首枚金牌。此后,韩国获得奖牌数逐届增加,从 1975 年的第 22 届到 2015 年的第 43 届,韩国参加的 27 届世界技能大赛中,先后获得了 18 次团体总冠军,成为获得冠军数最多的国家。

1981 年,美国也派出选手参加了世界技能大赛。至此,世界技能大赛发展成为名副其实的国际技能大赛。

1989 年开始,世界技能大赛由原来的不定期举行,改为每两年举办一届,参与国也增加到 61 个国家和地区,并还在不断增加中。

（二）世界技能大赛的价值

世界技能大赛之所以能得到世界各国的重视,最重要的原因就在于其顺应工业化、信息化的人类社会发展趋势,追求卓越技能的打造、精益求精的品质和不分种族、宗教、文化的相互尊重、交流合作、共同发展。特别表现在职业技能上,能够通过项目的设置、规则的制定、标准的规范,引领各国职业技能人才的培养方向。具体地说,这项赛事,一方面是各国顶级技能人才的技术比拼,另一方面促进技能人才培养与企业需求的高度融合,有效彰显和提升技能人才在各国经济社会发展体系中的职业地位和基础作用。

1. 技能的精细化

世界技能大赛的评分规则表明,一个选手的最终成绩并不单单取决于其竞赛作品的最后结果,而是从比赛开始后的每个操作节点所获成绩的综合,包括工具的使用、环境的保护,甚至某个中间环节的粗糙即会导致最终的失败。这意味着选手必须严格遵循操作规范,对工艺流程的每个步骤都要追求精益求精。

2. 技能的普及性

世界技能大赛每个赛项设置,均来自企业真实的生产项目,其竞赛规则、评分标准也源自企业实际应用。这意味着这种技能竞赛并不是像体育竞技那样考评"人体的极限",而是考评选手所拥有的质量意识、操作技能、工艺规范是否为企业所需。所以,这种技能竞赛的项目和要求从一开始就是相应职业领域内每个从业者应该培养和追求的技能素养。

3. 技能的创新性

创新是人类永恒的主题,人类科技的发展史表明,当代尖端的科技都是发端于工艺技术的创新。所以,世界技能大赛在强调基础技能的同时,也给选手以创新的极大空间,特别是在制造团队挑战赛项目、飞机维修项目、网站设计项目、企业 IT 软件解决方案项目、移动机器人项目、美发项目、烹饪项目等,更多地体现了创新能力水平。

(三)走向世界的中国技能

改革开放以来,我国经济发展取得了举世瞩目的伟大成就,已成为一个制造业大国,但还没有成为制造业强国,其中一个非常重要的制约因素就是技能人才特别是高素质技能人才的匮乏。为此,早在 2006 年,中共中央办公厅和国务院办公厅就印发了《关于进一步加强高技能人才工作的意见》,就高素质技能人才的培养、使用、激励等从国家层面进行了政策指导。此后,中央政府和各地方政府也采取了一系列举措,意在从根本上夯实中国制造的根基,培养大批具有现代科技意识的大国工匠,让中国技能伴随中国制造能够走向世界,成为一个技能强国。

2010 年 10 月 7 日,我国正式加入世界技能组织。

2011 年 10 月 4 日,第 41 届世界技能大赛在英国伦敦开幕,我国首次派出由 6 名选手组成的代表团参加这一赛事,参加数控车、焊接等 6 个项目的比赛。在这次比赛中,中国石油天然气第一建设公司员工裴先峰勇夺焊接项目银牌,使中国首次参赛即实现了奖牌零的突破,标志着中国技能正式登上世界舞台。

2013 年 7 月 2 日,第 42 届世界技能大赛在德国莱比锡开幕,中国派出 26 名选手参加 22 个项目的竞赛,最终收获 1 银(胡已雪:美发)、3 铜(谢海波:数控铣,冼星文:制冷,王东东:印刷)及 13 个项目的优胜奖。

2015 年 8 月 11 日,第 43 届世界技能大赛在巴西圣保罗开幕。中国派出 32 名选手参加焊接、制造团队挑战赛、美发、汽车喷漆等 29 个项目的比赛。本次大赛,我国选手实现金牌零的突破,收获了 5 金 6 银 3 铜及 12 个优胜的优异成绩。

2017 年 10 月第 44 届世界技能大赛在阿联酋阿布扎比举行,59 个国家和地区的 1 200 余名选手在 50 个项目展开角逐。中国代表团继 2015 年在第 43 届世界技能大赛实现金牌零的突破后,在本次大赛中表现十分出色,参加 47 个项目比赛,获得了 15 枚金牌、7 枚银牌、8 枚铜牌和 12 个优胜奖,取得了中国参加世界技能大赛以来的最好成绩。

2019 年,第 45 届世界技能大赛在俄罗斯喀山举行,我国选手共获得 16 金 14 银 5 铜和 17 个优胜奖,位列金牌榜、奖牌榜、团体总分第一名。

2022 年世界技能大赛特别赛数控车项目中,我国广东省机械技师学院模具设计专业学生吴鸿宇获得金牌。

作为世界第二大经济体和最大的发展中国家,中国的国际地位日益重要。中国积极参与世界技能大赛等活动有利于深化中国与世界各国和地区在职业技能领域的交流合作,促进提高中国职业教育培训水平;有利于大力弘扬精益求精的工匠精神,营造尊重劳动、崇尚技能的社会氛围;有利于展示中国经济社会发展成就,提升中国国家影响力。

"借助技能大赛,展现中国匠心"。将工匠精神内化于心、外化于行,争做一名面向现代化、面向未来,能够昂首世界的德技双馨的当代工匠,是他们向全世界传达的中国当代已经毕业和正在就读的千百万职业院校莘莘学子的心声和志向。

二、新时代工匠精神的培养路径

经国务院批准,人力资源和社会保障部从 2020 年起举办全国职业技能大赛。首届大赛以"新时代 新技能 新梦想"为主题,设 86 个比赛项目,共有 2 500 多名选手、2 300 多名裁判人员参赛,是新中国成立以来规格最高、项目最多、规模最大、水平最高的综合性国家职业技能赛事。

习近平总书记发给大赛的贺信中指出,技术工人队伍是支撑中国制造、中国创造的重要基础。职业技能竞赛为广大技能人才提供了展示精湛技能、相互切磋技艺的平台,对壮大技术工人队伍、推动经济社会发展具有积极作用。希望广大参赛选手奋勇拼搏、争创佳绩,展现新时代技能人才的风采。各级党委和政府要高度重视技能人才工作,大力弘扬劳模精神、劳动精神、工匠精神,激励更多劳动者特别是青年一代走技能成才、技能报国之路,培养更多高技能人才和大国工匠,为全面建设社会主义现代化国家提供有力人才保障。

2018 年,教育部颁布的《全国职业院校技能大赛章程》指出:技能大赛是职业院校教育教学活动的一种重要形式和有效延伸,是提升技术技能人才培养质量的重要抓手。大赛以提升职业院校学生技能水平、培育工匠精神为宗旨,以促进职业教育专业建设和教学改革、提高教育教学质量为导向,面向职业院校在校学生,基本覆盖职业院校主要专业群,是对接产业需求、反映国家职业教育教学水平的学生技能赛事。

现在越来越多的职业院校学生苦练技能、勇于拼搏,用自己的智慧和汗水,登上国际、国内技能大赛的领奖台,成为工匠型技能人才,成为中国制造业发展的硬核实力与中坚力量。近年来,职业院校积极响应国家号召,在人才培养的过程中将技能大赛和工匠精神有机融合,通过鼓励学生参加技能大赛,激发了学生比技能、练技能的学习热情,学生技能水平、综合素质得到全面提高。作为当代职校学生,要用好各种学习条件和资源,努力培养工匠精神,走技能成才的道路。

(一)用好工匠人才培养的长效机制

基于技能大赛平台,建立健全全员参与的大赛的组织制度,由专门教师长期负责大赛组织、训练、参赛等工作,并联合相关部门参与人才培养的评价、改进、后勤服务及安全保障等工作。将技能大赛与常规教学活动结合起来,区别以往的赛前集中突击培训,避免教学资源的滥用与浪费,将大赛资源进行转化和应用到日常教学中,让每一位同学和老师都有参与的机会,实现大赛人才培养常态化。

现在,职业院校都高度重视技能大赛相关政策,专业教师以国赛竞赛标准为依据积极对接、研读技能大赛竞赛标准。竞赛标准包括通用标准和专业标准,是行业最佳的实践技能标准,能清晰地反映出相关领域技能人才的培养需要,教师通过实习实训课程按照技能竞赛标准有机加入授课内容,融入工匠精神,令学生对技能大赛中涉及的专业知识不再陌生。

(二)自觉融入德技并修的竞赛文化氛围

职业院校积极贯彻落实教育部等部门关于职业教育活动的要求,每年定期开展职业技能大赛活动,参照国赛赛项设置各类竞赛,建立校、市、省、国家三级人才选拔机制,为参加省赛、国赛选拔储备了有潜质的"种子"选手,实现了职业技能大赛的广泛化、常态化、制度化,营造了德技并修的竞赛文化氛围。通过比赛,学生体会到技能提升的快乐,树立了努力学习的信心,激发竞赛热情,增强了学习的内动力和获得感。

(三)适应"赛教融合、赛课融通"的教学模式

职业院校依据职业技能大赛赛项、规程改革教学内容,可以国赛、省赛比赛项目为参考,紧密对接相关专业中的专业课程、理实一体化课程,将大赛项目有机融入教学,将新技术、新工艺、新方法充实到教学内容中,并根据每年技能大赛内容的变化随时充实、调整和更新。

课程设置,可以工匠精神培育为目标指向,创新线上线下混合式、模块化、个性化学习学模式,探索"课前自主预习+课中探究学习+课后线上复习"的混合式教学模式,通过互动论坛、辅导答疑、作业提交与批改,促进自主式、协作式学习;以显性职业素质和隐性职业素质交织融合、协同发展为中心,建立"课赛标准融通→课赛内容融通→课赛技能训练策略融通→课赛训练体系融通"一体化路径。

(四)利用好公共实训基地

公共实训基地建设是职业院校办学特色的主要亮点,它不仅是学校和社会培养高素质技术技能型人才培养基地,也是承担社会人员技能提升和培训进修服务的主要场所。

目前,职业院校要格外重视实训基地建设。实训基地是"工匠精神"传承的重要载体,它能完成校内实训和校外公共训练(培训)任务,负责学生日常实训的管理和教学,承担设备日常维护和保养。实训基地要组成专业管理教师团队进行管理,学习现代企业管理经验,建立、健全各项管理制度,对照现代企业的生产要求,合理布局,科学设计实训基地的软、硬件配置,将实训基地建设与师资队伍建设、项目建设、基地文化建设、教学模式与课程改革等方面深度融合,综合校企合作、产教结合、赛训一体、服务研发等功能,引进知名企业、大型企业、特色企业,给学生提供一个全真的企业工作环境。教师可在实训课程中,通过模拟企业工作过程、模拟管理制度、模拟文化氛围,培育学生的时间技能和职业素养,充分发挥实训基地作为"工匠精神"培养平台的作用。

公共实训基地要秉承"开放合作、特色创新"理念,根据最新精神,紧密围绕行业技术前沿发展趋势,结合本地域企业发展特色,有针对性推进产教融合、开展校企合作,开

发适用、实用的"1＋X"培训项目,满足新时代行业、企业的人才需求。

公共实训基地可为各级各类技能大赛承办和参赛选手日常训练提供场地和物质保障,参赛选手以技能比赛为契机,切磋专业技艺、交流大赛心得、提升实践技能、树立职业信仰,坚守初心、凝聚匠心,为学生展示工匠精神。

（五）参加创新创业活动

李克强总理在首届全国职业技能大赛曾作出批示,提高职业技能是促进中国制造和服务迈向中高端的重要基础。进一步完善技能人才培训培养体系,积极营造有利于技能人才脱颖而出的良好环境,深入开展大众创业万众创新,引导推动更多青年热爱钻研技能、追求提高技能,打造高素质技能人才队伍,培养更多大国工匠,让更多有志者人生出彩,为促进就业创业创新、推动经济高质量发展提供强有力支撑。伴随着我国"大众创业、万众创新"等一系列利好政策的出台,很多在校学生积极响应国家号召,走上创新创业之路。

企业科技进步的关键因素是创新,需要借鉴前人的实践经验,不断锤炼技术、接续创新。鼓励当代学生在校尝试创立"小""微"企业,将"积极进取、创业行动、创新思维、超越自我"的工匠品质和工作感悟渗透、融入心中,成为内在的工匠品质。

职业院校在夯实学生理论知识基础、加强实训技能之余,应提高对实践环节的重视程度,在现有课堂教学的基础上,充分利用现有的实践环节,让学生走出课堂,多鼓励学生参加创新创业实践活动,只有通过实践亲身去体验,才能不断提升自身的创新创业能力。学校应当充分利用现有的"创客公司""创业苗圃"等创新基地,进一步推动学生创新创业的社会实践项目,鼓励将所学习的知识运用于实践中,在实践中发现新的知识。同时,建立严格的项目流程体系,从项目立项到项目的可行性分析,及项目的最终成果结题验收秉持严格的态度,在实践中不断锤炼学生创新创业的能力,以实际行动培养自身创业创新的意识,践行工匠精神。

"双创"时代更需要青年创客要沉得下心、耐得住"冷板凳",经受得住时间的考验和积累,真正做出匠心独运、经得起时间检验的"工匠作品"。

（六）积极参与科技社团的活动

现今,许多职业院校都基于专业特长、兴趣爱好组建了有关社团,旨在利用课余时间凝聚学生团队,建设学习型、创新型、研究型、大赛型科技社团,学生可根据自身特长和优势,深挖内在潜能和发展潜力,规划自己在学校中成为工匠型技术人才的发展路径,储备大批"有兴趣、有潜质、有动力、有特长"的技能大赛参赛预选手。

科技社团是培养学生工匠精神的重要途径之一。鼓励每一个学生在学校期间加入一个科技社团或创新小组,将技能大赛和科技活动相融合,通过强化机制建设、资源注入、创新驱动、内涵发展、活动提升,满足学生个性化、差异化、层次化的发展需求,最终达到人人成才、人人出彩的育人目标。在科技社团中学生尝试组装设备、制作产品、互相交流心得,这种专注和兴趣推动了学科文化,活跃了校园气氛,凝聚了职业匠心,培养了"精益求精、锲而不舍、追求卓越"的企业意识。

（七）用好校外资源,积极促进工匠精神养成

1. 积极参加校企合作与企业岗位实习

党的二十大报告提出,加快建设国家战略人才力量,努力培养造就更多大师、战略

科学家、一流科技领军人才和创新团队、青年科技人才、卓越工程师、大国工匠、高技能人才。如何建设,报告中给出了明确答案——统筹职业教育、高等教育、继续教育协同创新,推进职普融通、产教融合、科教融汇,优化职业教育类型定位。加强企业主导的产学研深度融合,强化目标导向,提高科技成果转化和产业化水平。完善人才战略布局,坚持各方面人才一起抓,建设规模宏大、结构合理、素质优良的人才队伍。

2018 年,教育部等六部门联合出台了《职业学校校企合作促进办法》,明确提出发挥企业在实施职业教育中的重要办学主体作用,即在宏观上体现产业与职业教育的深度融合,在微观上实现职业院校与企业的无缝对接。职业院校不仅要依靠自身努力,更需要企业提供真实职场、专业技术和生产环境的支持。新时代工匠人才需要校企协同培养,工匠精神需要校企共同培育。

许多职业院校积极与知名企业合作、对接,形成战略合作,学生去企业实习体验职场环境、接受职场压力,按照正式企业员工的标准来要求、规范学生,感受企业文化,这是提高学生职业素养,培养“工匠精神”的重要方式。

2. 向企业导师学习

现代学徒制也称新型学徒制,是传统学徒制融入了职业教育的一种职业教育,是我国推进现代职业教育体系建设的战略选择,是深化校企合作、工学结合人才培养模式改革的有效途径。良性和谐、积极互动的师生关系是教学活动开展的重要前提,传统社会传承至今的“学徒制”培养方式的实施正依赖于上述师生关系。

“现代学徒制”培养方法强调教师亲身传授,师徒双方共同参与培养过程,企业师傅承担传授和指导的责任,师徒共同学习技艺,并在学习过程中,与企业师傅彼此之间通过心灵的交流、情感的传递,加深对企业文化的了解、感悟企业技术工匠的内在品质。

企业成长导师具有能工巧匠的专业技术基础与精湛的职业技能,能够帮助学生更好地掌握各项职业技巧;他们具备良好的“工匠精神”和职业素质,能够在指导学生的过程中起到潜移默化的作用;他们具有独特的人格魅力,在接触与交往过程中,能够在无形中感染学生。此外,名师还具有专门培育弟子的方法、技巧,以名师的方法培育,学生容易成才,即所谓名师出高徒。

📋 总结案例

同仁堂的训条

“炮制虽繁必不敢省人工,品味虽贵必不敢减物力”。这是同仁堂创办人乐凤鸣留下的训条,历经 300 多年,成为同仁堂人的制药原则和精神信念。每当新员工进入同仁堂,老师傅都会指着同仁堂店门上的这副对联,谆谆叮嘱:“这不是对联,也不是箴言,是规矩,是良心!”张冬梅是同仁堂“安牛班”的班长,安宫牛黄丸国家级非物质文化遗产继承人。她 17 岁进入同仁堂,34 年就做了一件事:手工制作安宫牛黄丸。张冬梅说,安宫牛黄丸从选料到出品,每道工序都特别讲究,但每道工序讲究到什么程度,全凭药工心里的那杆秤。对此,张冬梅的徒弟张娜深有感触。她说,麝香里面有一些细微的绒毛要用手一点一点地拿出来。有一次拿毛，前后共拿了七遍，但是到师傅那边验的时候，还是通不过。师傅说，这毛你拿不干净，没人知道，但是凭着良心去做救命药，这是咱同仁堂一代一代传下来的规矩。

分析：正是由于同仁堂的员工 300 多年都守着训条，才成就了同仁堂的地位。工匠的成长不在一朝一夕，而是需要持久不懈的努力。对国家而言，工匠精神是增强综合国力、提升国际竞争力的重要保障；对企业而言，工匠精神是推进创新发展、提高市场竞争力的内在动力；而对个人而言，工匠精神是摒弃浮躁，脚踏实地，成长成才的必经之路。

课堂活动

一、活动目标

理解工匠养成的意义。

二、活动时间

建议 10 分钟。

三、活动流程

1. 教师出示以下阅读材料，并提问：你从窦树军身上学到了什么？

30 年零差错的"战机神医"

窦树军，北部战区空军航空兵某旅一级军士长。先后被评为全军爱军精武标兵、全国学习成才先进个人，荣获全军士官优秀人才奖一等奖 2 次，享受国务院政府特殊津贴，被空军授予"爱岗敬业模范士官"荣誉称号，荣立一等功 1 次、二等功 3 次、三等功 6 次。

北部战区空军航空兵某机场，伴随着震耳欲聋的轰鸣声，一架战机沿跑道加速滑跑，轻盈地掠过地平线，闪电般昂首刺入云霄，跑道不远处的机库里，机务官兵正忙着检修战机，机库外墙上的几个红色大字——"当窦树军那样的兵"，在白墙的映衬下格外显眼，窦树军是空军无损探伤领域的"兵专家"，一位绝不允许把故障带到飞行当中的工作 30 年零差错的"战机神医"。

一阵窸窸窣窣，在战友的帮助下，窦树军从直径不足 60 厘米的战机进气道里爬了出来，进气道空间狭窄，仅容一人爬行。夏季如火炉，冬季像冰窖，窦树军以爬卧这一姿势，抱着 5 公斤多重的探伤仪，与进气道打交道 30 年，发动机犹如战机的心脏，而窦树军负责的领域，就是给发动机叶片探伤。钢铁制成的发动机看似坚不可摧，但叶片受种种因素影响，极易产生肉眼看不见的细小裂纹，这些裂纹会导致叶片在高速运转时发生断裂，给飞行安全带来致命隐患，要想避免这种隐患，就需要探伤师通过一系列专业探测手段防患于未然。

窦树军先后为 10 个型号的飞机探伤 9 000 余架次,检测各类叶片 85 万余片,他探索总结出的三步定位探伤法,使探伤精准率大幅提升。2020 年,考虑到部队刚刚换装新型战机,已到退休年龄的他主动申请延期服役,尽心尽责地为战机探伤,在窦树军看来,每一次战机起飞前,飞行员对他竖起拇指的那一刻,是他最有自豪感的时刻。

2. 学生 4～6 人分为一个小组,通过小组内部讨论形成小组观点。

3. 每个小组选出一名代表陈述本组观点,其他小组可以对其进行提问,小组内其他成员也可以回答提出的问题;通过问题交流,将每一个需要研讨的问题都弄清楚。

4. 教师进行分析、归纳、总结。

5. 教师根据各组在研讨过程中的表现,给予点评并赋分。

课后思考

1. 你认为工匠精神的养成途径都有哪些? 请列举。

2. 你认为如何才能将工匠精神"内化于心,外化于行"?

模块七

劳模精神

引导语

从革命战争年代一直到今天,各行各业涌现出了诸多的劳动模范。一个个埋头苦干、忘我奉献的劳动者,用一砖一瓦建设起社会主义的雄伟大厦,书写了平凡的伟大,彰显了时代的风采,也激励着一代代的中国人。2021年9月,党中央批准了中央宣传部梳理的第一批纳入中国共产党人精神谱系的伟大精神,劳模精神被纳入。

劳动模范是劳动群众的杰出代表,是最美的劳动者。劳模精神是指"爱岗敬业、争创一流、艰苦奋斗、勇于创新、淡泊名利、甘于奉献"的精神。榜样蕴藏无穷力量,精神激发奋斗意志。同学们要有志气有闯劲,肯学肯干肯钻研,崇尚劳模、争当劳模,立足岗位成长成才,在劳动中实现价值、展示风采、感受快乐。这二十四字的劳模精神,需时时铭记,代代传承。

本模块主要介绍了劳模精神的内涵和意义、劳模精神的主要内容和践行、劳模精神的学习和弘扬,旨在引领学生内化劳模精神,汲取榜样力量,达到学以养德、学以增智、学以致用之效,为未来顺利进入职场注入不竭的精神动力,助力绘就精彩的人生篇章。

7.1 劳模精神的内涵和意义

导入案例

传承的力量

大庆油田一直以来都是我国工业战线上熠熠生辉的旗帜,1960年,为了摘掉贫油国帽子,铁人王进喜带领团队克服重重困难,打出了大庆第一口油井;今天,大庆油田人依然心系祖国,保障国家能源安全。

大庆油田有限责任公司第二采油厂第六作业区采油48队采油工班长刘丽分享了一则故事:采油48队创金牌的时候,因为资料和各种管理都要求高标准,她与同事们白天顶着烈日,晚上冒着蚊虫叮咬,身上都是包,挠得都是血印子,浸汗水的地方钻心的疼。但是他们起早贪黑,连续几个月保证各种生产零误差。

"铁人说'有条件要上,没有条件创造条件也要上',我们做到了。我们石油人常说我为祖国献石油,在新时代我们石油人还要说我们要为祖国加好油、为中国梦加好油。"刘丽坚定地说。

刘丽的父亲刘文生是"铁人"王进喜的同代人。正是由于这些第一代大庆石油工人默默无闻的奉献,才在为共和国"加油"的过程中形成了以"爱国、创业、求实、奉献"为核心的大庆精神、铁人精神。

"我父亲是省劳模,老一辈先锋模范一直都是我学习的榜样。"刘丽从上班那天开始就坚定了自己的人生目标:超越父辈。2020年,刘丽被评选为全国劳动模范。她去北京领奖的时候,特意在鲜红的工装上挂了一枚父亲的老奖章。

分析:榜样的力量是不可估量,从个人到团队,都可以是取之不尽的力量之源。所谓近朱者赤,在榜样的引领感召之下,可以让在身在职场的自己多一份坚定,多一份执着,从而拉近与理想的距离。

劳模精神是凝结于具体劳动中的精神财富,因此,劳模精神的本体是人类的劳动。只有回归到对劳动本质的理解,才能做到对劳模精神的准确把握和深刻领会。

劳动是具有劳动能力的人在生产过程中有意识、有目的地支出劳动力的过程。在马克思主义理论体系中,在唯物史观的历史视域里,劳动是具有核心地位的概念范畴,甚至可以说"在劳动中所有其他规定都已经概括地表现出来"。从劳动与人的关系层面上看,劳动形成并规定人的本质,体现了人本质的核心要素。从社会历史层面入手,在劳动的发展史中,找到了"理解人类历史发展过程的锁钥"。从劳动与人类解放、未来发展的层面看,人类只有解除异化劳动对自身的强制与束缚,才能实现自由而自觉的劳动,从而最终解放自身。可以说,马克思主义劳动学说和历史唯物主义对劳动历史逻辑的深刻解读是理解研究劳模精神的理论渊源,是研究劳模精神不可或缺的思考视角。同时,劳模精神随着历史发展与时代需求不断丰富扩展内涵,能够进一步印证马克思主义对劳动价值判断的科学性,促进当代社会劳动价值的理性回归。

一、劳模的文化内涵

习近平总书记称赞"劳动模范是民族的精英、人民的楷模,是共和国的功臣"。从一定意义上讲,劳模是一种文化符号或精神象征。因为劳模是在党和国家倡导的社会主义先进文化的指导下树立起来的标杆和楷模,代表了在社会主义劳动竞赛中产生的先进思想和高尚品质。劳模尽管来自不同的领域,但是他们有许多共同之处:他们总能对工作积极负责,在各种劳动竞赛中名列前茅;他们身上具有强大的感召力和榜样力量,可以激发周围劳动群众的劳动热情。对于广大劳动群众来讲,劳模不仅是先进劳动效率的标兵,更是先进劳动思想和觉悟的表率。

在新中国成立初期,涌现出的孟泰、王进喜、时传祥等先进劳动模范,以高度的主人翁意识,主动担当起建设社会主义的重任,为社会主义事业的发展作出了突出贡献。他们是社会主义建设文化的先进代表人物。

在改革开放和社会主义现代化建设新时期,为了促进我国经济、社会的快速发展,提高我国的世界影响力和竞争力,涌现出了一批新时期劳模,如袁隆平、邓稼先、包起帆、许振超等,他们是改革开放文化的先行者。

新中国成立以来,党和国家先后召开 16 次全国劳动模范和先进工作者表彰大会,表彰人数超过 3 万人次。这是对广大劳动模范和先进工作者辛勤劳动的褒奖,体现的是党和人民对劳动的崇尚、对劳动者的敬重,为的是在全社会进一步营造劳动光荣的社会风尚和精益求精的敬业风气。

二、劳模精神的含义

劳模精神是劳模之所以成为劳模,并在平凡岗位上做出不平凡业绩所坚持坚守的基本信念、价值追求、人生境界及其展现出的整体精神风貌。"人生在勤,勤则不匮。"在中国共产党团结带领人民为中华民族伟大复兴不懈奋斗的历程中,培育形成了爱岗敬业、争创一流、艰苦奋斗、勇于创新、淡泊名利、甘于奉献的劳模精神。

（一）劳模精神树立学习的榜样

劳模精神首先是榜样精神的代名词。因为劳动模范是广大劳动群众学习的榜样和楷模,他们身上体现的劳模精神为学习劳模的先进事迹提供了具体的思想内容和精神引领。

（二）劳模精神指明奋斗的目标

劳动模范一般是在各种劳动竞赛中脱颖而出的先进劳动者代表和榜样人物。作为推动他们成为先进劳动效率和超高生产指标创造者和引领者的劳模精神,为广大劳动群众指明了奋斗的目标。

（三）劳模精神体现坚定的理想信念

劳动模范能够在广大劳动者群体中脱颖而出,成为杰出劳动者的代表、创造卓越的劳动业绩,在根本上取决于他们坚定的理想信念。这种坚定的理想信念实际上就是他们身上所体现的劳模精神。

（四）劳模精神展现高尚的境界

劳动模范作为一个先进群体和一种崇高荣誉,代表了一种做人、做事的高尚境界。劳模精神就是展现高尚境界的精神。这种精神主要表现为无私奉献、任劳任怨、大公无私等丰富内涵。

（五）劳模精神代表时代的潮流

不同时代有不同的时代主题,每个时代的劳动模范都承担着不同的时代责任。但是,劳模精神都代表了时代的先进思想和价值追求,代表了所在时代的潮流。

三、劳模精神的特点

劳模精神侧重于增强广大劳动群众的竞争意识,工匠精神偏重唤醒广大劳动群众

的自强精神。劳模精神的特点主要包括制度性、先进性、群众性、时代性、教育性等。

(一) 制度性

劳模精神的首要特点是制度性。劳动模范的评选以及劳模精神的弘扬已经成为我国社会主义制度的重要内容。劳模精神对于坚持和完善发展社会主义先进文化的制度、巩固全体人民团结奋斗的共同思想基础有着重要的意义。

(二) 先进性

劳模精神的先进性是指劳模精神是一种先进的思想观念和价值。追求上进,是成就劳动模范这一类先进人物的精神动力。这种先进性通过劳动模范的先进事迹来表现。这就要求要理解劳模精神的先进性,必须深入了解劳模的发展历史和取得的重要成就,特别是他们在成长过程中经历的重要事件以及形成的重要先进思想观念和价值追求。

(三) 群众性

劳模精神的群众性是指劳模精神产生、发展和升华于广大劳动群众。从一定意义上讲,劳模精神体现的是群众的智慧和力量,是党的群众路线发挥作用的具体表现。所以,劳模精神来自群众,还要回归群众。劳模精神既是劳动模范在广大劳动群众中脱颖而出的原因,又为广大劳动群众指明了奋斗的方向。劳模精神是教育、引导和激发广大劳动群众积极性、主动性、创造性的强大精神力量。

案例阅读 7-1

一片蔬菜一份深情

疫情期间,有一位浙江桐乡的农民,每天从自家农场捐出数百斤蔬菜送到加工点,免费送给奋战在一线的网格员、民警和医护,还为村里的低收入家庭送蔬菜瓜果。他叫张继东,一位土生土长的农民,从十七岁开始便在田间地头劳作,三十余年来他的种植规模从最初的 2 亩增至 275 亩,蔬菜年销售量达到 1 000 余吨。

2019 年,张继东的家庭农场被评为"浙江省农民田间学堂",成为菜农的实训基地,他把种植技术无偿分享给农户。"我要保证从我这里出去的每一颗菜都是安全的,是能让老百姓放心吃的。"如果说种植规模是张继东的目标和追求,那么蔬菜质量和安全健康则是他的保证和底线。从种植到上市,再到最后上百姓的餐桌,每一道程序,每一次筛查,都至关重要,不容有失。

勤于耕耘,精于实践,是他的"用心";质量保证,健康先行,是他的"良心";无私奉献,共同致富,是他的"好心"。从农民到全国劳动模范,不一样的身份之下,是他不变的"初心"——拎好"菜篮子",共奔致富路。

分析:千里之行,始于足下,走得再远也不能忘记为什么而出发。反哺于脚下的富饶土地和身边的父老乡亲,张继东饮水思源的行为值得点赞。

(四) 时代性

劳模精神是时代的产物,也是时代的精华,具有鲜明的时代性。所以,劳模精神既有相对稳定的内涵，又有鲜明的时代特点。劳模精神是成就优秀劳动者的精神，这是其永远不变的内涵。但是，劳模精神必须反映时代的要求和顺应时代的发展，才会具有旺盛的生命力。

（五）教育性

劳模精神的教育性不仅体现在激励广大劳动群众劳动技能水平和劳动业绩的提高方面，更体现在塑造广大劳动群众的世界观、人生观、价值观，尤其是理想信念的教育方面。劳模精神的本质就是一种先进的价值理念和文化体系，是激发广大劳动群众劳动热情和创造活力的重要工具。

📖 案例阅读 7 - 2

雷锋精神续新篇

孟广彬把雷锋视为榜样，他出身贫寒，因小时候得到过乡亲的帮助，便立志用双手回报社会。1988 年起，他开始在哈尔滨师范大学校园外摆摊修鞋。鞋摊旁的小黑板上写着："鞋子穿坏请别愁，广彬为您解忧愁；生活之中互帮助，雷锋精神记心头。"他还制作了 2 000 多张优惠卡分发给学生，凡是贫困学生、老人和残疾人来修鞋，一概分文不取。

1998 年 3 月，孟广彬用雷锋的名字为修鞋摊注册了服务商标。他说，这样能扩大鞋摊的知名度，为更多困难群众服务。三十年来，他义务修鞋十余万双。如今，孟广彬初心不改，信念依然："雷锋精神就是我的生命支撑，伴我成长、收获，给我信心、力量。'雷锋号'鞋摊要干到干不动为止。我愿尽我所能，把志愿服务的种子播撒在每一寸土地上。"

分析：孟广彬几十年如一日，用一针一线穿写出回馈社会的人生信条，以一个平凡劳动者的坚守，诠释了雷锋精神的社会价值。他让"雷锋"精神在新时代绽放出夺目的光彩。

四、劳模与工匠的差异

劳模与工匠已经成为当今时代我国社会广大劳动群众学习的榜样和追求的目标。作为广大劳动群众中的佼佼者和先进代表，劳模的评选从革命战争年代一直延续到今天，除了国家层面的全国劳模评选，还有省级、市级、县区级乃至企业层面劳模的评选。近年来，各地也不断掀起以弘扬工匠精神为主题的工匠选树活动。

劳模与工匠，都在社会主义现代化事业的建设中作出了卓著贡献，都是经我国相关部门审核和审批后授予的荣誉称号。劳模与工匠是各行各业的杰出代表，在他们身上体现着社会对某一劳动技能水平和综合素质的最高评价。他们都是民族的精英、国家的栋梁、社会的中坚、人民的楷模，是党和国家的宝贵财富，是时代的领跑者。从一定意义上讲，劳模与工匠代表的是先进人物、先进事迹、先进思想、先进技术、先进方向等。因此，劳模与工匠就是广大劳动群众的旗帜、标杆、品牌、形象等。以上这些是劳模与工匠的共性。在这些共性上,劳模与工匠的含义是一样的。

但是,劳模与工匠也有着显著的差异。

（一）二者的范围不同

劳模几乎包括所有行业最优秀的劳动者;工匠主要是指能工巧匠,一般只包括在某一项专业技术、技能、技艺方面非常出色的劳动者。

（二）二者产生的时间不同

劳模评选启动的时间要比工匠长得多。

（三）二者的定位不同

最早的劳模运动起源于劳动竞赛,从一定意义上讲,劳模是与别人"比"出来的,从而成为别人学习的模范。对于工匠,一般看重的是其在某项技术、技能、技艺方面钻研的深度、力度、精度乃至持久度等,我们平时说的"十年磨一剑"指的就是这个意思。也就是说,工匠是与自己"比"出来的。

（四）二者的使命不同

劳模的使命更多在于做广大劳动群众的模范和榜样;工匠的使命更多在于展示和挖掘每一位劳动者的绝技、绝活儿、绝艺。所以,劳模与工匠的这些显著差异体现了二者不是完全相同的群体。

📋 总结案例

以爱滋养满园桃李

她坚守初心、牢记使命,扎根贫困地区 40 多年,立志用教育扶贫斩断贫困代际传递,倾力建成全国第一所全免费女子高中,让 1 600 余名贫困山区女学生圆梦大学,托举起当地群众决战决胜脱贫攻坚的信心希望。

她坚守初心、对党忠诚,毅然到云南支援边疆建设,将坚定的理想信念融入办学体系,用红色教育为师生铸魂塑形。2000 年,她在领取劳模奖金后,把全部奖金 5 000 元一次性交了党费。这是一名共产党员初心如磐的精神品质和至诚至深的家国情怀。

她爱岗敬业、爱生如子,坚持家访 11 年,遍访贫困家庭 1 300 多户,行程十余万公里。她长期拖着病体工作透支了原本羸弱的身体,换来女子高中学生学习的好成绩。她践行着"只要我还有一口气,就要站在讲台上"的诺言,铺就贫困学子用知识改变命运的圆梦之路。

她执着奋斗、心怀大我,把工资、奖金和社会各界捐款 100 多万元全部投入到贫困山区教育中,长期义务兼任华坪福利院院长,多方奔走筹集善款,20 年来含辛茹苦养育 136 名孤儿,被孩子们亲切称呼为"妈妈"。

她是张桂梅,中共党员,云南省丽江华坪女子高级中学党支部书记、校长,华坪县儿童福利院院长,曾荣获"时代楷模""全国优秀共产党员""全国先进工作者""全国脱贫攻坚楷模"等荣誉称号。

分析：张桂梅帮助数千名山区女孩改变命运，为国家输送了一批又一批学子，彰显了人民教师潜心育人的敬业精神和立德树人的使命担当。这是教育战线上灼灼闪光的楷模，其德施教的仁慈之心和至善至美的师者大爱令人肃然起敬，值得学习一生。

🔍 课 堂 活 动 --

我的偶像知多少

一、活动目标

熟悉劳模的信息，从中汲取精神力量。

二、活动时间

建议 10 分钟。

三、活动流程

1. 同学每 5～6 人分为一组，每组随机抽取行业卡片（如医学、教育、航天等），根据卡片信息，搜集先进人物典型事迹，并分享。

2. 课后选择自己专业领域中的一位先进人物，查阅资料详细了解其生平事迹。并据此引发感悟，写成文字（200 字左右），发送到班级群交流。

🎓 课 后 思 考 --

结合自己的专业谈谈你对劳模精神内涵的理解。

7.2　榜样和引领

🔧 导 入 案 例

二十年淬炼"一微米"

一微米有多细？一根头发丝的 1/60。"80 后"小伙儿陈亮在加工模具的精度上"较劲儿"，工作中车、铣、刨、磨、线切割……铁屑飞溅，烫到手是家常便饭。"我不怕吃苦，就希望可以掌握一门过硬的本领，靠奋斗和努力改变命运。"陈亮说。

近年来，陈亮和团队不断精进加工技艺，精加工工业技术水平突飞猛进。清华大学慕名而来,与陈亮所在的单位开展校企合作,共同承接国家863重点课题,帮助科技团队突破了因产品性能不稳定,高端柴油机高精密微喷孔加工装备无法进行量产的"卡脖子"技术难题,还成功提高了喷油嘴精度,更加省油、环保。

"再仔细一点点,就能离一微米的精度更近一点点!"当年这个"执念",陈亮做到了。2021年,陈亮作为新时期工人党员代表参加中宣部中外记者见面会,穿着灰色的工装服,向中外记者展示用自己生产的加工模具制造出的柴油喷壶嘴,陈亮的腰板儿挺得很直。

如今,这名年轻的"老师傅"不仅培养了30多名优秀技能拔尖人才,还通过讲座、直播课程将他的经验传授给学子。一名学生向陈亮提问,"一名工人怎么能成为党代表,还能接受外国记者采访?"陈亮说,"行行有能手,行行出状元。做技术工人也能大有可为!"

分析:陈亮的绝活凭借的是二十年如一日默默无闻的打磨精进,才终得梅花扑鼻香。付出未必一定会成功,但任何成功都需要辛劳的付出。如果缺乏精益求精、吃苦耐劳、持之以恒的精神,就没有技高一筹的陈亮。

一、我国历史上的劳动模范

2013年4月28日,习近平总书记在同全国劳动模范代表座谈时发表重要讲话指出,在我们党团结带领人民进行革命、建设、改革各个历史时期,劳动模范始终是我国工人阶级中一个闪光的群体,享有崇高声誉,备受人民尊敬。在2021年"五一"国际劳动节到来之际,习近平总书记向全国广大劳动群众致以节日的祝贺和诚挚的慰问,他强调"希望广大劳动群众大力弘扬劳模精神、劳动精神、工匠精神,勤于创造、勇于奋斗,更好发挥主力军作用,满怀信心投身全面建设社会主义现代化国家、实现中华民族伟大复兴中国梦的伟大事业"。

中华人民共和国成立后,"高炉卫士"孟泰、"铁人"王进喜、"两弹元勋"邓稼先、"知识分子的杰出代表"蒋筑英、"宁肯一人脏、换来万人净"的时传祥等一大批先进模范,响应党的号召,带动广大群众自力更生、奋发图强。王进喜以"宁肯少活20年,拼命也要拿下大油田"的气概,带领石油工人为我国石油工业的发展顽强拼搏,"铁人精神""大庆精神"成为激励各族人民意气风发投身社会主义建设的强大精神力量。

为了恢复发展国民经济,进行社会主义建设,党和政府坚持沿用了革命战争年代的经验做法,依托社会主义劳动竞赛和生产运动,开展了形式多样的劳模运动,评选出成千上万的劳模和先进生产者。从1950年9月到1960年6月的近10年间,是中国劳模队伍快速发展壮大的时期,党和政府先后召开了四次大规模的全国性劳模和先进生产者代表大会,评选产生了一万多名劳模和先进工作者。其典型代表人物有孟泰、王进喜、时传祥、赵梦桃、郝建秀、倪志福、郭凤莲、张秉贵等。这一时期的劳模主要来源于基层,其中一线产业工人是主流。"一不怕苦、二不怕死"的硬骨头精神和"老黄牛精神"在他们身上生动体现。

劳模队伍的迅速壮大及其具有的示范引领作用,为国民经济的恢复、社会主义建设在各条战线的起步与发展作出了重大贡献,为推广劳模经验、提高生产工作效率、提升组织管理协作水平发挥了重大作用。他们影响了一个时代,激励了一代人去为国家作贡献,鼓励了一代人想去当个好工人的志向。"一五""二五"计划就是由这一代人实现的。

在改革开放历史新时期,"蓝领专家"孔祥瑞、"金牌工人"窦铁成、"新时期铁人"王启明、"新时代雷锋"徐虎、"知识工人"邓建军、"马班邮路"王顺友、"白衣圣人"吴登云、"中国航空发动机之父"吴大观等一大批劳动模范和先进工作者,干一行、爱一行、专一行、精一行,带动群众锐意进取、积极投身于改革开放和社会主义现代化建设,为国家和人民建立了杰出功勋。

1978年是改革开放元年,这一年召开了两次大会,分别是全国科学大会,表彰了先进集体和先进工作者;全国财贸学大庆学大寨会议,授予381人全国劳动模范和全国先进生产者称号。1979年,国务院再次组织表彰工业交通、基本建设战线的先进企业和劳动模范,农业、财贸、教育、卫生、科研战线的全国先进单位和劳动模范。从1989年开始,全国劳模表彰大会统称为"全国劳动模范和全国先进工作者表彰大会",全国劳模的评选周期也逐步统一到每5年一次,每次约3 000人的规模。包起帆、李素丽、徐虎、许振超、孔祥瑞、窦铁成、王启明、邓建军、王顺友、吴登云、吴大观等成为新时期劳模的典型代表。劳模精神的内涵也在不断丰富:奋力开拓、争创一流、建功立业、改革创新、创造价值、与时俱进等成为领跑时代的新向标。知识型、技能型、创新型成为新时代劳模的鲜明特征。需要注意的是,1977年和1978年的3次评选都是以党中央、国务院的名义共同组织,而从1979年开始的历次全国劳模评选则以国务院名义单独组织,全国总工会和国家表彰奖励主管部门具体负责实施。直至2015年,时隔36年,党中央和国务院再次共同举办全国劳模大会,对2 968名全国劳动模范和全国先进工作者进行隆重表彰,劳模的评选工作从此进入新阶段。最近一次召开的全国劳动模范和先进工作者表彰大会是在2020年11月24日,共表彰2 493名人选,其中全国劳动模范1 689名、全国先进工作者804名。与往届相比,2020年表彰提高了一次性奖金标准,同时还重新设计了奖章。新设计的奖章,通径从55毫米扩大到60毫米,凸显了劳动最光荣、劳动最崇高、劳动最伟大、劳动最美丽的理念,彰显了各行各业劳动模范和先进工作者的示范引领作用。

对于改革开放初期的劳模,更强调其对生产力发展的促进。进入常态化、制度化时期后,劳模精神的内涵进一步丰富和明确,包括爱岗敬业、争创一流,艰苦奋斗、勇于创新,淡泊名利、甘于奉献等。

中国特色社会主义进入新时代,更加注重弘扬劳模精神。党的二十大报告提出,要培养造就大批德才兼备的高素质人才;在全社会弘扬劳动精神、奋斗精神、奉献精神、创造精神、勤俭节约精神,培育时代新风新貌。在新时代的背景下,随着我国日益走近世界舞台的中央,我国的劳模向世人展示着实现中华民族伟大复兴的坚强意志和为人类作出新的更大贡献的坚定信念。

二、劳模精神的时代价值

从劳动模范的出现和成长历程看,他们既是时代发展进程中必然会凸显出来的人物,也是时代的引领者。他们之所以能够成为广大劳动群众中的佼佼者,一方面在于他们在党和国家的事业发展中作出了重大贡献,另一方面则是他们身上体现的劳模精神生动诠释了时代精神的丰富内涵。劳模精神作为伟大时代精神的生动体现,印证着社会发展的变迁,也体现着一个民族的思想精华,代表了一个时代的文化符号。在当前实现中华民族伟大复兴中国梦的新时代背景下,劳模精神有着更重大的时代价值。2020 年 11 月,习近平总书记在全国劳动模范和先进工作者表彰大会上指出,全社会要崇尚劳动、见贤思齐,加大对劳动模范和先进工作者的宣传力度,讲好劳模故事、讲好劳动故事、讲好工匠故事,弘扬劳动最光荣、劳动最崇高、劳动最伟大、劳动最美丽的社会风尚。

(一) 实现中华民族伟大复兴的中国梦

2012 年 11 月 29 日,在国家博物馆,习近平总书记在参观"复兴之路"展览时,第一次阐释了中国梦的概念。2017 年 10 月 18 日,习近平总书记在党的十九大报告中再次强调,实现中华民族伟大复兴是近代以来中华民族最伟大的梦想。劳动模范作为广大劳动群众中的佼佼者和杰出代表,对于实现中华民族伟大复兴的中国梦有着重大的时代引领作用。他们通过自己的卓越劳动业绩在广大劳动群众中脱颖而出,为广大职工群众作出了示范,成了榜样。特别是他们的事迹及精神,对于引导广大劳动群众不断提升思想道德素质和科学文化素质、提高劳动能力和劳动水平,激发广大劳动群众实现中华民族伟大复兴中国梦的劳动热情,都有着重大的现实意义和深远的历史意义。2021 年 4 月 30 日,习近平总书记在五一致辞中提到,希望广大劳动群众勤于创造、勇于奋斗,更好发挥主力军作用,满怀信心投身全面建设社会主义现代化国家、实现中华民族伟大复兴中国梦的伟大事业。

人无精神不立,劳模精神让我们清晰地看见,务实的精神追求是推动事业成功的强大力量,是一股旺盛的生命力,更是实现中华民族伟大复兴中国梦的强大精神力量。长期以来,广大劳模以高度的主人翁责任感、卓越的劳动创造、忘我的拼搏奉献,谱写出一曲曲可歌可泣的动人赞歌。劳模精神是我们极为宝贵的精神财富。

"宁肯少活 20 年,拼命也要拿下大油田"的"铁人精神","特别能吃苦、特别能战斗、特别能攻关、特别能奉献"的载人航天精神等一座座精神丰碑,为激励和带动亿万群众投身改革建设实践提供了重要精神动力。

(二) 践行社会主义核心价值观

党的二十大报告提出,广泛践行社会主义核心价值观。社会主义核心价值观是凝聚人心、汇聚民力的强大力量。弘扬以伟大建党精神为源头的中国共产党人精神谱系,用好红色资源,深入开展社会主义核心价值观宣传教育,深化爱国主义、集体主义、社会主义教育,着力培养担当民族复兴大任的时代新人。推动理想信念教育常态化制度化,持续抓好党史、新中国史、改革开放史、社会主义发展史宣传教育,引导人民知史爱党、知史爱国,不断坚定中国特色社会主义共同理想。用社会主义核心价值观铸魂育人,完善思想政治工作体系,推进大中小学思想政治教育一体化建设。坚持依法治国和以德治国相结合,把社会主义核心价值观融入法治建设、融入社会发展、融入日常生活。

劳动模范不仅是劳动的模范,也是弘扬和践行社会主义核心价值观的模范,他们身上体现的劳模精神生动诠释了社会主义核心价值观。作为各行各业劳动者的优秀代表,劳动模范以自己的实际行动让劳模精神得到了广泛的传播。他们中间有立足自身岗位勤恳工作的优秀工人,有潜心钻研、不断创新的优秀科技工作者,有默默奉献、教书育人的优秀教师,有心系患者、造福社会的优秀医务工作者,有辛勤创业、诚信经营的优秀企业家,有敢于担当、服务群众的优秀公务员等。劳模们的工作岗位虽然是平凡的、普通的,但在他们身上集中体现的勇于担当、改革创新、务实重干、甘于奉献的优秀品质,是他们践行社会主义核心价值观的见证。在劳模精神的引领与影响下,越来越多的人开始向劳模看齐、向劳模精神致敬,并且以自己的实际行动践行劳模精神,让劳模精神成为培育社会主义核心价值观的高效孵化器,催生了一批又一批社会主义核心价值观的新苗。

案例阅读 7-3

做"有温度"的医生

全国劳动模范杨华是合肥市庐阳区亳州路社区卫生服务中心的全科医生,对于病人,杨华有自己的"五心原则":对待病人要有爱心、有同情心、要让病人有战胜病魔的信心、要让病人看病舒心、要让病人走出社区更加开心。

"老百姓把生命交给我们,相信我们能治病,那么我们就一定要负起责任,认真对待每一位患者。"杨华说道。有一次,患有多年高血压、糖尿病的程大爷找到杨华。进行了全面细致的检查后,杨华给程大爷换上社区常用的基本药物。药很便宜,程大爷半信半疑,在杨华的耐心指导下,他回去治疗了。两周后,程大爷复查一切正常。程大爷喜笑颜开,"很久没这么开心过了,以后我都听杨医生的了。"

不仅如此,杨华看病还有"三王牌":娴熟的医术,优质的服务,良好的医德。在杨华看来,病人就是朋友:"我把他们当成朋友,既方便我们之间的相处,也让他们保持一个良好的心态。"社区老年人多,前去看病的患者,或是行动不便,或是听力有障碍。每每遇到这种情况,杨华总是会温和、耐心地问诊,甚至还上门服务。为此,杨华牺牲了休息时间。他说:"人都有老的时候,既然他们信任我,那就一定要负责到底。"

分析:基层医务工作者热心解决居民的实际困难,一言一行都是爱的传递。"勿以善小而不为",如果每一位劳动者都立足岗位,从身边着手,即使是点点亮光也必将汇聚成耀眼星河。

(三)展现工人阶级伟大品格

2013年4月28日,习近平总书记同全国劳模代表座谈时发表重要讲话强调,我国工人阶级要牢固树立中国特色社会主义理想信念,发扬我国工人阶级的伟大品格,用先进思想、模范行动影响和带动全社会,坚持以振兴中华为己任,增强历史使命感和责任感,立足本职、胸怀全局,自觉把人生理想、家庭幸福融入国家富强、民族复兴的伟业之中,把个人梦与中国梦紧密联系在一起,始终做坚持中国道路的柱石、弘扬中国精神的楷模、凝聚中国力量的中坚,始终以国家主人翁姿态为坚持和发展中国特色社会主义作出贡献。2021年《深入学习贯彻习近平总书记关于工人阶级和工会工作的重要论述》出版,论述围绕"坚持为实现中华民族伟大复兴的中国梦而奋斗""立足新时代中国特色社会主义新方位,在实现党的十九大描绘的宏伟蓝图中贡献力量"等内容,向工人阶级提出了新要求,指明了新方向。

劳动模范作为我国工人阶级中一个闪光的群体,是工人阶级伟大品格的人格化,劳模精神是工人阶级伟大品格的具体生动表现。因此,我们要用劳模的崇高理想凝聚劳动群众,始终保持工人阶级信念坚定、立场鲜明的政治本色;用劳模的先进事迹感召劳动群众,牢固树立工人阶级艰苦奋斗、勇于奉献的价值取向以及爱岗敬业、恪尽职守、大公无私、埋头苦干的优良作风;用劳模的高尚情操陶冶劳动群众,不断发扬工人阶级胸怀大局、纪律严明的光荣传统以及增强集体主义观念和团结协作意识;用劳模的进取意识引领劳动者,着力弘扬工人阶级开拓创新、自强不息的时代精神等。

随着时代的发展,我国工人阶级伟大品格还将进一步丰富、完善和升华,特别是在全面建设社会主义现代化强国的新时代,体现工人阶级伟大品格的劳模精神在充分发挥工人阶级的主力军作用和激励广大劳动者的主体作用方面将发挥更加重要的作用。

📢 总结案例

水下精彩 薪火相传

11月24日,2020年全国劳动模范和先进工作者表彰大会在北京人民大会堂隆重举行。全国工程勘察设计大师、中国铁建首席专家、铁四院副总工程师肖明清光荣赴京参会,接受这一至高礼遇的颁奖。

1992年从西南交通大学毕业以来,肖明清一直从事隧道设计与研究。伴随着我国高速铁路的发展,他以扎实的理论功底、严谨的工作态度,为高速铁路隧道技术的发展与进步作出了突出贡献。肖明清从一个普通技术人员成长为全国工程勘察设计大师,带领团队研究和设计了从"万里长江第一隧"武汉长江隧道到"世界首座高铁水下盾构隧道"广深港高铁狮子洋隧道等60多座大型水底隧道,多座隧道创造了全国乃至世界之最。

肖明清还坚持把"一人作贡献变为一群人作贡献""把一人引领变为团队进步",他和团队共同努力,将铁四院打造成为我国水下隧道设计业绩最多、领域最广、工法最全的设计企业。在肖明清的言传身教和悉心指导下,一批批隧道专业技术骨干在国家重点工程项目中锻炼起来,快步成长,并逐步独当一面,擎举着铁四院"水下隧道"的金字招牌,为企业高质量发展贡献着力量。

分析:攻克水下修造隧道的世界级难题,是解决国家之急,也是挑战个人极限。技术永无止境,攻关也永无止境。肖明清倾注精力与才智,不负热爱、勇挑重担,带领团队以愚公移山式的坚韧不拔,将功业书写在祖国的山水之间。

课堂活动

一、活动目标

从劳模事迹中汲取精神力量。

二、活动时间

建议 30 分钟。

三、活动流程

1. 集中观看劳模先进事迹纪录片，直观了解其人其事起精神。

2. 每人在一张卡片上写上姓名和 2～3 句观后感。

3. 随机抽取卡片，请学生围绕"希望我是怎样的工作者"发言。

课后思考

劳模精神的时代价值体现在哪些方面？

7.3 学习和弘扬

导入案例

"带电人"的故事

2020 年全国劳动模范、国网湖北省电力有限公司检修公司输电检修员胡洪炜说："特高压带电作业一直是世界禁区，但禁区总得有人去闯。"相比停电检修，带电作业每一个小时，至少能挽回直接经济损失 300 余万元。带电作业人员是和时间抢效益，所以他们中很多人被称作"亿元电工"。

但当第一次接触特高压时，胡洪炜还有些恐高，耳朵一直嗡嗡嗡作响。于是他一边向师傅讨教经验，一边熬夜啃下一本本专业书。曾经半年时间里，胡洪炜每天十几个小时魔鬼训练，用完 200 副手套、穿坏 14 双工作鞋、磨破 7 套工作服，力争将作业风险降到最低。

胡洪炜带领团队创造了许多"第一"：我国第一位进入 500 千伏电位、我国 500 千伏带电作业第一人等。他们实施了世界上首次 1 000 千伏特高压线路直升机带电检修，同时依托劳模创新工作室，研发带电作业工器具数十种，获得科技成果奖 43 项，申请专利 55 项。

胡洪炜直言,带电作业是团队合作,师傅言传身教、同事鼎力相助,让自己学有榜样,干有目标,才有了今天的成绩。

分析:个人成长需要自身坚持不懈地努力,同时,也离不开他人的扶持和帮助。前进的道路上伴随着丛生的荆棘和无常的风雨,都是一次次的严峻考验。胡洪炜以实际行动告诉大家:坚定信念,勇往直前,就有云开见日出的希望。

一、劳模精神的主要内容

劳模精神的主要内容包括爱岗敬业、争创一流,艰苦奋斗、勇于创新,淡泊名利、甘于奉献。这些内容一方面道出了劳模之所以能在广大劳动者群体中脱颖而出的根本原因,另一方面也为广大劳动者群体提出了奋斗的目标和方向。其中,爱岗敬业是本分,争创一流是追求,艰苦奋斗是作风,勇于创新是使命,淡泊名利是境界,甘于奉献是修为。

(一) 爱岗敬业

爱岗敬业是指热爱自己的岗位、崇敬自己的职业。因为有了这份热爱和崇敬,劳动模范才会用心珍惜自己的岗位,认真规划自己的职业。爱岗敬业让劳动模范对工作岗位倾注热情和精力,对职业产生热爱感和敬畏感。

1. 热爱岗位

所有劳动模范都是在自己工作岗位上做出了卓越的成就、超越了很多人,才成为大家学习的榜样和标兵。工作岗位没有高低贵贱之分,只有贡献大小之别。一个人只有立足岗位、了解岗位、热爱岗位才会不断取得进步,在为社会和国家作出贡献的同时,实现自己的人生价值。

2. 敬畏职业

任何职业都能创造价值。一个人只有认识到自己所从事的工作的价值,才会对职业充满热爱和敬畏感。敬畏职业主要表现为乐业、敬业、勤业、精业。

3. 钻研业务

劳动模范就是因为热爱岗位、敬畏职业,才会专心致志地学习专业知识,掌握技能、技艺、技术,提高自己的业务水平。习近平总书记曾在知识分子、劳动模范、青年代表座谈会上指出,只要勤于学习、善于实践,在工作上兢兢业业、精益求精,就一定能够造就闪光的人生。

(二) 争创一流

劳模精神作为一种先进的精神文化理念,成就的就是一流的业绩和水平。争创一流代表了劳动模范积极奋发的精神风貌和凝心聚力的追求目标。各行各业的劳动模范都是争创一流的标兵和典范。

1. 一流的标准

劳动模范能够创造一流业绩的首要原因在于他们总是坚持一流的标准,总能跟随甚至引领行业、国内、国际的潮流。一个国家、一个企业的竞争力主要取决于是否掌握了一流的技术标准。争创一流的劳模精神体现了劳动模范对一流技术永不停歇的追求。

案例阅读 7-4

一根钢丝的极致

在贵州钢绳集团二分厂钢丝绳制造车间,周家荣总是在弯腰查看钢绳是否有裂缝、变形、麻芯外漏,用手感受股绳是否起浪、起棱。

"眼到、手到、心到",是他勉励年轻后辈时常说起的话。通过眼看、手摸,周家荣能马上判断股绳质量是否合格,而这种精准判断力来源于经年累月的用心感悟。

周家荣一直善于钻研、勤奋好学,在掌握操作技术的同时,他还自学理论并常向工程技术人员请教问题,硬是从一个"农村娃"成长为国家级技能大师。

凭借扎实的技术理论和精湛的操作技术,周家荣与团队为公司主持制定、修订《一般用途钢丝绳》《飞船用不锈钢丝绳》《压实股钢丝绳》等30多项国家标准、行业标准、军工标准和ISO 2408：2017《钢丝绳-要求》国际标准等提供了理论、技术支撑,为企业获得"中国质量奖提名奖"和"贵州省省长质量奖提名奖"作出了积极贡献。

分析:作为全国劳模,周家荣对一根钢丝倾尽一生的精力,专注于在钢丝绳上做文章。全世界前一百座大桥中,有40多座正在使用他们的钢丝绳。对更高、更好、更强的执着追求,成就了他,也成就了行业佳话。

2. 一流的态度

态度决定高度。没有一流的态度,难有一流的高度。劳动模范面对各种问题、困难、挫折、挑战乃至失败时,总会从积极的方面去思考,从可能成功的一面去努力,最终取得一流的业绩。他们的一流态度更多表现为阳光、积极、向上的心理状态。

3. 一流的习惯

一流的态度转化为一流的习惯,才会取得一流的业绩。劳动模范的一流,在根本上表现为一流的工作习惯。一流的习惯就是不断坚持地做最好的自己,从而创造一流的成绩。

(三) 艰苦奋斗

艰苦奋斗精神不仅是劳模精神的重要内容,也是中华民族的优良传统。艰苦奋斗是指为实现人生目标而不惧艰难困苦、顽强奋斗、百折不挠、自强不息、居安思危、戒奢以俭的劳动态度及精神风貌。

1. 艰苦

艰苦主要是指物质条件的穷苦以及面临的处境艰难。俗话讲,不经风雨难以成大树,讲的就是艰难困苦成就人生的道理。劳动模范之所以能够成就一番事业,一般都会经受艰苦的考验。

2. 奋斗

世界上最大的幸福莫过于为人民幸福而奋斗。奋斗是艰辛的,艰难困苦、玉汝于成,没有艰辛就不是真正的奋斗。劳动模范的成长、成才、成功的关键在于奋斗。他们正是因为持续不断地奋斗,才有了平凡中的伟大成果。

3. 勤俭

古人云:"俭,德之共也;侈,恶之大也。"诸葛亮把"静以修身,俭以养德"作为"修身"之道。勤俭是一个人的责任,也体现了一个人的素质。学习劳模精神,就是要把勤俭作为劳模的优秀品质加以弘扬和传承。

(四)勇于创新

2020年11月24日,习近平总书记在全国劳动模范和先进工作者表彰大会上发表重要讲话指出,要增强创新意识、培养创新思维,展示锐意创新的勇气、敢为人先的锐气、蓬勃向上的朝气。劳动模范能成为广大劳动群众的模范和榜样,在很大程度上取决于他们不断有创新的成果、创新的技术和创新的思想。而创新意识、创新思维、创新勇气以及创新责任,是劳模精神的灵魂。

1. 创新意识

创新意识是指为了满足新的社会需求,或是用新的方式更好地满足原来的社会需求所产生的求新意识或求异意识。劳动模范勇于创新的精神表现在他们始终充满创新意识。他们既能感受到国家对创新的要求,又能及时发现劳动实践中的创新问题。

2. 创新思维

创新思维是在创新意识基础上形成的思维活动,是人类活动的高级过程。创新思维往往具有独创性。劳模的创新思维是与众不同的、独具卓识的,能见人之所未见、想人之所未想、创人之所未创。劳动模范之所以能够在平凡的岗位上做出不平凡成就,关键在于他们有创新思维。而劳模精神就是在创新思维引导下形成的价值追求和精神风范。

3. 创新勇气

创新需要勇气。很多劳动模范之所以会把一些不可能变成可能,重要的原因之一就是他们有创新勇气。他们敢于不断挑战极限,特别是不断挑战自己。面对很多人不看好乃至放弃的重大困难,他们总能挺身而出、迎难而上、锲而不舍,最终总会取得重大突破。这一切都离不开巨大的创新勇气。

🔧 案例阅读 7-5

"桥吊状元"竺士杰

坐在49米高的桥吊司机室里,用巨大的吊具稳、准、快地控制来自世界各地的集装箱的吊装,这就是浙江省海港集团宁波北仑第三集装箱码头有限公司桥吊班大班长竺士杰每天的工作。从事桥吊操作20多年来,他自创"竺士杰桥吊操作法",显著提升了传统桥吊操作效率。

经实践,"竺士杰桥吊操作法"能提高桥吊一次着箱命中率6%以上。桥吊每次重新着箱需耗能0.22度,需耗费0.24元,提高着箱命中率6%就相当于每做一个箱子可减少着箱0.09次,放在竺士杰所在的千万级码头,一年可以少着箱90万次,节约成本21.6万元。同时,按每工班40台桥吊,一天就能多做3 400个标箱,一年就能多出100多万个标箱,相当于多出来一个多泊位的年作业能力。而建设一个泊位的初始投资就需要 10 个亿。

分析：不断创新，争取更好，是竺士杰多年来养成的习惯。正是秉持这样孜孜不倦地追求卓越的干劲，让"竺士杰桥吊操作法"在 2013 年、2019 年进行了两次升级，目前已经是 3.0 版本。勇敢去尝试，一切才有可能。

4. 创新责任

劳动模范作为党和国家选树的先进劳动者代表，承担着重要的创新责任。劳动模范也有责任和义务引领广大劳动群众承担创新的责任，营造鼓励创新、爱护创新、尊重创新、支持创新的良好氛围，进一步发挥人们创新的积极性和主动性。有创新的责任意识对于拥有创新勇气起着重要的支撑作用。

（五）淡泊名利

劳模精神中的淡泊名利是指劳动模范在平凡岗位中做出不平凡业绩时，不过于在意名和利，只在意自己对社会的价值和贡献。淡，就是不重视；泊，就是停止。很多劳动模范几十年如一日，默默耕耘、脚踏实地，为国家和社会作出了重大贡献，实现了自己的人生理想和价值，成为广大劳动群众学习的先进模范。诸葛亮在《诫子书》中说："非淡泊无以明志，非宁静无以致远。"这句话是说，不把眼前的名利看得轻淡就不会有明确的志向，不能平静地学习就不能实现远大的目标。"淡泊""宁静"不是求清净、不作为，而是要通过"明志"，树立远大的志向，待时机成熟就可以"致远"，轰轰烈烈地干一番事业。很多劳动模范不屑于追求个人名利，而是将全部的心血和才华投入喜爱的事业之中。他们一方面能够享受到心如止水的快乐，另一方面也能水到渠成地获得惊人的成就。真正淡泊名利之人，心态平和，视名利如粪土，能够堂堂正正做人、踏踏实实做事，最终获得精神上的享受。

（六）甘于奉献

甘于奉献的劳模精神体现了劳动模范的修为和高尚的品格。甘于奉献中的"甘于"是指愿意、乐意、情愿；"奉"是指给予；"献"是指不求回报。甘于奉献主要是指一个人默默付出、心甘情愿、不图回报的精神状态。甘于奉献体现的是一种爱，是劳动模范对自己事业的不求回报的爱和全身心的付出。

回想每个时代的劳动模范，他们都是为了党和国家的事业以及人民的幸福生活，默默地奉献着自己的人生和智慧，在自己平凡的岗位上做出不平凡的业绩。因为他们具有甘于奉献的伟大精神，使得他们只知奉献、不知索取，用自己的实际行动回报着社会。无论时代怎样发展，甘于奉献的劳模精神都是鼓舞和激励广大劳动群众奋发向上的巨大力量。

实现中华民族的伟大复兴，需要"舍小家、顾大家"的甘于奉献的精神。只有将自身的命运和祖国的命运紧密相连，在为国家富强、民族复兴的过程中奉献自己的力量，才能体现生命的真正意义。甘于奉献是一种美德，更是一种力量。每个时代都会涌现出一批批劳动模范。他们或贫穷，或富有，但心中都有一个坚定的信念——甘于奉献、不求回报。千千万万劳模的事迹都凸显出了甘于奉献的强大力量。

案例阅读 7 - 6

光辉的事业　深潜的人生

"中国核潜艇之父"黄旭华,将自己的人生"深潜"在祖国的大海。1965 年,核潜艇研制工作全面启动,黄旭华接受这份绝密任务后,扎根荒岛 30 年没有回过家。家人不知道他在外做什么,父亲直到去世也未能再见他一面。

面对国外严密的技术封锁,黄旭华和同事们殚精竭虑、刻苦攻坚,终于让中国成为世界上第 5 个拥有核潜艇的国家。巍巍中华的辽阔海疆,从此有了守卫国土的"水下移动长城"。如今,中国的第一艘核潜艇早已退役,但年逾九旬的黄旭华仍在"服役"。

分析:黄旭华只问耕耘创业、不计个人得失,在超越小我中成就大我,以实际行动诠释了中华民族伟大的奉献精神。

二、践行劳模精神

劳模精神是劳动模范成为榜样人物的精神。学习和践行劳模精神是为了学劳模、做劳模。劳动者通过努力践行劳模精神,也会成为榜样人物。劳模精神应该主要通过学习榜样、认识自己、坚定意志、合作共赢、自信自强等方面加以践行。

(一) 学习榜样

2019 年 9 月 29 日,习近平总书记参加中华人民共和国国家勋章和国家荣誉称号颁授仪式并发表重要讲话时指出,崇尚英雄才会产生英雄,争做英雄才能英雄辈出。英雄模范们用行动再次证明,伟大出自平凡,平凡造就伟大。只要有坚定的理想信念、不懈的奋斗精神,脚踏实地地把每件平凡的事做好,一切平凡的人都可以获得不平凡的人生,一切平凡的工作都可以创造不平凡的成就。

拓展阅读:
国家需要,
我就去做

除了向全国各行各业包括不同历史时期的劳动模范学习,更要向身边的劳动模范学习。学习榜样是成长和成功的最短路径。俗话讲,听君一席话,胜读十年书。学习榜样不仅是直接聆听劳模故事,更多的是学习他们的劳模精神。这些都可以达到"胜读十年书"的效果。

劳动模范把劳模精神的意义变成鲜活的形象,在具体的实际工作中生动展现了他们的远大理想、优良品格、高尚人格。劳动模范用先进事迹和先进思想,树立起励人心志、催人奋进的光辉榜样。他们用行动证明,只要有坚定的意志,脚踏实地地把每件平凡的事做好,平凡的人就可以拥有不平凡的人生,平凡的工作也可以创造不平凡的成就。劳动模范并非高不可攀,从平凡走向伟大的路就在脚下。自觉见贤思齐,像劳动模范那样爱岗敬业、艰苦奋斗,弘扬其淡泊名利、甘于奉献的精神,每个劳动者都会在追梦征程上为社会进步作出贡献。

(二) 认识自己

学习劳模的先进事迹和先进思想,表面上看是了解和认识别人,其实是了解和认识自己。任何学习活动都是通过学习前人创造的知识,提升和丰富自己。劳模精神展示的是劳动模范的优秀品质和良好素质。认识自己,就需要对照劳动模范及其精神,深入挖掘自己身上的闪光点和一切优势,从而提升自己,创造更多的价值。认识自己,首先要肯定自己的价值。在这个世界上,每个人都是独一无二的,任何人都有存在的意义。所以,不要认为自己是无用的,不要认为自己没有价值。其次,我们要去发现与塑造自己的价值。认识自己的过程是认识自我的天赋、自己的喜好以及社会需要的过程。当自我评估更清晰的时候,就会慢慢知道自己能做什么。在审视自己的时候,要公正客观,既不要过分高估自己的能力,也不要过于贬低自己。如果身边的人对你的评价与你自己的判断相差甚远,你就需要认真思考一下原因,从而找到完善自己的方法。

古今思想家都强调过认识自己的重要性。先秦思想家老子说过:知人者智,自知者明;古希腊的苏格拉底说过:认识你自己。认识自己是为了不断提升自己。没有一个人生下来就注定优秀,也没有任何人一生注定平庸,所有的路都是我们一步一步走出来的。

古语有云:千里马常有,而伯乐不常有。因此,我们不能总是等着别人来发现我们的闪光点,还必须自己挖掘自己的潜质。了解自己,要认真思考自己想要什么、能做什么、目标是什么。只有充分认识自己,才会真正了解自己,也才能把握自己、改变自己。如果不知道自己的特点,就很容易被欲望牵引,迷失自己,甚至陷入各种困惑之中,做出自相矛盾、匪夷所思的事情来。只有在正确认识自己的基础上客观地看待自己,自觉地接纳自己,不断地提升自己,才能够在完善自我、服务他人和社会的过程中实现人生价值。

(三)坚定意志

劳模精神的践行是需要长期乃至用一生来坚持的,这就需要坚定的意志和毅力。劳动模范在平凡岗位上做出不平凡成就,靠的就是坚定的意志。很多劳动模范之所以能够几十年如一日从事一项工作、坚守一个岗位,付出常人难以想象的艰苦努力,是因为他们拥有坚定的意志。意志是一个人自觉确定目标,并根据目标来支配、调节自己的行为,克服困难,最终实现目标的情感品质。坚定意志是坚持目标不放弃的精神状态。一个人的意志只有足够强大,才能经受住各种艰难困苦的挑战。

坚定意志是一个人发展和进步的精神动力。一个具有坚定意志的人,并没有明显的外在特征。但是,一旦遇到困难,意志坚定的人就会从人群中脱颖而出。事实上,往往越是在遇到困难的时候,坚定意志的作用才尤为突出。如果没有坚定的意志,即使头脑聪慧、学识渊博、出身名门,一旦遇到困难就容易逃避,一有挫折就会放弃,这样是无论如何都不会成功的。人与人之间,强者与弱者之间、大人物与小人物之间最大的差异,往往就在于意志力的大小,即压倒一切的决心。"有志者,事竟成",坚定的意志是决定人生成败的关键因素。

一个人拥有坚定的意志力就意味着,他能够发挥出巨大的能量实现自己的目标。意志力不仅是人的一种动态的思想力量,还是一种与人的目标紧密相关的力量。只要人们抱着积极的心态去开发其潜能,就会有用不完的能量,人的能力也会越变越强。相反,如果人们抱着消极的心态,不去开发潜能,就会越来越消极、越来越无能。潜能是人类最大的宝藏。无数事实和研究成果告诉我们,每个人身上都蕴藏有巨大的潜能,只是还没有被开发出来,这就需要我们拥有坚定的意志。

案例阅读 7-7

非凡的"金手天焊"

　　"高凤林"这三个字在业界如雷贯耳,不仅因为他焊接的对象是具有火箭"心脏"之称的发动机,更因为他在火箭发动机焊接专业领域达到了常人难以企及的高度。而非凡业绩的背后,是不为人知的非凡付出。自1993年,高凤林担任发动机车间氢弧焊组组长以来,尽管有多次提拔的机会,但他都毅然放弃了,他认为自己的根就在焊接岗位上。

　　为攻克难关,他常常不顾环境危险,直面挑战,为此多次负伤:鼻子受伤缝针,头部受伤三次手术才把异物取出,而胳膊上黄豆大的铁销由于贴近骨头至今无法取出;为了保障一次大型科学实验,他的双手至今还留有被严重烫伤的瘢痕;为了攻克国家某重点攻关项目,近半年的时间,他天天趴在冰冷的产品上,关节麻木了、青紫了,他甚至被戏称为"和产品结婚的人"。

　　分析:"金手天焊"的美誉得来不易,一路荆棘丛生,困难重重,但高凤林认准目标之后就不言放弃,最终咬紧牙关,凭借非凡的专业实力和强大的意志力战胜了一个又一个障碍。天道酬勤,也是水到渠成,他最终成为令人仰慕的个中高手。

(四) 合作共赢

　　劳模精神的践行还需要有合作共赢的思想。劳动模范之所以能成为劳动模范,不仅在于他们的劳动业绩超越了很多劳动群众,更在于他们有较高的综合素质,善于团结、帮助和成就其他劳动群众。他们深谙成就别人就是成就自己的道理。在越来越讲求合作共赢的当今社会,人与人之间是一种互帮互助的关系。一个人只有先去善待别人、善意帮助别人,才能处理好人与人之间的关系,从而使自己所做的事情获得成功。一般情况下,不论在生活中还是工作中,对别人友好的人,通常都会获得好人缘,获得更多的帮助。

　　合作共赢是一种思想、一种目标,也是一种方法、一个过程,同时更是一种智慧、一种境界。"和则两利,斗则两伤"指的就是合作共赢的意义。要做到合作共赢,合作各方就要有真诚合作的精神和勇气,在合作中不要小聪明,不要总想着占别人的便宜,要遵守合作规则。合作最为关键的因素是要求人们要有一颗包容他人的心,产生与他人合作共赢与共同发展的意愿,并能充分发挥自己的潜能,将事情做得尽善尽美。

(五) 自信自强

　　劳模精神的践行还需要自信自强的心志支撑。劳动模范既离我们很远,又离我们很近。有的人可能一生都没有与全国劳模近距离接触的机会,感觉劳模像是一个"神话"。但是,各类劳动模范都是从普通劳动群众中产生的。他们中的很多人在成为劳动模范之前,也是在非常普通的岗位上从事着平凡的工作。正是因为他们在工作中做出了不普通的成就、有了不平凡的表现,才从千千万万的劳动群众中脱颖而出,成为我们学习的榜样。从一定意义上讲,他们的成功和成就是建立在他们自信自强的基础之上的。

践行劳模精神、学习劳动模范，就应该自信自强，在自己的平凡岗位中做出不平凡的成就，成就自己不平凡的人生。自信自强既是成就劳动模范的关键，也是每个人都应该具备的基本品质。自信自强能够唤醒人们沉睡的潜能，是人生不断求索和创造发展的动力。自信自强能使人产生奋斗的力量和拼搏的毅力，给人取之不尽、用之不竭的才干，使人们有勇气面对艰苦的人生。

自信自强是一种力量。对于自信自强的人而言，没有什么是不可能的。人要自信自强，就需要有坚定的信念，要经得起失败的考验。自信自强也是一种可以逐渐培养的心态，只要从小事做起，逐渐培养，这种优良的心态将会伴随人的一生。自信自强会使人产生强大的意志力，从而战胜各种弱点，坚定地向着目标前进，并取得最终的胜利。

无数劳动模范的成功事实启示，事业成功固然会受到各种因素的影响，但自信自强是其中必不可少的条件。成功者之所以成功，不是因为他没有受过消极因素的干扰，而在于他们能够用自信自强的心态摆脱消极因素的干扰。因此，成功永远属于自信自强的人。

🎬 总结案例

小铆钉系着大情怀

薛莹19岁那年走进了航空工业西飞国航厂，从事国际合作波音737-300垂直尾翼可卸前缘组件的装配工作。简单来说，就是将4块优质铝制蒙皮，通过100多个工序，用1 234个铆钉及螺钉连接，固定成所需的形状。对飞机而言，铆钉就是细胞，每个"细胞"的精度直接关乎飞机安危。这项工作对技术要求极为严苛，她深知唯有严谨细致、勤学苦练，才不枉肩负的责任和使命。

27岁的薛莹被公司委任为班长，恰巧这年西飞国航厂争取到美国波音公司的试制订单。但波音公司附加了苛刻的条件，要求整架蒙皮的划伤不能超过10道，但当时薛莹工作的标准是一架产品的划伤数是100道。

如何从100道减少到10道？蒙皮比皮肤娇嫩，指甲盖划过都会留下划痕，划痕深度一旦超过一根头发丝，就可能造成报废，而一块蒙皮价值上万元。正当大家一筹莫展之际，薛莹提出了创新方法。先用白棉布擦拭干净工装和蒙皮，工装上贴上薄薄的一层保护膜，定位销用纸胶带保护，不工作的蒙皮贴上绿色胶膜，划窝、铆接的地方贴上胶带。就这样，问题迎刃而解。

"将普通的事情做到极致，让世界享受中国制造，这就是我的梦想。"薛莹从不怀疑中国制造有赶超外国的潜力，如今飞翔在全球的波音737系列飞机中，有1/3装载着"薛莹班"参与制造的垂直尾翼。

分析：薛莹是党的十九大代表、全国劳模、全国三八红旗手，力争让安装到飞机上的每一颗铆钉都质量最过硬、外观最漂亮，这样的态度赢得国际航空制造合作公司的高度认可。项目成败关系着中国参与国际合作的拓展，更关系着中国航空人的尊严，坚持简单的事认真做，薛莹让中国名片翱翔蓝天。

🔍 ┈┄ 课 堂 活 动 ┈┈┈┈┈┈┈┈┈┈┈┈┈┈┈┈┈┈┈┈┈┈┈┈┈┈┈┈┈┈┈┈┈

社会实践调查

一、活动目标

通过实践活动,加深学生对劳模精神的认知。

二、活动过程

步骤1:全班以小组为单位。

步骤2:分工开展社会调查活动,寻访身边的先进人物,聆听他们的真实故事,感悟他们的精神境界,虚心接受他们建议和忠告。

步骤3:活动结束后,将受访者的经验与采访者自身的体会整理成书面材料,形成调查报告。调查报告要求数据翔实,选取素材具有说服力,要有论点并融入采访者自己的思考和见解。核心内容围绕劳模精神及其作用展开。

步骤4:以实地采访的方式,近距离接触先进人物,设计提纲,整理总结。用图片、视频和文字记录相关资料,优秀作品进行展示表彰。

三、总结评价

小组进行报告,教师点评指导,巩固所学知识。(建议用时:3天,课题布置和总结30分钟)

🎓 ┈┄ 课 后 思 考 ┈┈┈┈┈┈┈┈┈┈┈┈┈┈┈┈┈┈┈┈┈┈┈┈┈┈┈┈┈┈┈┈┈

对照你身边的劳模,思考自己如何践行劳模精神。

模块八

法律法规

引导语

　　劳动权益保护自劳资关系产生以来就一直存在,当然,时代不同劳动者权益保护的侧重点也不一样,内涵也不同;同样,为适应劳动者权益保护内涵的变化,以及资本权力与劳动者权益保护的新要求,劳动者权益保护模式也随着时代的变化而变化。

　　本模块主要介绍了劳动法律权益和安全保护等概念,引导大学生对相关法律法规有一个全面的认识,在劳动过程中做到遵纪守法,并能够运用自己掌握的法律知识来保护自己的合法劳动权益。

8.1　劳动法律法规

导入案例

郑元的试用期纠纷

　　郑元高职毕业后到一家民营公司工作,双方签订劳动合同约定试用期为六个月。在郑元工作两个月后,公司在未说明具体原因情况下,口头通知郑元:与其解除劳动合同。郑元向当地劳动仲裁委员会申请仲裁,要求公司支付违法解除劳动合同赔偿金。

　　经仲裁委员会仲裁,认定公司与郑元单方面解除劳动合同存在违规行为,公司并没有提供证据证明郑元工作能力、工作态度等不符合录用条件,也不能证明郑元存在严重违反公司规章制度等事项,公司理应支付违法解除劳动合同的赔偿金。最终认定公司支付郑元违法解除劳动合同赔偿金。

用人单位在试用期辞退员工时，往往把表现不及预期与不符合录用条件混淆起来，而劳动者也常常以为试用期被辞退是没有办法的事情，这都是对试用期相应法律规定的误解。

分析：用人单位和劳动者都应当遵循法律规定，依法保障自身的权益。试用期被企业单方面解除劳动合同是职场中比较常见的情况，这也是很多职场人的职场法律第一课。

一、认识法律

(一) 法律的定义

法律是由国家制定和认可，并由国家强制力保证实施，赋予社会关系的主体相应权利和义务的社会规范的总称。法律是全体国民意志的体现，是国家的统治工具。

(二) 我国的法律体系

中国特色社会主义法律体系以宪法为基础，行政法、民商法、经济法、社会法、刑法和程序法等是宪法的具体化。1987 年，全国人大常委会对新中国成立以来至 1978 年底制定的 134 件法律进行了一次全面清理。法律层次之外，国务院也先后 11 次对法规、规章和其他规范性文件进行清理，改革开放 40 多年，我国立法进程不断加快。截至 2022 年 9 月底，我国现行有效的法律有 293 件，行政法规 598 件，地方性法规 1.3 万余件。

二、劳动就业相关法律

劳动合同是指用人单位与劳动者之间确立起劳动关系，明确双方权利义务的书面协议，它是保护劳动者合法权益的基本依据。在劳动合同中，劳动者与用人单位的地位是平等的，双方订立劳动合同时应该遵循合法、公平、平等自愿、协商一致、诚实信用的原则。

《中华人民共和国劳动合同法》明确规定，用人单位与劳动者应该以签订书面劳动合同的形式依法建立起劳动关系。

劳动合同按照其期限的长短可以分为固定期限合同、无固定期限合同、以完成一定的工作任务为期限的合同。

(一) 劳动合同的内容

签订劳动合同的条款应该包括：用人单位的名称、地址和法定代表人或者主要负责人，劳动者的姓名、住址和居民身份证或者其他有效身份证件号码，劳动合同期限，工作内容和工作地点，工作时间和休息休假，劳动报酬，社会保险，劳动保护、劳动条件以及职业危害防护，法律、法规规定应当纳入劳动合同的其他相关事项。用人单位与劳动者还可以约定试用期、培训、保守秘密、补充保险和福利待遇等其他事项。

(二) 劳动合同的解除

劳动合同解除是指劳动合同生效后，在劳动合同尚未全部履行前，由于某种特殊原因导致签订劳动合同的一方或双方提前解除劳动关系的法律行为。

1. 协商解除

用人单位和劳动者协商一致，可以解除劳动合同。但是双方当事人任何一方要求解除劳动合同都必须提前三十日通知对方。

2. 劳动者单方解除

劳动者要求解除劳动合同，应提前三十日以书面形式告知用人单位，用人单位同意后解除劳动合同。劳动者在试用期期间解除劳动合同，需要提前三日以书面形式告知用人单位，用人单位同意后解除劳动合同。

用人单位未依照劳动合同所约定的条款执行，出现有损于劳动者的权益，或者由于用人单位的原因导致劳动合同无效，劳动者可以随时提出与用人单位解除劳动合同。

3. 用人单位单方解除

劳动者有以下情形之一的，用人单位可以解除劳动合同：

（1）在试用期间被证明不符合单位录用条件；

（2）在工作过程中出现严重违反用人单位规章制度的；

（3）严重失职，营私舞弊，给用人单位造成重大损害的；

（4）劳动者同时与其他用人单位建立劳动关系，对完成本单位的工作任务造成严重影响，或者经用人单位提出，拒不改正的；

（5）以欺诈、胁迫的手段或者乘人之危，使对方在违背真实意思的情况下订立或者变更劳动合同致使劳动合同无效的；

（6）被依法追究刑事责任的。

有下列情形之一的，用人单位提前三十日以书面形式通知劳动者本人或者额外支付劳动者一个月工资后，可以解除劳动合同：

（1）劳动者患病或者非因工负伤，在规定的医疗期满后不能从事原工作，也不能从事由用人单位另行安排的工作的；

（2）劳动者不能胜任工作，经过培训或者调整工作岗位，仍不能胜任工作的；

（3）劳动合同订立时所依据的客观情况发生重大变化，致使劳动合同无法履行，经用人单位与劳动者协商，未能就变更劳动合同内容达成协议的。

4. 解除劳动合同维权

《中华人民共和国劳动争议调解仲裁法》开始施行后，为用人单位和劳动者在发生权益纠纷时，明确了解决途径和要求。发生纠纷时，劳动者可以与用人单位进行协商，同时请工会或第三方与用人单位进行协商，以达成一致的和解意见，当事人需要提供相关证据。如果当事人不愿意协商或协商后不予履行的，可以向调解组织申请调解。如果用人单位违反法律法规，也可以向劳动行政部门申请仲裁，直至诉讼人民法院。

用人单位的经济补偿是以按劳动者在本单位的工作年限作为依据的，如用人单位违反本法规定而解除或终止劳动合同，那么增加支付劳动者经济补偿金。

案例阅读 8 - 1

违反就业协议需付违约金

冯同学是某高职院校 2018 届毕业生，在毕业前 2 个月，小冯从激烈的竞争中脱颖而出,被广州广日电梯工业有限公司录取。此时,经亲戚介绍,小冯得知广州数控设备有限公司也在招聘,于是他匆匆和广日电梯签订了就业协议书后又应聘了广州数控。他认为反正就业协议不是劳动合同,对自己没有约束力。随后,小冯又被广州数控录取,当他兴冲冲地跑到广日电梯工业有限公司请求解除就业协议时,该公司告知小冯,解除就业协议可以,但小冯必须按照就业协议的约定向公司交付违约金。此刻,初出校门的小冯为自己法律意识的缺乏懊悔不已。

分析:就业协议书是毕业生和用人单位关于将来就业意向的初步约定,对于双方的基本条件以及即将签订劳动合同的部分基本内容大体认可,并经用人单位的上级主管部门和高校就业部门同意和见证,一经毕业生、用人单位、用人单位主管部门签字盖章,即具有一定的法律效力,是编制毕业生就业计划和将来可能发生违约情况时的判断依据。

(三) 社会保险

用人单位和劳动者在签订劳动合同时要有"五险一金",五险一金包括基本养老保险、基本医疗保险、失业保险、生育保险、工伤保险和住房公积金。

1. 基本养老保险

政府建立养老保险制度,基本养老保险是指劳动者达到法定年龄后退出工作岗位后,劳动者与用人单位按照工资收入的比例来领取政府的养老金以及享受相关的养老待遇。

2. 基本医疗保险

基本医疗保险是指政府补偿劳动者因患病造成经济损失的社会保险制度,包括城镇职工基本医疗保险制度、新型农村合作医疗制度与城镇居民基本医疗保险。政府给予一定补贴,其待遇标准依照国家法律法规执行。

3. 失业保险

失业保险是指因为劳动者失业造成难以满足基本生活需要,向劳动者提供帮助的保险制度。

4. 生育保险

生育保险是指为怀孕以及分娩而无法继续工作的妇女提供生育津贴与医疗服务的制度。

5. 工伤保险

工伤保险是指政府通过社会统筹的方法,给予生产活动中因意外或者是职业病而造成死亡、暂时或者永远丧失劳动能力的劳动者及其家属医疗救治及经济补偿的保险制度,劳动者在提供相关材料及申请工伤认定后享受工伤保险。

6. 住房公积金

住房公积金是指由用人单位与劳动者共同缴纳,用人单位与劳动者必须按照一定比例按月缴纳住房公积金,劳动者和用人单位缴纳的住房公积金归劳动者个人所有。公积金用来支付劳动者家庭购买或自建住房、私房翻修等相关费用。

（四）侵权行为及保障

1. 欺骗宣传

欺骗宣传是指用人单位在招聘过程中夸大单位规模、薪酬福利，口头承诺工资奖金等情况。

2. 招聘歧视

招聘歧视包括性别歧视、身体歧视、户籍歧视、学历歧视等多方面。

3. 违规收费

国家相关部门明文规定，用人单位不得借以任何名义向招聘者收取报名费、押金以及保证金等费用，培训费从企业成本中支出。

4. 侵犯隐私

在招聘过程中，求职材料中的个人信息属于个人隐私，没有经过本人同意，用人单位不得公开、泄露及出售。

5. 侵犯知识产权

侵犯知识产权是指应聘者拥有原创知识产权的文字、图片、软件专利等知识产权，用人单位不可侵权使用。

6. 合同陷阱

合同陷阱是指劳动合同中如包含违反法律的条款内容，属于无效合同。

三、法律意识

（一）法律意识的含义

法律意识是社会意识的组成部分，是人们关于法的思想、观点、理论和心理的统称。法律意识同人们的世界观、伦理道德观等有密切联系。法律主体（包括自然人和法人）法律意识的增强，有助于他们依凭法律捍卫自己的权利，更好地履行法律义务，并对法制的健全、巩固和发展具有重要意义。

（二）法律意识的重要性

一个国家必须有法律来维持，随着改革开放的实施，我国在全社会范围内开展了普及法律常识工作，我国公民的法律意识有了很大的提高，人民群众掌握了法律知识，对如何依法保护自身的合法权益等有关的法律知识有了一定的了解，开始有了依法办事、依法治理的觉悟，人们的法治观念初步形成。

拓展阅读：
毕业生违约
的不良后果

法律是一个有强制效力的规范体系，遵守它可以形成一个稳定的社会秩序。因此，人民需要拥有法律意识，用法律来保护自己，不让自身的合法权益受到侵犯。当今中国倡导建设社会主义法治社会，那就不能让法治只停留在一小部分人中间，要增强每一个人的法律意识，使法律为每一个公民所掌握，成为保护全民族的法。只有提高全民的法律意识，人民才会主动地去知法、懂法、用法、守法。

（三）树立法律意识的方法

1. 广泛学习，增加阅读量

多读一些如《中华人民共和国宪法》、《民法典》中的婚姻家庭篇、《中华人民共和国社会保险法》和《中华人民共和国土地法》等与人们生活息息相关的法律知识从而增强法律意识。

2.多收看法律类影视节目

如《法律讲堂》《今日说法》《法治进行时》等栏目,观看此类栏目,会从中受益良多。

3.从自身做起,从小事做起

培养自己的良好行为,学会善待他人,遵纪守法,邻里和睦,在实际生活和工作中营造一种尊重法律、遵守法律的氛围,更进一步增强法律意识。

4.加强道德修养

具有较高道德素养的人违法犯罪的可能性会大大降低,加强道德修养,提升法律意识,可以通过自我教育、榜样示范、社会实践等方面来实现。

5.养成良好的规则意识

从小培养对规则的亲善、认同、接纳、遵守等习惯,对于培养个人的法律意识尤为重要。

📖 总结案例

不按规请假的后果

张林同学高职毕业后在义乌市一家电子科技企业工作,由于年龄还小比较任性,一次和主管领导发生争执后,递交了一个月的事假单后就离开了公司。三天后,公司未见小张来上班,多方联系未果。公司以电子邮件方式告知张林,对他作出自动离职、终止劳动关系的判定。

张林对公司的决定非常不满,将公司告上仲裁庭。在仲裁审理中,公司称,张林虽然递交了一个月的事假单,但是并没有得到公司同意,也没有执行相关的签字流程和工作安排。按照公司规章制度,判定其为无故旷工,自动离职,解除劳动关系。仲裁委员会做出如下判决,对张林申请经济赔偿的请求不予支持。

分析:请假需经领导批准,一般是书面形式,以签字为准,无故旷工三天以上的,公司可以与其解除劳动合同关系。请假是今后职场中会经常遇到的事,出现问题很多时候是和劳动者的主观法律意识缺失有关,还有一些不合规的请假,例如伪造病假条、病例等违法行为。在职场中,请假不能任性而为,否则会给自己和企业带来损失和伤害。

🔍 课 堂 活 动

认识和了解劳动合同

一、活动目标

通过引导学生对劳动合同的认识和了解,加强法律意识。

二、活动形式

班级开展座谈会。

三、活动道具

劳动合同范本数例。

四、活动过程

1. 学生在老师指导下搜集和了解容易产生劳动纠纷的劳动合同案例。

2. 提取案例中争议点,如合同期限、试用期、录用标准、工作时间、假期、薪资待遇等,分析纠纷产生原因,然后座谈在实际工作中如何避免类似劳动纠纷。

课后思考

在学习和生活中认识到劳动合同的重要性,了解劳动合同不仅是对劳动者个人的保护,也是对企业权益的保护。

8.2 劳动合同及劳动权益

导入案例

张洪林的实习经历

2020 年 12 月,某高职院校大三学生张洪林同学来浙江义乌一家高新科技企业开始实习工作,计划实习结束后他就直接留在企业工作了。一上班,公司就与张洪林签订了《劳动合同协议书》,约定了实习期为六个月,实习期结束后对张洪林同学的技术水平、劳动态度、工作效益进行评定,根据评定的级别或职务确定月薪。上班两个月后,张洪林发生了交通事故,之后未到公司上班。半年后张洪林毕业。

2021 年 11 月,张洪林向劳动争议仲裁委员会提出认定劳动工伤申请,同时公司也向劳动部门提出仲裁申请,要求确认公司与张洪林签订的劳动合同无效。而张洪林针对公司的仲裁申请提起反诉,要求公司月薪按社会平均工资标准执行,同时要求公司为自己办理社会保险,缴纳保险金。劳动争议仲裁委员会于 2021 年 12 月作出了仲裁裁决,张洪林在签订劳动合同时仍属在校学生,不符合就业条件,不具备建立劳动关系的主体资格,其与公司订立的劳动合同协议书自始无效,并驳回了张洪林的反诉请求。

分析:同学们可能在实习期间或在临近毕业需要就业时遇到类似问题,但是往往因为缺乏相应的法律知识和常识无法维护自身合法权益。所以,提前学习一些劳动方面的法律知识,对于同学们今后在职场中维护自身合法权益是十分必要的。

根据《中华人民共和国劳动法》和《中华人民共和国民法典》等法律法规的相关规定,我国劳动争议处理实行"一调、一裁、两审"的处理体制,劳动争议发生后,当事人可以与用人单位协商解决,不愿协商,协商不成或者达成和解协议后不履行的,可以向调解组织申请调解;不愿调解、调解不成或者达成调解协议后不履行的,应当向劳动争议仲裁委员会申请仲裁;对仲裁裁决不服的,除另有规定的外,可以向人民法院提起诉讼。

新员工入职,从入职登记、培训再到劳动合同的签订,各个环节环环相扣,牵一发而动全身。员工在此时需要注意的不仅仅是如何签订一份对自己具有经济利益的劳动合同,更需要注意的是如何将劳动合同中的法律风险降到最低,以及当自身权益受到侵害时如何争取合法利益。

一、订立劳动合同

劳动合同是劳动者与用工单位之间确立劳动关系,明确双方权利和义务的协议。签订劳动合同应当遵循平等自愿、协商一致的原则,不得违反法律、行政法规的规定。劳动合同依法订立即具有法律约束力,当事人必须履行劳动合同规定的义务。劳动者必须是达到法定就业年龄且具有劳动行为能力的人。

(一) 劳动合同的必备条款内容

劳动合同是指员工与单位之间劳动关系权利和义务的约定。我国法律对于劳动合同的订立时间、订立形式、合同内容等方面有严格的规定,企业在订立劳动合同时必须严格遵守法律的强制性规定。

《中华人民共和国劳动法》第十九条规定,劳动合同应当以书面形式订立,并具备以下条款:① 劳动合同期限;② 工作内容;③ 劳动保护和劳动条件;④ 劳动报酬;⑤ 劳动纪律;⑥ 劳动合同终止的条件;⑦ 违反劳动合同的责任。

《中华人民共和国劳动合同法》(以下简称《劳动合同法》)第十七条对劳动合同的内容做了进一步的规定,劳动合同应当具备以下条款:① 用人单位的名称、住所和法定代表人或者主要负责人;② 劳动者的姓名、住址和居民身份证或者其他有效身份证件号码;③ 劳动合同期限;④ 工作内容和工作地点;⑤ 工作时间和休息休假;⑥ 劳动报酬;⑦ 社会保险;⑧ 劳动保护、劳动条件和职业危害防护;⑨ 法律、法规规定应当纳入劳动合同的其他事项。

劳动合同的当事人必须具有合法的主体资格。作为用人单位,必须是依法成立的企业、个体经济组织、国家机关、事业组织和社会团体。另一方当事人劳动者也必须具备一定的资格条件,最重要的就是达到法定的就业年龄,必须是年满十六周岁,国家严禁用人单位招用未满十六周岁的未成年人。文艺、体育以及特种工艺单位招用未满十六周岁的未成年人,必须依照国家有关规定,履行审批手续,并保障接受义务教育的权利。用人单位不能招用童工(十六周岁以下),也就是说,劳动者必须是达到法定就业年龄且具有劳动行为能力的人。

(二) 劳动合同的期限

1. 劳动合同的订立时间

根据《劳动合同法》第十条、第六十九条的规定,全日制劳动者与用人单位建立劳动关系,应当订立书面的劳动合同。订立书面劳动合同是用人单位的职责,非全日制劳动者与用人单位之间建立劳动关系可以订立口头协议,但劳动争议中举证责任一般在用人单位方,因此即使是非全日制用工也应当订立书面劳动合同,以明确双方权利义务,防止争议。

通常劳动合同应当在建立劳动关系之日,即开始用工当日签署。但是我国《劳动合同法》并没有强制要求必须在用工同时签署书面劳动合同,而是规定了一个月的宽限期。即最迟应当在用工之日起一个月内订立书面劳动合同。但为了保护劳动者自身合法权益,建议劳动者应及时、明确地要求用人单位在建立劳动关系之日起签署劳动合同,如果已经开始实际工作而暂时未签署书面劳动合同,那么员工的合法权益在这段"空档期"中缺少必要和完备的保障。

2. 劳动合同的期限种类

(1) 固定期限劳动合同。《劳动合同法》第十三条规定:固定期限劳动合同,是指用人单位与劳动者约定合同终止时间的劳动合同。固定期限劳动合同中明确规定了合同效力的起始和终止的时间,劳动合同期限届满,劳动关系即告终止。固定期限的劳动合同可以是较短时间的,如半年、一年、两年;也可以是较长时间的,如五年、十年,甚至更长时间,但不管时间长短,劳动合同的起始和终止日期都是固定的。具体期限由当事人双方自由协商确定。

固定期限的劳动合同适用范围广,应变能力强,既能保持劳动关系的相对稳定,又能促进劳动力的合理流动,使资源配置合理化、效益化,是现实中运用较多的一种劳动合同。对于要求保持连续性、稳定性的工作,技术性强的工作,适宜签订较为长期的固定期限劳动合同。对于一般性、季节性、临时性、用工灵活、职业危害较大的工作职位,适宜签订较为短期的固定期限劳动合同。需要注意的是,劳动合同期限不满三个月的,依照劳动合同法规定该情形不得约定试用期。

(2) 无固定期限。《劳动合同法》第十四条规定:无固定期限劳动合同,是指用人单位与劳动者约定无确定终止时间的劳动合同。无确定终止时间,是指劳动合同没有一个确切的终止时间,劳动合同的期限长短不能确定,但并不是劳动合同永不终止,也不是永不能解除劳动合同,只要没有出现法律规定的合同终止条件或者解除条件,双方当事人就要继续履行劳动合同规定的义务。一旦出现了法律规定劳动合同终止条件或者解除条件,无固定期限劳动合同也同样能够终止或解除。

用人单位和劳动者协商一致可以订立无固定期限劳动合同。

具备以下条件之一,劳动者提出或同意续订、订立劳动合同的,除劳动者提出订立固定期限劳动合同外,应当订立无固定期限劳动合同:

① 员工已在该用人单位连续工作满十年的。

② 用人单位初次实行劳动合同制度或者国有企业改制重新订立劳动合同时,员工在该用人单位连续工作满十年且距法定退休年龄不足十年的。

③ 用人单位与员工已经连续订立二次固定期限劳动合同,并且员工没有下列情形(在试用期间被证明不符合录用条件的;严重违反用人单位的规章制度的;严重失职,营私舞弊,给用人单位造成重大损害的;员工同时与其他用人单位建立劳动关系,对完成本单位的工作任务造成严重影响,或者经用人单位提出,拒不改正的;以欺诈胁迫的手段或者乘人之危,使单位在违背真实意思的情况下订立或者变更劳动合同的,并致使劳动合同无效;员工被依法追究刑事责任的;劳动者患病或者非因工负伤,在规定的医疗期满后不能从事原工作,也不能从事由用人单位另行安排的工作的;劳动者不能胜任工

作,经过培训或者调整工作岗位,仍不能胜任工作的),续订劳动合同的。

④ 法定视为订立无固定期限劳动合同的情况。用人单位自用工之日起满一年不与劳动者订立书面劳动合同的,视为用人单位自用工满一年的当日起与劳动者已订立无固定期限劳动合同。

(3) 以完成一定工作任务为期限的劳动合同。《劳动合同法》第十五条规定:"以完成一定工作任务为期限的劳动合同,是指用人单位与劳动者约定以某项工作的完成为合同期限的劳动合同。用人单位与劳动者协商一致,可以订立以完成一定工作任务为期限的劳动合同。"

以完成一定的工作任务为期限的劳动合同,是以某一项工作或任务的实际起始日期和终止日期来确定合同有效期的一种合同形式,约定任务完成后合同自行终止。一般在以下几种情况下,用人单位与员工可以签订以完成一定工作任务为期限的劳动合同:① 以完成单项工作任务为期限的劳动合同;② 以专案承包方式完成承包任务的劳动合同;③ 因季节原因临时用工的劳动合同;④ 其他双方约定的以完成一定工作任务为期限的劳动合同。

以完成一定工作任务为期限的劳动合同按照《劳动合同法》第十九条规定,不得约定试用期。以完成一定工作任务为期限的劳动合同签订数次不会转化为无固定期限劳动合同,不会受到无固定期限劳动合同的约束。

案例阅读 8-2

毕业生三方协议与劳动合同的关系

三方协议是《普通高等学校毕业生、毕业研究生就业协议书》的简称,它是明确毕业生、用人单位、学校三方在毕业生就业工作中的权利和义务的书面表现形式,能解决应届毕业生户籍、档案、保险、公积金等一系列相关问题。它是用人单位确认毕业生相关信息真实可靠以及接收毕业生的重要凭据;是高校进行毕业生就业管理、编制就业方案以及毕业生办理就业落户手续等有关事项的重要依据。

2009 年教育部高校学生司发布了《关于修订〈普通高等学校毕业生就业协议书〉若干意见的通知》将三方协议的制定权下放至省级教育主管部门。

三方协议虽然也规定一些劳动关系涉及的内容,但其不能代替劳动合同,与劳动合同相比存在以下区别:

第一,签订时间不同。三方协议是学生在校期间签订的,而劳动合同是在毕业生毕业离校后到单位正式报到时签订的。

第二,主体不同。三方协议的主体是三方,即学校、毕业生和用人单位;而劳动合同的主体是两方,即劳动者和用人单位。

第三,内容不同。三方协议的主要内容是毕业生如实介绍自身情况,并表示愿意到用人单位就业、用人单位表示愿意接收毕业生,学校同意推荐毕业生并列入就业方案;而劳动合同是记载劳动者和用人单位权利和义务,是劳动关系确立的法律凭证。

第四,目的不同。三方协议是毕业生和用人单位关于将来就业意向的初步约定,是编制毕业生就业方案和将来双方订立劳动合同的依据。而劳动合同主要是劳动关系确立后,使劳动者和用人单位的合法权益得到应有的保障。

第五,适用的法律不同。三方协议订立后如发生争议,解决主要依据是国家关于高校毕业生就业的规定、《民法典》等;而劳动合同订立后,发生争议解决主要依据是《劳动法》《劳动合同法》及相关法律、法规,司法解释。

需要注意的是,三方协议与劳动合同并非没有任何联系。三方协议中的毕业生就业之后的工作性质、地点、期限、工资薪金、社会保险及公积金等涉及劳动合同关系的条款与双方正式签订的劳动合同内容上基本一致,通过三方协议中内容,毕业生基本可以预见到自己与用人单位建立劳动关系之后所享有的权利和应承担的义务。

思考:毕业生面对与用人单位在订立三方协议时,需要注意哪些事项?

(三) 用人单位和劳动者的相关信息

劳动合同中包含用人单位的名称、住所和法定代表人或者主要负责人信息,是对劳动者知情权的一种保护,属于劳动合同的必要条款。

劳动合同中必须包含劳动者的姓名、住址和居民身份证或者其他有效身份证件号码,是为了明确劳动合同中劳动者一方的主体资格,确定劳动合同的当事人。现实中劳动者的实际住址与身份证件上的住址很可能不一致,建议在劳动合同中要明确以下三点:① 劳动者的实际通信地址;② 如果实际通信地址发生变更,劳动者有义务及时书面通知单位,否则因此导致的一切后果和责任由劳动者自负;③ 所有发往约定通信地址的信件,都视为已送达员工。

(四) 工作内容与工作地点

工作内容是指劳动者的工作岗位、任务、职责,劳动合同中的工作内容条款应当规定得明确具体,便于遵照执行。工作地点是指劳动合同的履行地点。

(五) 工作时间与休息休假

工作时间是指劳动者在用人单位中必须用来完成其所担负的工作任务的时间。工作时间包括工作时间的长短、工作时间方式的调整。工作时间上的不同,对劳动者的就业选择、劳动报酬等均有影响,故其属于劳动合同的必要条款。

休息休假是指用人单位的劳动者按规定不必进行工作,自行支配的时间。

(六) 劳动报酬

劳动报酬是指员工与企业确定劳动关系后,因提供了劳动而取得的报酬。劳动报酬是满足员工生活需要的主要来源,也是员工付出劳动后应该得到的回报。因此,劳动报酬是劳动合同中必不可少的内容。劳动报酬主要包括以下几个方面:① 企业工资水准、工资分配制度、工资标准和工资分配形式;② 工资支付办法;③ 加班加点工资及津贴、补贴标准和奖金分配办法;④ 工资调整办法;⑤ 试用期及病事假等期间的工资待遇;⑥ 特殊情况下员工工资支付办法;⑦ 其他劳动报酬,如奖金的分配办法。

（七）社会保险

社会保险是一种缴费性的社会保障,资金主要是用人单位和劳动者本人缴纳,政府财政给予补贴并承担最终的责任。劳动者只有履行了法定的缴费义务,并在符合法定条件的情况下,才能享受相应的社会保险待遇。

（八）劳动保护

劳动保护是指企业为了防止劳动过程中的安全事故,采取各种措施来保障员工的生命安全和健康。国家通过制定相应的法律和行政法规、规章、制度,企业也应根据自身的具体情况,规定相应的劳动保护制度,以保证员工的健康和安全。

二、谨防就业陷阱

就业陷阱是指招聘单位、其他机构或个人,采用违纪违法或违背社会道德等手段,骗取毕业生的钱财等侵害大学生权益的现象。常见就业陷阱主要有以下五类：

（一）招聘陷阱

常见的招聘陷阱主要有以下三种：

1. 招聘会不合法

有些招聘会利用大学生就业心切的心理,打着毕业生就业的名义,实质上未经有关主管部门审批。要么广告上公布的知名企业未到场,要么是单位良莠不齐。有些招聘单位骗取并出卖学生的信息,给一些违法之徒提供便利。更有甚者,打着招聘的幌子,逼迫毕业生做传销或做其他违法的事情。

2. 以面试为由,骗取求职者钱财

一些不法分子从网络或其他途径得到求职毕业生的个人信息,以企业名义打电话给大学毕业生,通知其面试。在大学毕业生不设防的情况下,骗取钱财后逃之夭夭。

3. 变相收费

有些单位不当场签约,通过网络或电话继续洽谈,而这些网络或电话都是收费的；有些单位向大学毕业生收取报名费、资料费或培训费等,求职者交费后再将其拒之门外。

（二）协议陷阱

大学毕业生找工作时,要与单位签订就业协议,就业协议是双方表示意愿的一种约定。在签协议时常出现的问题有以下三种：口头承诺、签订不平等协议、以就业协议代替劳动合同。

1. 口头承诺

口头承诺因为口说无凭,缺乏法律依据而没有法律约束力,一旦发生问题,学生往往成为弱势一方,权益受到侵害。一些单位在和求职者谈条件的时候,常常口头承诺很多优越条件,吸引学生来单位工作,但在签协议时却不将这些承诺写入就业协议。

2. 签订不平等协议

由于大学生劳动力市场存在着较为严重的买方市场性质,大学生就业压力较大,导致他们在求职中"低人一等"。再加上大学生维权意识较差,致使对于签订的就业协议要么不知情,要么签约的时候根本没有留意上面的条款,无力反对,从而促成霸王条款的出现。

3. 以就业协议代替劳动合同

有些大学生因为不熟悉《劳动法》，常将就业协议误认为劳动合同，未及时与用人单位签订合法有效的劳动合同，盲目认为就业协议的条款就是合同的内容。而有些无良用人单位故意不与大学毕业生签订劳动合同，一旦双方发生劳动争议，对大学毕业生极为不利，双方的劳动关系只能被认定为事实劳动关系。

案例阅读 8 - 3

offer 不是就业协议

在招聘录用工作中，高校毕业生经常会听到"offer"一词，offer 即"录用通知书"，是用人单位向被录用者发出的一种工作邀请函，其中说明了毕业生的上班时间、薪水和福利等情况，一般是在劳动者通过用人单位面试、用人单位决定录用后发出的，要求劳动者在上面签字，劳动者签字即表明接受对方的录用意向，愿意到用人单位工作。这种情形在外企中比较常见。

offer 是毕业生和用人单位达成的一个录用意向，并不涉及学校。因此，对于高校毕业生而言，除了与用人单位签署 offer 外，还应与其签订就业协议书，以更好地维护自己的合法权益。

（三）试用期陷阱

试用期是法定的协商条款，约定与否以及约定期限的长短由双方依法自行协商。现实中试用期陷阱一直困扰着大学毕业生，陷阱主要有以下三种：单位不约定试用期，可能暗藏玄机、只约定试用期，索取廉价劳动力、试用期过长或无故延长试用期。

（四）智力陷阱

智力陷阱是指用人单位以招聘考试为名，无偿占有大学毕业生的程序设计、广告设计、策划方案、文章翻译等。大学毕业生要提高警惕。

（五）劳务陷阱

大学生在求职时，招聘单位有意混淆招聘"劳务工"与"派遣工"。

三、社会保险和公积金

（一）社保项目

社会保险是指国家通过立法，对参保者在遭遇年老、疾病、工伤、失业、生育等风险情况下提供物质帮助（包括现金补贴和服务），使其享有基本生活保障、免除或减少经济损失的制度安排。

（二）住房公积金

职工和单位住房公积金账户存款利率调整为统一按一年期定期存款基准利率执行。

四、工龄

工龄是指职工以工资收入为生活资料的全部或主要来源的工作时间。工龄的长短标志着职工参加工作时间的长短。

五、劳动争议

劳动争议是指劳动关系的当事人之间因执行劳动法律、法规和履行劳动合同而发生的纠纷,劳动争议的范围,在不同的国家有不同的规定。

（一）劳动争议的分类

劳动争议按照不同的标准可以分为不同的类别,一般来说,劳动争议可以分为以下几类:

（1）按照劳动争议的类型,分为权利争议和利益争议。权利争议是指劳动关系当事人之间因约定或法定权利而产生的纠纷,它是对既定的、现实的权利发生争议,因为权利已由约定产生或者已由法律规定确立;利益争议是指劳动关系当事人就如何确定双方的未来权利义务关系发生的争议,它不是现实的权利争议,而是对如何确定期待的权利而发生的争议。有时称前者为既定权利争议,后者为待定权利争议。

（2）按照劳动争议是否可以纳入劳动争议仲裁机构处理,可分为纳入仲裁处理的争议和不纳入仲裁处理的争议。

（3）按照参加争议涉及的范围,分为个别劳动争议和集体劳动争议。个别劳动争议仅涉及劳动者个体与用人单位之间的关系,一般可以通过沟通协商等手段来解决;集体劳动争议是指多个劳动者(三名以上的劳动者)因共同的理由与用人单位发生的争议,通常会涉及集体合同上的争议,协调难度较大,一般要采用程序化的司法手段来解决。

（4）按照劳动争议的内容主要可以分为四个方面:① 因用人单位开除、除名、辞退职工和职工辞职、自动离职而发生的终止劳动关系的劳动争议;② 用人单位和职工之间因执行国家有关工资、福利、保险、培训、劳动保护规定而发生的劳动争议;③ 履行劳动合同的劳动争议,包括用人单位和员工之间因执行、变更、解除劳动合同而发生的争议;④ 其他劳动争议。

（二）劳动争议的处理

我国劳动争议处理实行"一调、一裁、两审"的处理体制,劳动争议当事人可自愿选择协商或调解,仲裁是劳动争议处理的前置程序。

六、假务管理

（一）工时制度

我国目前有三种工作时间制度,即标准工时制、综合计算工时制和不定时工时制。

1. 标准工时制

根据国务院相关规定,职工每日工作 8 小时,每周工作 40 小时。

2. 综合计算工时制

综合计算工时制是指采用以周、月、季、年为周期综合计算工作时间的工时制度。如果综合计算工时周期内总的实际工作时间超过了综合计算工时周期内的标准工作时间,视为加班,用人单位应当支付职工加班费。

3. 不定时工时制

不定时工时制是指因用人单位生产特点,无法按标准工作时间安排工作或因工作时间不固定,需要机动作业的职工所采用的弹性工时制度。

此外,加班是指用人单位依法安排劳动者在标准工作时间以外工作。用人单位需要向加班职工支付加班工资。加班需要员工同意才可以。

(二)休息休假

(1)休息日。正常情况下,星期六和星期日为每周休息日,双休日不计薪,全年104天。《中华人民共和国劳动法》第四十四条规定,休息日安排劳动者工作又不能安排补休的,支付不低于工资的百分之二百的工资报酬。《国务院关于职工工作时间的规定》(第146号令,1995年5月1日实施)第七条规定,国家机关、事业单位实行统一的工作时间,星期六和星期日为周休息日。企业和不能实行前款规定的统一工作时间的事业单位,可以根据实际情况灵活安排周休息日。

根据《国务院关于职工工作时间的规定》问题解答(劳部发〔1995〕187号)第一问,有条件的企业应尽可能实行职工每日工作8小时、每周工作40小时这一标准工时制度。有些企业因工作性质和生产特点不能实行标准工时制度的,应将贯彻《规定》和贯彻《劳动法》结合起来,保证职工每周工作时间不超过40小时,每周至少休息1天。因此,有的企业将40小时分摊在6天里,休息1天也是合法的。

(2)法定节假日。目前,国家法定休假日,包括元旦、春节、清明节、劳动节、端午节、中秋节、国庆节。根据《中华人民共和国劳动法》第四十四条的规定,法定休假日安排劳动者工作的,支付不低于工资的百分之三百的工资报酬。

(3)部分节假日。部分公民放假的节日及纪念日主要有:妇女节(3月8日),妇女放假半天;青年节(5月4日),14周岁以上的青年放假半天;儿童节(6月1日),不满14周岁的少年儿童放假1天;中国人民解放军建军纪念日(8月1日),现役军人放假半天。《国务院全国年节及纪念日放假办法》:部分公民放假的假日,如果适逢星期六、星期日,则不补假。注意,如果部分公民放假的假日不逢休息日,而用人单位要求劳动者正常上班的,单位无须支付加班费。

(4)事假。事假的天数由用人单位通过制订规章制度的方式确定。事假是无薪的,但如果用人单位有规定可发薪水的则从其规定。需要注意的是,有的用人单位不扣劳动者在事假期间的工资,在这种情况下,如果用人单位发了工资,且事假达到20天的,劳动者不再享受当年的年休假。

(5)病假(疾病或非工受伤医疗期)。根据《关于贯彻执行〈中华人民共和国劳动法〉若干问题的意见》第五十九条规定,职工患病或非因工负伤治疗期间,在规定的医疗期间内由企业按有关规定支付其病假工资或疾病救济费,病假工资或疾病救济费可以低于当地最低工资标准支付,但不能低于最低工资标准的80%。关于病假(疾病或非工受伤医疗期)的天数,是3个月、6个月、9个月、12个月、24个月(特殊情形的可延长)。依据《企业职工患病或非因工受伤医疗期规定》第三条,企业职工因患病或非因工负伤需要停止工作医疗时,根据本人实际参加工作年限和在本单位工作年限,给予三个月到二十四个月的医疗期。

原劳动部关于贯彻《企业职工患病或非因工负伤医疗期规定》的通知中规定,关于特殊疾病的医疗期问题:根据目前的实际情况,对某些患特殊疾病(如癌症、精神病、瘫痪等)的职工,在24个月内尚不能痊愈的,经企业和劳动主管部门批准,可以适当延长医疗期。《江苏省工资支付条例》第二十七条规定：劳动者患病或者非因工负伤停止劳动，且在国家规定医疗期内的，用人单位应当按照工资分配制度的规定以及劳动合同、集体合同的约定或者国家有关规定，向劳动者支付病假工资或者疾病救济费。病假工资、疾病救济费不得低于当地最低工资标准的百分之八十。国家另有规定的，从其规定。

（6）婚假。《国家劳动总局、财政部关于国营企业职工请婚丧假和路程假问题的通知》规定：职工本人结婚或职工的直系亲属（父母、配偶和子女）死亡时，可以根据具体情况，由本单位行政领导批准，酌情给予一至三天的婚丧假。在批准的婚丧假和路程假期间，职工的工资照发。途中的车船费等全部由职工自理。《劳动法》第五十一条规定：劳动者在法定休假日和婚丧假期间以及依法参加社会活动期间，用人单位应当依法支付工资。需要注意的是，各地的婚假天数要遵循当地的规定。根据各地的人口与计划生育条例，婚假在享受国家规定婚假的基础上往往会延长一定期限。婚假内照发工资，不影响福利待遇。

（7）产假。产假的天数是：98天＋各地奖励天数。国际劳工组织有关公约有"妇女须有权享受不少于14周的产假"的规定，14周即98天。根据《女职工劳动保护特别规定》第七条规定：女职工生育享受98天产假，其中产前可以休假15天；难产的，增加产假15天；生育多胞胎的，每多生育1个婴儿，增加产假15天。女职工怀孕未满4个月流产的，享受15天产假；怀孕满4个月流产的，享受42天产假。

另外，根据《人口与计划生育法》第25条规定，符合法律、法规规定生育子女的夫妻，可以获得延长生育假的奖励或者其他福利待遇。三孩政策后，各省（自治区、直辖市）纷纷修改本地区的人口与计划生育条例，大部分地区加大了延长产假天数的力度，各地区延长的产假天数以60天居多。

《女职工劳动保护特别规定》第六条规定：怀孕女职工在劳动时间内进行产前检查，所需时间计入劳动时间。

（8）产前假和护理假。如《江苏省女职工劳动保护特别规定》第十一条规定，用人单位应当给予孕期女职工下列保护：在劳动时间内进行产前检查的，所需时间计入劳动时间；怀孕7个月以上且上班确有困难的，应当根据医疗机构的证明安排其休息。第五项情形下休息期间的工资按照劳动合同或者集体合同约定计发，但不得低于当地最低工资标准的80％。女职工怀孕后，经本人申请，用人单位同意安排其在孕期休息的，休息期间的工资由双方协商确定，劳动合同或者集体合同另有约定的，从其约定。

注意，怀孕七个月以上（含七个月）女职工休产前假的前提是单位批准，不是强制性规定。

护理假（男方）。全国31个省（自治区、直辖市）中，均在本地区的人口与计划生育条例中规定了男方的护理假或者陪产假（福建称照顾假、青海称看护假）。根据各地人口与计划生育条例，陪产假基本上在7天到30天不等。

（9）哺乳假。《女职工劳动保护特别规定》第九条规定：用人单位应当在每天的劳动时间内为哺乳期女职工安排1小时哺乳时间；女职工生育多胞胎的，每多哺乳1个婴儿每天增加1小时哺乳时间。

（10）丧假。《国家劳动总局、财政部关于国营企业职工请婚丧假和路程假问题的通知》规定：职工本人结婚或职工的直系亲属（父母、配偶和子女）死亡时，可以根据具体情况，由本单位行政领导批准，酌情给予一至三天的婚丧假。在批准的婚丧假和路程假期间，职工的工资照发。途中的车船费等，全部由职工自理。《劳动法》第五十一条规定：劳动者在法定休假日和婚丧假期间以及依法参加社会活动期间，用人单位应当依法支付工资。因此，实务操作中丧假的天数基本上为 3 天，且不包括国家法定休假日，假期内照发工资和福利待遇。

（11）带薪年休假。《职工带薪年休假条例》第二条规定：机关、团体、企业、事业单位、民办非企业单位、有雇工的个体工商户等单位的职工连续工作 1 年以上的，享受带薪年休假（以下简称年休假）。单位应当保证职工享受年休假。职工在年休假期间享受与正常工作期间相同的工资收入。第三条规定：职工累计工作已满 1 年不满 10 年的，年休假 5 天；已满 10 年不满 20 年的，年休假 10 天；已满 20 年的，年休假 15 天。国家法定休假日、休息日不计入年休假的假期。需要注意的是，劳动者个人的累计工作年限应该是包括但不限于现就职单位的工作年限。

（12）探亲假。《国务院关于职工探亲待遇的规定》规定：职工探望配偶的，每年给予一方探亲假一次，假期为 30 天；未婚职工探望父母，原则上每年给假一次，假期为 20 天；如果因为工作需要，本单位当年不能给予假期，或者职工自愿两年探亲一次的，可以两年给假一次，假期为 45 天；已婚职工探望父母的，每四年给假一次，假期为 20 天。另外，根据实际需要给予路程假。上述假期均包括公休假日和法定节日在内。凡实行休假制度的职工（例如学校的教职工），应该在休假期间探亲；如果休假期较短，可由本单位适当安排，补足其探亲假的天数。

（13）工伤假（停工留薪期）。《工伤保险条例》第三十三条规定：职工因工作遭受事故伤害或者患职业病需要暂停工作接受工伤医疗的，在停工留薪期内，原工资福利待遇不变，由所在单位按月支付。停工留薪期一般不超过 12 个月。伤情严重或者情况特殊，经设区的市级劳动能力鉴定委员会确认，可以适当延长，但延长不得超过 12 个月。工伤职工评定伤残等级后，停发原待遇，按照本章的有关规定享受伤残待遇。工伤职工在停工留薪期满后仍需治疗的，继续享受工伤医疗待遇。生活不能自理的工伤职工在停工留薪期需要护理的，由所在单位负责。

（14）社会活动假。《工会法》第四十条第二款规定：基层工会的非专职委员占用生产或者工作时间参加会议或者从事工会工，每月不超过 3 个工作日，其工资照发，其他待遇不受影响。

课堂活动

讨论劳动合同的合理性

一、活动目标

引导学生掌握签订劳动合同注意事项。

二、活动时间

建议 15 分钟。

三、活动流程

教师出示广告公司招聘工作人员的模拟劳动合同,让同学们讨论如何合理签订劳动合同。

1. 学生4～6人分成一个小组,通过小组内部讨论形成小组观点。

2. 每个小组选出一名代表陈述本组观点,其他小组可以对其进行提问,小组内其他成员也可以回答提出的问题;通过问题交流,将每一个需要研讨的问题都弄清楚。

3. 教师进行分析、归纳、总结。

4. 教师根据各组在研讨过程中的表现,给予点评并赋分。

课 后 思 考

在签订劳动合同时候要注意哪些事项?请列举。

8.3　知识产权与商业秘密

导 入 案 例

稻香村之争

众所周知,北京稻香村早在2009年就对苏州稻香村申请注册的商标提出异议。商标评审委员会、北京市一中院、北京市高院、最高院先后作出裁定或判决:苏州稻香村的"标识与北京稻香村公司"的商标构成类似商品上的近似商标,不得注册。在终审判决生效后,苏州稻香村仍然继续使用稻香村文字商标,于是,北京稻香村于2015年9月向北京知识产权法院提起民事诉讼。

北京知识产权法院认为,苏州稻香村在蛋糕、糕点、月饼、面包、饼干、粽子等商品上的涉案被诉侵权行为,可能造成相关公众对商品来源的混淆误认,故如不责令苏州稻香村立即停止涉案行为,将可能会对北京稻香村的市场份额造成严重影响,会对其利益造成难以弥补的损害。

分析:经法院裁定,苏州稻香村立即停止在电商平台销售及宣传带有"稻香村"扇形标识、"稻香村"标识的糕点等产品。在生活和生产实践过程中一定要注意知识产权的使用和保护。

一、知识产权管理

(一) 知识产权概述

知识产权是人类脑力劳动的产物,是人类知识财富在法律上的承认和保护。世界知识产权组织公约将知识产权定义为在工业、科学、文学或艺术领域里的智力活动产生的所有权利。知识产权法规包括专利法、商标法、著作权法、反不正当竞争法等。这些知识产权管理法规的核心是保护知识产权拥有者在市场上获得利益的机会，使社会创新事业得以延续。

工作中，大家要有知识产权意识，对自己或他人在工作中所创造的知识产权要有清晰的了解，对其价值要有一个大致的评估，同时善于利用法律法规保护自己和他人的权利不被侵害。

（二）知识产权相关法律法规

1. 专利法

专利法是确认发明人（或其权利继受人）对其发明享有专有权，规定专利权人的权利和义务的法律规范的总称。

专利法保护专利权人的合法权益，鼓励发明创造，促进科学技术进步和经济社会发展。但是在实践中，还要注意以下几点。

（1）区分职务发明创造与非职务发明创造。利用本单位的物质技术条件所完成的发明创造为职务发明创造，专利权属于该单位。非职务发明创造，申请专利的权利属于发明人或者设计人。

（2）多人合作完成的发明创造专利权的确定。除另有协议的外，申请专利的权利属于完成或者共同完成的单位或者个人。申请被批准后，申请的单位或者个人为专利权人。

（3）谁先申请谁得。同样的发明创造只能授予一项专利权。两个以上的申请人分别就同样的发明创造申请专利的，专利权授予最先申请的人。

2. 商标法

商标法是确认商标专用权，规定商标注册、使用、转让、保护和管理的法律规范的总称。

商标法的作用主要是加强商标管理，保护商标专用权，促进商品的生产者和经营者保证商品和服务的质量，维护商标的信誉，以保证消费者的利益，促进社会主义市场经济的发展。

3. 著作权法

著作权法是为保护文学、艺术和科学作品作者的著作权以及与著作权有关的权益。常见的作品类型有以下几种：文字作品、口述作品、音乐、戏剧、曲艺、舞蹈、杂技艺术作品、美术、建筑作品、摄影作品、电影作品和以类似摄制电影的方法创作的作品、工程设计图、产品设计图、地图、示意图等图形作品和模型作品、计算机软件、法律、行政法规规定的其他作品。

著作权包括多种人身权和财产权，常见的权利有以下几类：发表权、署名权、修改权、保护作品完整权、复制权、发行权、出租权、展览权、表演权、放映权、广播权、信息网络传播权、摄制权、改编权、翻译权、汇编权、应当由著作权人享有的其他权利。

4. 反不正当竞争法

反不正当竞争法是为了促进社会主义市场经济健康发展，鼓励和保护公平竞争、制止不正当竞争行为、保护经营者和消费者的合法权益制定的法律。

为规范社会主义市场经济秩序,倡导公平有序的竞争,对于保护合法市场参与者的权益和打击不法市场经济行为有着重要意义。

案例阅读 8-4

浙江民企叫板跨国巨头

总部在温州的正泰公司是中国输配电行业的龙头企业之一,名列中国民企十强。而施耐德电气低压(天津)有限公司是施耐德电气公司在中国注册的合资企业,施耐德电气公司总部在法国,是一家输配电、自动化与工控行业领域的跨国企业,名列全球五百强企业。

施耐德于1979年进入中国,目前在华总投资额超过50亿元。

涉案的专利产品"低压小型断路器",是广泛应用于建筑工业及民用住宅的常规空气开关产品。该产品的出现取代了传统的用电保护装置——保险丝。正泰公司早在1997年11月份就向国家知识产权局申请了一种名称为"高分断小型断路器"的新型专利。

2006年7月,正泰公司发现施耐德电气低压(天津)有限公司生产的5个型号产品侵犯了其专利权,起诉至温州市中级人民法院。

温州市中级人民法院审理后认定施耐德构成侵权,一审于2007年9月26日判令施耐德向正泰赔偿3亿多元人民币。施耐德以专利无效以及公知技术等理由提出抗辩,并向浙江省高院提出上诉。

事实上,最先挑起官司的是施耐德公司,从2004年起施耐德在德国、意大利、法国等欧洲国家对正泰多个产品提起20多项专利诉讼,其中包括:

2005年3月,施耐德在德国法院起诉正泰一项专利侵权,正泰向法院提出不侵权的答辩意见,并向德国联邦专利法院反诉施耐德专利无效;

2005年11月,施耐德在意大利威尼斯起诉正泰一项外观专利侵权;

2006年3月,施耐德在法国巴黎起诉正泰三项专利侵权。

这期间,意大利威尼斯法院针对正泰的所有被诉产品发出了临时禁令;德国杜塞尔多夫上诉法院不仅对正泰的所有被诉产品发出临时禁令,还针对部分产品和专利做出了确认侵权的一审或二审判决;巴黎最高法院还就施耐德电气状告正泰侵犯其C60产品的三项专利权进行听证。

对于这次主动叫板跨国巨头,正泰公司知识产权法律顾问赵国虹打了个形象的比喻。她说:"原来是对方(即施耐德)把枪口对在正泰的脑袋上,一直用知识产权在逼迫,说正泰侵权,现在正泰反过来通过专利这个武器,运用法律把枪口对准对方脑袋。"

二、保密管理

(一) 商业秘密及要素概述

商业秘密由以下三个要素构成。

1. 具有客观秘密性

商业秘密必须是处于秘密状态的信息,不可能从公开的渠道所获悉。有关信息不为其所属领域的相关人员普遍知悉和容易获得,不为公众所知悉。

2. 具有实用性和价值性

商业秘密具有现实或潜在的实用性,商业秘密是一种现在或者将来能够应用于生产经营或者对生产经营有用的具体的技术方案和经营策略。作为商业秘密的信息能为权利人带来现实的或潜在的经济利益,具有一定的经济价值。

3. 权利人采取了保密措施

权利人为防止信息泄漏所采取的与其商业价值等具体情况相适应的合理保护措施。在正常情况下足以防止涉密信息泄漏的,应当认定权利人采取了保密措施。包括:限定涉密信息的知悉范围、对于涉密信息载体采取加锁等防范措施、在涉密信息的载体上标有保密标志、对于涉密信息采用密码或者代码等、签订保密协议、对于涉密的机器、厂房、车间等场所限制来访者或者提出保密要求、确保信息秘密的其他合理措施。

同时具备以上三个特征的技术信息和经营信息,才属于商业秘密。

(二)商业秘密保护相关法律法规

在生活和工作中,大家要注意保护企业商业秘密避免触犯相关的法律法规。

1. 反不正当竞争法

《中华人民共和国反不正当竞争法》第九条第一款中列举了四种关于侵犯商业秘密禁止性规范。

(1)以盗窃、贿赂、欺诈、胁迫或者其他不正当手段获取权利人的商业秘密。

(2)披露、使用或者允许他人使用以前项手段获取的权利人的商业秘密。

(3)违反约定或者违反权利人有关保守商业秘密的要求,披露、使用或者允许他人使用其所掌握的商业秘密。

(4)教唆、引诱、帮助他人违反保密义务或者违反权利人有关保守商业秘密的要求,获取、披露、使用或者允许他人使用权利人的商业秘密。

经营者以外的其他自然人、法人和非法人组织实施前款所列违法行为的,视为侵犯商业秘密。

第三人明知或者应知商业秘密权利人的职工、前职工或者其他单位、个人实施前款所列违法行为,仍获取、披露、使用或者允许他人使用该商业秘密的,视为侵犯商业秘密。

侵犯商业秘密的,由监督检查部门责令停止违法行为,处十万元以上五十万元以下的罚款;情节严重的,处五十万元以上三百万元以下的罚款(主要针对经营者)。

2. 民法典

《民法典》第五百零一条明确规定了当事人的保密义务。当事人在订立合同过程中知悉的商业秘密或者其他应当保密的信息,无论合同是否成立,不得泄露或者不正当地使用;泄露、不正当地使用该商业秘密或者信息,造成对方损失的,应当承担赔偿责任。

《民法典》规定,民事主体依法享有知识产权,我国的知识产权包括作品;专利;商标;地理标志等。侵犯知识产权,要承担赔偿的责任。《中华人民共和国民法典》第一百二十三条规定,民事主体依法享有知识产权。知识产权是权利人依法就下列客体享有的专有的权利:作品;发明、实用新型、外观设计;商标;地理标志;商业秘密;集成电路布图设计;植物新品种;法律规定的其他客体。第一千一百八十五条关于侵害知识产权的惩罚性赔偿规定,故意侵害他人知识产权,情节严重的,被侵权人有权请求相应的惩罚性赔偿。

3. 刑法

《中华人民共和国刑法》第二百一十九条关于侵犯商业秘密罪以及应承担的刑事责任专门作了一些规定。

有下列侵犯商业秘密行为之一,给商业秘密的权利人造成重大损失的,处三年以下有期徒刑或者拘役,并处或者单处罚金;造成特别严重后果的,处三年以上七年以下有期徒刑,并处罚金。

(1)以盗窃、利诱、胁迫或者其他不正当手段获取权利人的商业秘密的。

(2)披露、使用或者允许他人使用以前项手段获取的权利人的商业秘密的。

(3)违反约定或者违反权利人有关保守商业秘密的要求,披露、使用或者允许他人使用其所掌握的商业秘密的。明知或者应知前款所列行为,获取、使用或者披露他人的商业秘密的,以侵犯商业秘密论。本条所称商业秘密,是指不为公众所知悉,能为权利人带来经济利益,具有实用性并经权利人采取保密措施的技术信息和经营信息。

这里所称权利人,是指商业秘密的所有人和经商业秘密所有人许可的商业秘密使用人。

4. 劳动法

《中华人民共和国劳动法》对商业秘密也有相关的规定。

"第二十二条劳动合同当事人可以在劳动合同中约定保守用人单位商业秘密的有关事项。"

"第一百零二条劳动者违反本法规定的条件解除劳动合同或者违反劳动合同中约定的保密事项,对用人单位造成经济损失的,应当依法承担赔偿责任。"

5. 促进科技成果转化法

《中华人民共和国促进科技成果转化法》第三十条鼓励科技中介服务机构的发展,并对其保密义务专门作出了规定。国家培育和发展技术市场,鼓励创办科技中介服务机构,为技术交易提供交易场所、信息平台以及信息检索、加工与分析、评估、经纪等服务。科技中介服务机构提供服务,应当遵循公正、客观的原则,不得提供虚假的信息和证明,对其在服务过程中知悉的国家秘密和当事人的商业秘密负有保密义务。

总结案例

可口可乐不能复制

可口可乐公司是世界上最大的饮料公司,公司于1892年成立于美国。可口可乐通过公司自有或公司控制的装瓶及分销业务网络,以及独立的装瓶合作伙伴、分销商、批发商和零售商形成全球最大的饮料分销系统,向全球消费者提供其品牌饮料产品,全球每天消费约 570 亿份饮料。但是可口可乐的配方被保存在亚特兰大市的一家银行的保险库里。它由三种关键成分组成,这三种成分分别由公司的 3 个高级职员掌握,三人的身份被绝对保密。迄今为止很多想收买配方或者盗取配方的行动都失败了。

分析:可口可乐这么多年来经久不衰,是由于它的独特配方还不为人所知,可口可乐的配方属于最高层次的商业机密,可见保护商业机密的重要意义。

课 堂 活 动

认知商业机密

一、活动目标

引导学生了解保护商业机密的重要意义。

二、活动时间

活动时间约 15 分钟。

三、活动流程

教师出示云南白药的生产厂家、药效和销售情况,分析为什么云南白药没有被仿制。

1. 学生 4～6 人分成一个小组,通过小组内部讨论形成小组观点。

2. 每个小组选出一名代表陈述本组观点,其他小组可以对其进行提问,小组内其他成员也可以回答提出的问题。

3. 教师进行分析、归纳、总结。

4. 教师根据各组在研讨过程中的表现,给予点评并赋分。

课 后 思 考

通过书籍和网络查找典型知识产权侵权案,分析保护知识产权的重要意义。

质量意识

引导语

　　正确的质量意识和环保理念是一名员工职业素养的重要体现,将正确的质量意识和环保理念应用到日常生活和实际工作中,将为职业的可持续发展提供重要保障。本模块重点介绍了质量意识的基本理论、提升质量意识的具体做法;现场管理的主要内容和作用;通过对所在宿舍进行现场管理的活动训练,树立正确的质量意识。

9.1　质量的内涵和意义

导入案例

"堡"里不一的汉堡

　　某汉堡企业是全球大型连锁企业,广告宣称"味道为王、食物新鲜""现点现做、料多味足""每一个皇堡都符合皇冠标准",然而 2020 年央视"3·15"晚会接到举报,该家汉堡的标准在实际执行中,存在严重问题。

　　记者在南昌某汉堡门店对新员工培训过程中了解到,为了保证食物品质,该企业制定了一套严格的标准,详细规定了每一种食物的储存、加工标准及方法。一名顾客点了红烩牛肉皇堡,按照标准,制作红烩牛肉皇堡需要搭配 21 克蛋黄酱、21 克生菜、两片番茄。

　　然而记者注意到,员工在制作红烩牛肉皇堡时,番茄只放了一片,就将汉堡交给了顾客,难道是员工操作失误吗?

　　该门店员工:这个标准规定放两片番茄,我记得是两片,但是我们绝对不能放两片。

看来,对于企业的标准,员工记得非常清楚,可实际操作却偏偏不执行!就连芝士片也经常少放。按照该企业的标准,制作三层芝士牛肉堡应放三片肉、三片芝士,然而记者发现工人偷偷少放了一片芝士,就将汉堡交给了顾客。

某汉堡门店员工:两片肉就放一片芝士,三片肉就放两片芝士。

在制作汉堡的过程中,员工为什么要煞费心机地少放一片番茄,或者一片芝士呢?

记者:就放两片(芝士)吗?

某汉堡门店员工:对啊,老板抠门。

不仅如此,当班经理发现面包到期后,会要求员工撕掉旧的标签,换上新的。对此,企业回应称,立即成立调查组对餐厅整顿调查。

分析:产品质量应该是企业的生命线。从记者对这家加盟店调查的情况看,该企业制作食品的时候偷工减料,而且都是员工刻意所为。员工已经进行了公司的相关培训,并且也非常清楚标准操作程序,不存在疏忽大意,只是为了利益(无论是上级授意还是自发行为)而故意违反操作规范。这与该企业官网的宣传完全不符合。这次事件对该企业的影响是深远的。

一、质量的内涵

(一)质量的定义

关于质量的定义,不同的组织和学者有不同的定义。

GB/T 19000—2016《质量管理体系 基础和术语》(ISO 9000：2015,IDT)对质量的定义为:一个关注质量的组织倡导一种文化,其结果导致其行为、态度、活动和过程,它们通过满足顾客和其他有关的相关方的需求和期望创造价值。

组织的产品和服务质量取决于满足顾客的能力以及对有关的相关方预期或非预期的影响。

产品和服务的质量不仅包括其预期的功能和性能,还涉及顾客对其价值和利益的感知。

美国质量管理专家朱兰提出了质量即"适用性"的概念,强调顾客导向的重要性。

全面质量控制创始人、美国通用电气公司质量总经理费根堡姆对质量的定义是:产品和服务的营销、工程、制造和维护的总复合特征,通过这些特征,使用中的产品或服务将满足顾客的期望。

从以上质量内涵的理解可以看出,现代质量管理特别强调从满足客户需求的角度来评价产品或服务的质量,但是客户需求是动态的、广泛的,因而质量概念的内涵还具有广泛性、时效性、相对性和经济性的特征。

(二)质量的特性

(1)性能。它是产品满足使用目的所具备的技术特性,如空调的制冷制热速度等。

（2）寿命。它是产品在规定的工作条件下完成既定功能的总时间，如电脑的使用年限等。

（3）可靠性。它是产品在规定的时间和条件下，完成既定功能的能力，如水力发电机平均无故障工作时间等。

（4）安全性。它是产品保证顾客的身体和精神乃至生命不受到危害，财产不受到损失的能力，如数控机床在故障状态下的自动停车功能等。

（5）经济性。它是产品从设计、制造到使用寿命周期的成本和费用方面的特征。定义中的"要求"是由组织利益相关方，如顾客、股东、雇员、供应商、工会、合作伙伴或社会团体等所提出的明示的、隐含的和必须履行的要求和期望。这里，明示的要求表示规定的要求，如产品购销合同中对于产品性能的规定隐含是指组织利益相关方的惯例，是不言而喻的、必须履行的要求，如银行对顾客存款的保密性，即使人们没有特别提出，也是必须保证的。还可以是由法律、法规等强制规定的，如汽车尾气排放必须达到国家标准。

（三）质量的相关概念

1．产品质量

产品质量是指产品满足明确和隐含需要的能力的特性之总和。产品可以包括服务、硬件、软件、流程性材料或是它们的组合；可以有形也可以无形；可以是预期的，也可以是非预期的。

学者戴维·嘉文发现质量的定义虽然很多，但可以归为以下5种。

（1）难以形容的（transcendent）——质量是一种直接的感知，只可意会，不可言传，如同美丽与爱。

（2）基于产品的（product-based）——质量存在于产品的零部件及特性之中。

（3）基于用户的（user-based）——顾客满意的产品具有好的质量。

（4）基于制造的（manufacturing-based）——符合设计规格的产品具有好的质量。

（5）基于价值的（value-based）——物超所值的产品具有好的质量。

由此他提出了8个质量维度：性能、特征、可靠性、符合性、耐久性、可服务性、美感、感知质量。他认为，可以用这些维度描述产品的质量。

2．服务质量

服务质量是指服务要求得到满足的程度。"服务"是一种无形产品，不仅包括服务性行业提供的服务，还包括工业产品等的售前、售中和售后服务，以及企业内部上道工序对下道工序的服务。在供方提供的、顾客接受的"产品"中，有形产品往往和无形产品相伴相随。有形产品的生产、流通、消费过程中伴随着大量的服务，而服务提供过程又往往以有形产品为载体，离开载体，服务则无法独立存在。

产品质量和服务质量最终由过程来保证。

3．过程质量

过程质量是指过程满足要求的程度。

质量形成有一个过程，而过程又分为若干个阶段。过程质量不仅存在于质量形成的全过程，还存在于过程的每一个阶段。每一个阶段的质量控制是全过程控制的必要前提。从质量形成全过程考虑，过程质量可分为开发设计过程质量、制造过程质量、使用过程质量和服务过程质量。

（1）开发设计过程质量，是指从市场调研、产品构思到完成产品设计的过程质量。开发设计过程是形成产品固有质量的先行性和决定性因素。

（2）制造过程质量，是指产品符合设计质量要求的程度。制造过程是产品固有质量具体形成的阶段。这一阶段的过程质量一方面取决于开发设计过程质量；另一方面又取决于制造过程中一系列工序的质量。

（3）使用过程质量，是指产品在使用过程中，其实用价值得以充分发挥的程度。使用过程质量取决于使用环境与使用条件是否合理、使用规范的符合程度、使用者的操作水平，以及日常维护保养的有效性。

（4）服务过程质量，是指产品进入使用过程后，用户对供方提供的技术服务的满意程度。提高服务过程质量是产品固有质量得到有效发挥的重要环节，也是供方维护信誉、塑造形象、收集信息的重要手段。服务过程质量主要取决于提供技术服务的方式、手段，以及技术服务人员的服务技能和态度等。

4. 工作质量

工作质量是指企业生产经营中各项工作对产品和服务质量的保证程度。工作质量涉及企业的各工作部门、各类人员。工作质量主要取决于人的素质，包括质量意识、责任心和业务水平等。其中，最高管理者的工作质量起主导作用，一般管理层和执行层的工作质量起保证与落实的作用。

工作质量能反映企业的组织、管理和技术等各项工作的水平，体现在生产技术和经营活动中，并通过工作效率和成果，最终体现在产品质量和经济效益上。

产品质量可用产品质量特性值定量地表现出来，而工作质量一般通过产品和服务质量、工作效率、报废率等指标间接地反映出来。对于服务类和管理类工作岗位，其工作质量可以通过综合评分的方式来量化度量。

二、质量意识的内涵

拓展阅读：质量是品牌的"根"

质量管理体系以制度程序形式明确产品研制生产质量保证工作的指导思想和行为依据，通过人机料法环测等要素确保质量管理体系有效运行。在这些要素中，"人"的因素首当其冲，其核心地位显而易见。但在质量管理体系运行中，许多企业更加关注影响企业的核心竞争力的人员能力、设备能力、技术能力、环境建设、检测能力等。仅拥有先进的技术和优良的生产装备，并不能确保生产出优质的产品，不能确保提供满足客户要求的服务。核心竞争力的实现离不开企业人员行为、人员的意识，意识支配人行为的方向。

（一）质量意识的含义

质量意识是品质控制人员对品质的一种感知度。要做好质量：第一是靠对产品的熟悉程度，第二是靠对质量异常的敏感程度，第三是要善于总结。质量意识和质量制度的区别就在于：质量意识，使有机会犯错的人不愿犯错；质量制度，使想犯错的不敢犯错。

质量意识的提升是教育问题、制度问题。朱兰说：品质，始于教育，终于教育。

（二）质量意识的作用

ISO 9001：2015《质量管理体系要求》首次将"意识"作为一项独立标准条款,其意义不言而喻。其目的是确保企业的人员及其控制下的外来人员（如派遣人员等）均具有相应的质量意识,形成共同的质量价值观,制约和规范员工的质量行为。在质量管理体系运行过程中,质量意识起着重要的影响与制约作用。

1. 质量意识是质量管理工作的灯塔

质量管理体系的运行涉及各个过程、几百上千名甚至几万名员工、产品品种成千上万个,如何保证每一个过程质量、产品质量？企业应建立质量方针、质量目标,在企业内形成共同的质量价值观,使质量价值观被广大员工理解、认可,以质量第一的核心意识引导员工自觉规范质量行为,实现各项质量任务。

2. 质量意识是质量管理工作的助力器

产品和服务质量是企业生存和发展的根基。随着科技创新高速发展,如何不断改进工艺流程,突破技术瓶颈,努力掌握关键核心技术,赶超世界先进水平？企业员工若没有质量意识,错误的问题重复发生,缺乏危机意识,缺乏紧迫感,企业的发展将停滞不前。企业员工只有保持市场竞争优胜劣汰的危机与警醒,才能转化为提高产品和服务质量的动力,以精益求精追求卓越的工匠精神助推质量管理水平的提升。

3. 质量意识是质量管理创新的活力源泉

道在日新,艺亦须日新,新者生机也;不新则死。质量管理体系运行离不开创新活动,自上而下强力推进员工寻找改善点和员工自下而上主动改善的成效截然不同。强力推进改善有时无法达到改善的预期目标,且改善活动持久性差。员工还会在各项改善指标未达成、现场检查问题种种等各项考核中如履薄冰,产生改进创新的消极抵触、懈怠心理;为避免质量考核,还会遇到问题就隐瞒掩盖,埋下质量隐形地雷。

企业应该营造浓厚的改善意识,建立敢于暴露问题的改善机制,鼓励员工不断主动寻找问题,发现不足,采取有效措施。建立以正激励为主、负激励为辅的改善考核模式,让每一位员工敢于正面存在的问题,发挥以问题为导向意识作用,积极改进,从"要我做"向"我要做"转变,收获改进的成就感,以内生动力促进技术创新、管理创新、文化创新,让质量问题无所遁形,让质量管理创新充满活力。

总结案例

误差1毫米？推倒重来！

1998 年出生的梁智滨是广州市建筑工程职业学校大专班二年级学生,也是该校的实习指导教师,负责世技赛备赛选手的指导培训工作。2017 年,在阿联酋阿布扎比举行的第 44 届世界技能大赛上,他凭借精湛的技艺,获得中国在该项目上的第一块金牌。

先抹上水泥,用手小心护住砖的边缘,将事先挑选好的砖块精准放置在水泥上方,轻压一下,再用工具轻敲,让砖块和水泥间的空气排出,最后用铲子铲除边缘多余的水泥。

整个过程干净、利落,手起砖落,一气呵成,而这样的手艺,梁智滨从 2015 年开始就不间断地练习。

入学第二年,梁智滨参加了砌筑技能竞赛,获得了优异成绩,并成功入选第 44 届世技赛国家集训队。在两年的备赛训练中,他每天坚持 10 个小时训练。"铲灰、砌砖,挤压这 3 个动作我每天要重复 300 次,两年内我砌了超过 350 面墙,每面墙使用的砖超过 200 块。"

"我做事喜欢做到极致,做不好我会推倒重来。"梁智滨说,要完成一堵长 2 米、高 1.5 米的墙,需要花费八九个小时。很多时候,刚砌完一堵墙,测量分差的时候,只要出现 1 毫米的分差,他都会立即拆了重砌。"看到一天的努力,一瞬间推倒重来,我心里也很难受,但我知道冠军作品就必须零误差。"

凭着精益求精的工匠精神,梁智滨在第 44 届世技赛赛场上,砌出三面零误差、高颜值的墙,以 69.89 分的成绩夺得大赛第一名,为祖国实现了"三个一":该届赛事的第一块金牌、中国在砌筑类项目上的第一块金牌、中国在砌筑类项目上的第一块奖牌。

分析:许多人在做事情时经常会有"差不多"的心态,就是这样的"差不多",导致最终的质量问题。精益求精是工匠精神的核心内涵,在学习和工作中,我们要始终追求"要做就做最好"的理念,坚持"质量第一",在精、细、实上不断创新和进取,力求让手中所出的每一件都是精品乃至极品。

课堂活动

认识质量意识的重要性

一、活动目标
引导学生重视质量意识。

二、活动时间
活动时间大约 15 分钟。

三、活动流程
教师介绍有关质量意识的正反典型案例,引导同学们讨论质量意识的重要性。

1. 学生 4~6 人分成一个小组,通过小组内部讨论形成小组观点。

2. 每个小组选出一名代表陈述本组观点,其他小组可以对其进行提问,小组内其他成员也可以回答提出的问题。

3. 教师进行分析、归纳、总结。

4. 教师根据各组在研讨过程中的表现,给予点评。

课 后 思 考

1. 什么是质量? 它具有哪些特性?
2. 什么是质量意识? 它的作用是什么?

9.2　质量管理的基本理论

导 入 案 例

"磨"出来的功夫

眼前是一批待加工的零件,将用于直升机的主起落架。

站在数控铣床前的秦世俊,熟练地挑选刀具,设置参数,放入坯料,按下启动键。伴随着机器的轰鸣声,一个个零件被"精雕细琢"出来。

39 岁的秦世俊,已是航空工业哈尔滨飞机工业集团高级技师、航空工业首席技能专家。C919 国产大飞机、亚丁湾护航的战鹰,乃至"神舟七号"上,都有他亲手加工过的零件。

"要说加工的零件合格率达到 100%吧,有点不谦虚。但这么多年,经我手没出过报废品。"面对记者,秦世俊憨憨地说。

"作为 80 后的产业工人,秦世俊不仅懂技术,还善创新。"与他共事 13 年的段秀军说。

在加工某机型主起落架外筒上的腹板时,数控车间碰到一个大难题。零件数模过于复杂,无法完全用编程加工,手动操作,反复铣削、测量,一件至少半个小时,费工夫不说,质量还极不稳定。

"零件成本近万元,到这基本是最后一道工序了,一旦出问题,前功尽弃啊!"秦世俊开始琢磨破解方法。

正苦于不见起色的时候,他偶然在网上看到一篇关于"逆向思维"的文章,一下来了灵感。

"能否通过反向采点确定零件的加工余量,将采集的点位汇集编程,直接一刀成型?"一个大胆的想法在他脑海中酝酿。

一周后,"逆向思维反向采点加工腹板法"终获成功。生产效率提高 8 倍多,零件一次交检合格率达 100%!

打那以后,秦世俊在创新的路上疾驰。他累计自制工装、夹具 400 多套,实现技术创新、小改小革 715 项。

分析：秦世俊"精雕细琢"，加工零件一次交检合格率 100%，都与他肯琢磨、爱钻研的精神分不开，可见他早已把精益求精的质量意识融进了日常工作中。

一、质量管理

（一）质量管理的概念

质量管理就是关于质量的管理。质量管理可包括制定质量方针和质量目标，以及通过质量策划、质量保证、质量控制和质量改进实现这些质量目标的过程。

（1）质量方针是指由组织的最高管理者正式发布的该组织总的质量宗旨和质量方向，是企业管理者对质量的指导思想和承诺。

（2）质量策划是质量管理的一部分，致力于制定质量目标并规定必要的运行过程和资源以实现质量目标。

（3）质量控制是质量管理的一部分，致力于满足质量要求的过程。

（4）质量保证是质量管理的一部分，致力于提供质量要求会得到满足的信任。

（5）质量改进是质量管理的一部分，致力于增强组织满足质量要求的能力。

（二）质量管理发展阶段

1. 质量检验阶段

20 世纪以前，产品质量主要依靠操作者本人的技艺水平和经验来保证，属于"操作者的质量管理"。后来质量检验交由专门的质量部门，这时叫"检验员的质量管理"，这些都属于产品的事后检验的质量管理方式。

2. 统计质量控制阶段

1924 年，美国数理统计学家休哈特提出控制和预防缺陷的概念。他运用数理统计的原理提出在生产过程中控制产品质量的统计方法，绘制出第一张控制图并建立了一套统计卡片。与此同时，美国贝尔研究所提出关于抽样检验的概念及其实施方案，成为运用数理统计理论解决质量问题的先驱，但当时并未被普遍接受。以数理统计理论为基础的统计质量控制的推广应用始自第二次世界大战。由于事后检验无法控制武器弹药的质量，美国国防部决定把数理统计法用于质量管理，并由标准协会制定有关数理统计方法应用于质量管理方面的规划，成立了专门委员会，并于 1941 至 1942 年先后公布一批美国战时的质量管理标准。

3. 全面质量管理阶段

20 世纪 50 年代以来，随着生产力的迅速发展和科学技术的日新月异，人们对产品的质量从注重产品的一般性能发展为注重产品的耐用性、可靠性、安全性、维修性和经济性等。在生产技术和企业管理中要求运用系统的观点来研究质量问题。在管理理论上也有新的发展，突出重视人的因素，强调依靠企业全体人员的努力来保证质量此外，还有"保护消费者利益"运动的兴起，企业之间市场竞争越来越激烈。在这种情况下，图灵奖获得者、人工智能专家费根鲍姆于 20 世纪 60 年代初提出全面质量管理的概念。

他提出,全面质量管理是"为了能够在最经济的水平上、并考虑到充分满足顾客要求的条件下进行生产和提供服务,并把企业各部门在研制质量、维持质量和提高质量方面的活动构成为一体的一种有效体系"。

我国企业实施全面质量管理基本上可以分为以下三个阶段:

(1) 1979—1989 年为全面质量管理的引进和推广阶段。该阶段的主要特点是政府主导自上而下有计划、有重点地在企业引进和推广。1979 年,我国发布《优质产品奖励条例》,这是一项开展提高产品质量持久活动的重要举措。

(2) 1989—1999 年为全面质量管理的普及和深化阶段。1992 年开展了"中国质量万里行"活动,1993 年全国人大通过的《中华人民共和国产品质量法》标志着我国质量工作进一步走上了法治化的道路,1996 年国务院发布了《质量振兴纲要》,1999 年召开了全国质量会议,会后发布了《国务院关于进一步加强产品质量工作若干问题的决定》。

(3) 1999 年至今为全面质量管理发展和创新阶段。这一时期,我国许多先进企业确立了质量在企业中的战略地位,通过质量管理使得部分产品质量赶上或超过了发达国家产品的水准,树立了我国的民族品牌。2000 年 12 月,原国家技术监督局颁布了等同采用 2000 版 ISO 9000 族标准的 GB/T 19000 族标准。2001 年,国务院决定,将原国家质量技术监督局和原国家出入境检验检疫局合并,组建了国家质量监督检验检疫总局(后整合组建为国家市场监督管理总局),同时成立中国国家认证认可监督管理委员会和国家标准化管理委员会。2004 年 9 月,检总局发布了国家标 GB/T 19580—2004《卓越绩效评价准则》和 GB/T 19579—2004《卓越绩效评价准则实施指南》(已废止)。这些工作都极大地推动了我国质量管理工作的开展,提高了我国产品的质量水平。

(三) 质量管理的特性

质量管理的发展与工业生产技术和管理科学的发展密切相关。现代关于质量的概念包括对社会性、经济性和系统性三方面的认识。

1. 质量的社会性

质量的好坏不仅是从直接的用户,而是从整个社会的角度来评价,尤其关系到生产安全、环境污染、生态平衡等问题时更是如此。

拓展阅读:
土坑里的
老坛酸菜

2. 质量的经济性

质量不仅从某些技术指标来考虑,还从制造成本、价格、使用价值和消耗等几方面来综合评价。在确定质量水平或目标时,不能脱离社会的条件和需要,不能单纯追求技术上的先进性,还应考虑使用上的经济合理性,使质量和价格达到合理的平衡。

3. 质量的系统性

质量是一个受到设计、制造、使用等因素影响的复杂系统。例如,汽车是一个复杂的机械系统,同时又是涉及道路、司机、乘客、货物、交通制度等特点的使用系统。产品的质量应该达到多维评价的目标。费根堡姆认为,质量系统是指具有确定质量标准的产品和为交付使用所必需的管理上和技术上的步骤的网络。

质量管理发展到全面质量管理,是质量管理工作的又一个大的进步,统计质量管理着重于应用统计方法控制生产过程质量,发挥预防性管理作用,从而保证产品质量。然而,产品质量的形成过程不仅与生产过程有关,还与其他许多过程、许多环节和因素相关联,这不是单纯依靠统计质量管理所能解决的。全面质量管理相对更加适应现代化大生产对质量管理整体性、综合性的客观要求,从过去限于局部性的管理进一步走向全面性、系统性的管理。

二、质量管理体系架构

(一)质量管理体系的概念

质量管理体系是通过周期性改进,随着时间的推移而逐步发展的动态系统。

(1)质量管理体系是管理体系中关于质量的部分,是组织建立质量方针和质量目标以及实现这些质量目标的过程的相互关联或相互作用的一组要素。

(2)质量管理体系包括组织确定其目标以及为获得期望的结果确定其过程和所需的资源的活动。

(3)质量管理体系要素规定了质量管理的质量保证的组织结构、岗位和职责、策划、运行、方针、惯例、规则、理念、目标,以及实现这些目标的过程。

(4)客观上每个组织都存在着一个质量管理体系,但其所具有的能力以及所产生的功效可能存在较大差异,这可能取决于组织的质量管理体系构成的科学性、合理性与有序性。

(二)管理体系标准

质量管理体系是组织内部建立的、为实现质量目标所必需的、系统的质量管理模式,是组织的一项战略决策。它将资源与过程结合,以过程管理方法进行的系统管理,根据企业的特点选用若干体系要素加以组合,一般包括与管理活动、资源提供、产品实现以及测量、分析与改进活动相关的过程组成,可以理解为涵盖了从确定顾客需求、设计研制、生产、检验、销售、交付之前全过程的策划、实施、监控、纠正与改进活动的要求,一般以文件化的方式,成为组织内部质量管理工作的要求。

针对质量管理体系的要求,国际标准化组织的质量管理和质量保证技术委员会制定了 ISO 9000 族系列标准,以适用于不同类型、产品、规模与性质的组织,该类标准由若干相互关联或补充的单个标准组成,其中为大家所熟知的是 ISO 9001《质量管理体系要求》,它提出的要求是对产品要求的补充,经过数次的改版。在此标准基础上,不同的行业又制定了相应的技术规范。

国际标准化组织质量管理和质量保证技术委员会(ISO/TC)于 2015 年 9 月 15 日正式发布了 ISO 9000:2015 和 ISO 9001:2015 标准。我国于 2016 年 12 月 30 日正式批准等同采用 ISO 9000 和 ISO 9001 标准,并发布了 GB/T 19000—2016 和 GB/T 19001—2016 国家标准。

三、ISO 9000 体系的原则和作用

(一)七大原则

七项质量管理原则是最高领导者用于领导组织进行业绩改进的指导原则,是构成 ISO 9000 系列标准的基础,包括以下内容:① 以顾客为关注焦点;② 领导作用;③ 全员积极参与;④ 过程方法;⑤ 改进;⑥ 循证决策;⑦ 关系管理。

(二)作用

(1)质量管理体系包含组织的一系列活动,用来识别其质量目标,确定过程及获取

资源,以实现预期的结果。质量管理体系的存在是客观的。但若使其质量管理体系产生巨大的功效和输出满意的结果,则要求组织最高管理者必须对其质量管理体系进行耕耘和经营,使其通过目标、过程和活动的运作,实现组织的质量方针和所期望的预期结果。

(2)质量管理体系管理相互作用的过程和所需的资源,以向有关相关方提供价值并实现其结果。最高管理者应利用组织有限的资源,通过对其过程进行有效的管理来实现过程的增值,并为相关方和顾客创造价值。只有努力为顾客创造价值,才能实现组织的增值和为组织创造优良的经营结果。

(3)质量管理体系能够使最高管理者通过考虑其决策的长期和短期影响而优化资源的利用。组织的资源是有限的。在一定时期内,作为组织的最高管理者应将有限的资源用于那些与组织的战略方向和实现其目标相关联的过程和活动方面。组织可利用"目标—资源"分析,了解实现其质量目标过程中潜在的资源限制和可挖掘或可利用的外部资源,综合平衡实现组织的长短期目标所需的资源需求,优化和确定资源结构。

(4)质量管理体系给出了组织在提供产品和服务方面,针对预期和非预期的结果确定所采取措施的方法。任一组织,在其质量管理体系运行过程中,均可能因为风险的辨识不充分,或一些潜在的风险没有及时得到辨识和有效控制,导致各种非预期的输出。组织如果能够做到及时和有序地对过程的非预期输出实施必要和适宜的控制措施,则可减少或避免其非预期的影响。

案例阅读 9-1

徐工高质量发展见证中国制造的"蝶变"

作为中国装备制造业代表企业,徐工集团工程机械股份有限公司(以下简称"徐工")从组建之初就将质量视为延续企业生命的关键所在,然而徐工高质量发展的确立并非一路坦途。20 世纪 90 年代中期,徐工成功拿下了一个美国客户采购两台 16 吨轮式起重机的订单。这是徐工产品第一次进入发达国家高端市场。经过 50 多天的海上颠簸,产品到达大洋彼岸时,大家惊呆了——由于海水、海风的侵蚀,汽车起重机的油漆严重剥落,甚至出现了漏油现象,美方人员坚称"这是二手货",坚决要求退车。新车变成二手货的现实刺痛着徐工人的心,随即徐工上下展开了一场以产品质量为中心的大反思!

1993 年,形成"徐工徐工,助您成功"品牌口号,把企业与客户的共同成功作为质量管理的核心思想;1994 年,贯彻实施 ISO 9001 质量管理标准,并于 1995 年在行业率先通过 ISO 9001 质量管理体系认证;2001 年,行业率先推行卓越绩效模式,奠定了经营质量管理的基础……

徐工作为中国制造的领军者,更是"颠覆者"。长期以来,徐工将创新作为发展的核心动力,既推动企业创新,更带动行业革新。近几年来,徐工以每年至少推出一项突破性技术的速度,为中国制造品质革命提供了生动诠释。

截至 2021 年 6 月底,徐工拥有国内有效授权专利 8 147 件(其中发明专利1 832 件),拥有国际专利 105 件。制定并发布国际标准 5 项。累计获得国家科学技术进步奖 5 项,中国专利金奖 2 项,将标准掌握在自己手中,真正拥有技术话语权,徐工真正登上国际标准制定的舞台。

分析:质量是创新和管理能力的体现,优秀的中国品牌,离不开过硬的中国品质,没有品质基础,品牌建设就是无源之水、无本之木,而徐工质量发展历程,正是企业刀刃向内、强制转型、建设世界一流品牌的例证。

四、ISO 9000 体系的特性与特点

(一) 体系特性

(1) 符合性。欲有效开展质量管理,必须设计、建立、实施和保持质量管理体系。组织的最高管理者对依据 ISO 9001 国际标准设计、建立、实施和保持质量管理体系的决策负责,对建立合理的组织结构和提供适宜的资源负责;管理者代表和质量职能部门对形成文件的程序的制订和实施、过程的建立和运行负直接责任。

(2) 唯一性。质量管理体系的设计和建立,应结合组织的质量目标、产品类别、过程特点和实践经验。因此,不同组织的质量管理体系有不同的特点。

(3) 系统性。质量管理体系是相互关联和作用的组合体,具体包括以下内容:

① 组织结构——合理的组织机构和明确的职责、权限及其协调的关系。

② 程序——规定到位的形成文件的程序和作业指导书,是过程运行和进行活动的依据。

③ 过程——质量管理体系的有效实施,是通过其实施过程的有效运行来实现的。

④ 资源——必需、充分且适宜的资源包括人员、资金、设施、设备、材料、能源、技术和方法。

(4) 全面有效性。质量管理体系的运行应是全面有效的,既能满足组织内部质量管理的要求,又能满足组织与顾客的合同要求,还能满足第二方认定、第三方认证和注册的要求。

(5) 预防性。质量管理体系应能采用适当的预防措施,有一定的防止重要质量问题发生的能力。

(6) 动态性。最高管理者定期批准进行内部质量管理体系审核,定期进行管理评审,以改进质量管理体系;还要支持质量职能部门(含车间)采用纠正措施和预防措施改进过程,从而完善体系。

(7) 持续受控。质量管理体系所需求过程及其活动应持续受控。质量管理体系应最佳化,组织应综合考虑利益、成本和风险,通过质量管理体系持续有效运行使其最佳化。

(二) 体系特点

(1) 它代表现代企业或政府机构思考如何真正发挥质量的作用和如何最优地做出质量决策的一种观点。

(2) 它是深入细致的质量文件的基础。

(3) 质量体系是使企业内更为广泛的质量活动能够得以切实管理的基础。

(4) 质量体系是有计划、分步骤地把整个企业主要质量活动按重要性顺序进行改善的基础。

任何组织都需要管理。当管理与质量有关时，则为质量管理。实现质量管理的方针目标,有效地开展各项管理活动,必须建立相应的管理体系,这个体系就称为质量管理体系。它可以有效进行质量改进。ISO 9000 是国际上通用的质量管理体系。

📋 总结案例

数字化工厂质量控制闭环项目

2021 年,上汽乘用车以"数字化工厂质量控制闭环项目"获选十佳案例,更成为行业唯一入选该榜单的汽车企业。

在智能制造方面,上汽乘用车将信息技术与智能装备融合,通过"制造＋物联网"的创新模式打造了数字化智能工厂,并建设了包括 QMS 质量信息管理平台及 QAW 质量分析预警平台在内的生产质量管理系统、QLink 供应链质量协同平台以及 QTMS 售后质量数据分析系统等市场快速响应及改进系统,从正向控制、逆向改进到自分析、自优化,形成了全面协同、齐头并进的数字化工厂新模式,全面提升了企业的生产制造能力。

生产方面,上汽乘用车智能工厂引进 QMS 质量信息管理平台＋QAW 质量分析预警平台的数字化质量孪生系统。首先,实现全工艺流程的质量参数采集,质量缺陷数字化录入,同时配合在线车辆精确定位系统,实现质量数据的精确追溯。其次,建立统一的问题管理平台,通过对质量数据的分析,实现过程/产品质量的实时监控,并全程记录问题的处理过程,形成完整的质量问题管理知识库,提高跨部门协作效率。全面实现"大脑＋神经网络＋躯干四肢"的质量控制闭环,达成制造质量 1＋1＞2 的叠加效应,助力打造中国标杆智能工厂。同时,上汽乘用车还重点建设了 QLink 供应链质量协同平台,打通了从项目立项到审核管理和问题管理的全链路,形成产业协同,提升供应链质量管理。此外,上汽乘用车还针对售后数据分析的数字化转型项目 QTMS 系统进行升级,建立全生命周期售后质量数据分析系统,以数据驱动,推动公司市场口碑不断向好。

分析:上汽乘用车围绕"中国制造 2025"战略目标,坚持走以数字化为核心的智能工厂建设道路,积极探索制造过程与人工智能技术的融合,通过不断完善的生产制造体系持续为用户打造高品质车型。通过数字化改革,建立了质量管理的新模式,并以完善的生产、供应链和售后管理,连续多年蝉联单一品牌出口冠军。

🔍 课 堂 活 动

认识和了解 ISO 9000 体系

一、活动目标

通过对 ISO 9000 体系的学习和讨论,引导学生熟悉质量管理常识。

二、活动形式

座谈会。

三、活动道具

ISO 9000 通用质量管理体系文本。

四、活动过程

1. 学生在老师指导下学习 ISO 9000 通用质量管理体系。

2. 以自己所学专业实践课为例,引导学生讨论并制订一个包括质量方针、目标以及质量策划、质量控制、质量保证和质量改进等内容的方案。

课后思考

1. 什么是质量管理? 它具有哪些特性?

2. 什么是七项质量管理原则? 它的重要作用是什么?

9.3 质量管理工具

导入案例

中国质量奖

中国质量奖是中国质量领域的最高荣誉,于 2012 年经中央批准设立,每两年评选一次。建立国家质量奖励制度也是国际通行做法。目前,世界上已有超过 96 个国家和地区设立了 104 个质量奖项。中国质量奖旨在推广科学的质量管理制度、模式和方法,促进质量管理创新,传播先进质量理念,激励引导全社会不断提升质量,建设质量强国。

在市场竞争日趋激烈的时代,企业生存与发展的关键不仅在于技术实力,更在于以技术为支撑、管理为保障、人才为依托、文化为引领的质量竞争力、发展力与持续力。回顾过去,精益生产模式引领了日本的质量崛起,六西格玛管理助推了美国的质量复兴。以中国质量奖获奖组织为代表的一大批中国优秀企业,正在研发、设计、生产、服务的每一个环节强化质量创新,在推动企业做大做强的同时,不断为广大顾客和整个社会创造出优质的产品和服务,并引领了中国乃至全球质量变革的方向与潮流。

面向"十四五",面向未来,以习近平同志为核心的党中央作出了建设质量强国的重大战略决策。在加快推进质量强国建设的进程中,要更加有效发挥中国质量奖的激励性、导向性、辐射性作用,激励引领广大企业树立质量第一的强烈意识,不断加强全面质量管理,持续推动质量变革创新,深入开展质量提升行动,以产品与服务质量的显著跃升推动"中国制造""中国服务"和"中国品牌"大踏步迈入全球产业链、供应链和价值链的中高端,不断增强我国企业、产业及经济的质量竞争优势。

分析:中国质量奖在推动和加强全域全面质量管理上起到了积极的作用。一方面,该奖项将现代质量管理理念推广到国民经济更广泛的领域,引导广大企业和组织重视质量管理、总结管理经验、提升管理水平;另一方面,通过总结、提炼和推广获奖组织的质量管理经验,带动越来越多的企业和组织应用先进质量管理模式和方法,加强全员、全要素、全过程的全面质量管理,提升整体质量水平。因此,通过中国质量奖的示范引领,实现了督促企业严格落实质量主体责任,加强全面质量管理,争创一流质量的目的。

一、PDCA 循环方法

(一)概述

PDCA 循环又称为质量环,是管理学中的一个通用模型。它最早由休哈特于 1930 年提出构想,后来被美国质量管理专家戴明博士在 1950 年再度挖掘,并广泛运用于持续改善产品和服务质量的过程,它反映了质量管理活动的规律(图 9-1)。PDCA 循环四个阶段的主要内容是:

1. P 阶段(plan)

P 阶段即计划阶段。在该阶段中应根据顾客需要、社会要求,并通过营销和市场研究,确定质量改进的目标、具体措施和方法。本阶段可细分为以下四个步骤:

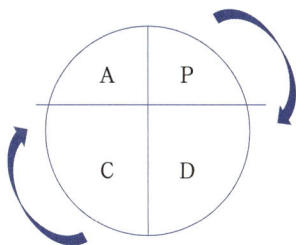

图 9-1 PDCA 循环的基本模型

(1)分析现状,找出存在的问题,用顾客、社会及组织自己的要求和期望,衡量组织现在所提供的产品和服务的质量,找出差距或问题所在。

(2)分析质量问题,找出原因或影响因素。根据质量问题及其某些迹象,进行细致的分析,找出致使产生质量问题的各种因素。

(3)分析各种影响因素,找出主要因素,影响质量的因素往往很多,但起主要作用的则是些少数关键因素,找到了这样的关键因素并加以消除,可能会产生显著的效果。

(4)分析主要因素,制订措施和计划。措施和计划是针对主要的影响因素而制订的,其计划要说明目的或预期达到的目标,规定实施的部门、时间、资源、方法等。

2. D 阶段(do)

D 阶段即实施阶段。在该阶段中按既定的计划执行,并采取必要的措施,包括实施计划以前做好各种资源的准备,对有关人员实施教育和培训等,严格地按照计划开展工作,实现计划的要求。

3. C 阶段(check)

C 阶段即检查阶段。该阶段要根据计划的要求,检查实际执行的结果。即将实际执行的结果与计划目标进行比较,观察是否达到了计划的要求,或检查计划是否得以实现。

4. A 阶段(action)

A 阶段即处理阶段。该阶段要对检查的结果进行分析、评价和总结。具体分以下两个步骤进行。

根据检查的结果,总结成功的经验和失败的教训,并采取措施将其规范化后纳入有关的标准和制度,巩固已取得的成绩,同时吸取失败的教训,防止不良结果的再发生。提出该循环尚未解决的问题,并将其转到下一次循环中去,求得进一步的解决。

综上所述,PDCA 循环是与持续性质量改进的性质相一致的管理工作方法,是质量管理和质量改进的有效工作方法。

(二) PDCA 循环的特点

(1)大环套小环,小环保大环,互相促进,推动大循环。

(2)PDCA 循环是爬楼梯上升式的循环,每转动一周,质量就提高一步。

(3)PDCA 循环是综合性循环,四个阶段是相对的,它们之间不是截然分开的。

(4)推动 PDCA 循环的关键是"处理"阶段。

案例阅读 9 - 2

质量就是生命线

东风汽车在建设卓越企业的过程中,始终把质量作为赖以生存的基础。在公司的研发、制造和服务一线,广大干部职工全面树立质量意识,坚持质量理念,致力于为用户提供优质产品和服务。

东风模具冲压技术有限公司冲焊工厂质量部体系管理员康晓静认为,质量意识是第一位的,其次是过程方法到位。在任何岗位上,都要坚持 PDCA 循环,要时常回顾反省,不断改善。关键就是要主动改善,用心发现问题,想办法改善,产品质量、个人的工作质量和服务质量就会不断提升。这也是"精益管理"的精髓所在。

东风底盘系统公司传动轴工厂质量部副部长李韦华谈到 2019 年工厂明确了四大攻坚战,其中就包括了"质量攻坚战",目标就是推进"顾客导向过程"管控,提高质量体系运行的有效性;严格执行新品质量先期策划 APQP 流程;开展专项质量课题攻关,降低市场赔偿,落实质量责任。如何保证这些措施实施到位? 那就必须落实两个"全员"。一是"全员保证质量"。产品质量是由企划、研发、开发、采购、生产准备、市场服务等全价值链保证的,任何一个环节都不出现偏差。二是"全员改进质量"。持续改进是质量不断提升的必由之路,全员践行"改善三境界"(结果的改善=解决问题,过程的改善=防止问题,机制的改善=防患于未然)。

东风汽车集团有限公司是中央直管的特大型汽车企业,2021 年通过内部挖潜、降本增效等措施取得了难得的业绩增长,年销售汽车 327.5 万辆,位居《财富》世界 500 强第 85 位,中国制造业 500 强第 9 位。

分析：质量是一个企业的基础支撑，抓好质量要从企业的每个岗位、工序做起，从每个工作流程、检测数据做起，建立全过程、全方位的质量保证体系，按照PDCA循环方法，不断提高产品质量和工作质量，推动企业高质量发展。

(三) PDCA 循环方法解决问题的主要步骤

1. 步骤 1

分析现状，基于内、外部环境分析，找出存在的问题，包括风险和机遇。

(1) 确认问题，包括具体的风险。

(2) 收集和组织数据。

(3) 设定体系及过程目标，规定具体目标的测量方法。

2. 步骤 2

分析可能影响体系、目标、过程、产品和服务的各种原因或因素。寻找可能的影响因素并验证。

3. 步骤 3

找出影响体系、目标、过程、产品和服务的主要因素。比较并选择主要的、直接的影响因素。

4. 步骤 4

针对影响体系、目标、过程、产品和服务的主要因素，制定措施，提出行动计划，以实现与顾客要求和组织方针相一致的结果。

(1) 寻找可能影响体系、目标、过程、产品和服务质量的解决方法。

(2) 测试并选择。

(3) 提出行动计划和相应的资源。

5. 步骤 5

实施行动计划：

(1) 实施所做的策划，按照既定的计划执行措施(协调和跟进)。

(2) 收集数据。

6. 步骤 6

评估结果(分析数据)：

(1) 结果同目标相符吗？

(2) 每项措施的有效性如何？

(3) 哪里还存在着差距？

(4) 我们学到了什么？

(5) 确认措施的标准化。

(6) 确认新的操作标准。

7. 步骤 7

标准化和进一步推广：

(1) 采取措施以保证长期的有效性。

(2) 将新规则文件化：设定成文信息和衡量方法。

（3）分享成果。

（4）重复解决方法（交流好的经验）。

8. 步骤 8

提出这一循环尚未解决的问题，把它们转到下一个 PDCA 循环。总结这一 PDCA 循环中尚未解决的问题，必要时，采取措施提高绩效，并进一步识别和应对新的风险和机遇，把它们转到下一个 PDCA 循环。

二、精益生产工具

精益生产（lean production）又称精良生产，其中"精"表示精良、精确，精美，"益"表示利益、效益等。精益生产就是及时制造，消灭故障，消除一切浪费，向零缺陷、零库存进军。它是美国麻省理工学院在一项名为"国际汽车计划"的研究项目中提出来的。他们在做了大量的调查和对比后，认为日本丰田汽车公司的生产方式是最适用于现代制造企业的一种生产组织管理方式，称之为精益生产，以针对美国大量生产方式过于臃肿的弊病。精益生产综合了大量生产与单件生产方式的优点，力求在大量生产中实现多品种和高质量产品的低成本生产。

📖 案例阅读 9-3

首批佛山标准产品出炉

佛山立足产业发展实际，发挥标准的标尺和标杆作用，创新推出佛山标准，打造中国制造品质标杆，努力走出一条"标准、质量、品牌、信誉"一体化发展的新路子。2021 年 5 月 12 日，市政府召开佛山标准工作推进会暨首批佛山标准产品发布会，正式发布第一批佛山标准产品，来自美的制冷、宏陶陶瓷、恒洁卫浴等 37 家企业的 56 个产品榜上有名，涵盖家电、陶瓷、卫浴领域的佛山优势产品。

"佛山标准提出优标优质优价，引导企业全面发展，除了考验产品的标准指标，也会关注产品质量的稳定性和企业的生产体系。"佛山市质量和标准化研究院副院长尹纯介绍，为此，佛山标准产品评价体系共设置了六大指标，包括标准引领、质量水平、创新能力、品牌建设、效益水平、社会责任。

标准引领指标方面，重点考核标准执行情况，要求将标准指标落实到企业品质控制部门、关键生产岗位等工作规范中，标准在产品生产流程中得到有效实施，企业按照标准规定组织生产、出厂检验合格。同时，对企业的标准化工作提出要求，引导企业建立适宜的标准体系并有效运行。

质量水平指标方面，对企业质量管理体系、质量保证能力、质量荣誉进行考核，明确企业要把高质量发展作为组织发展的核心要求，积极导入卓越绩效、5S 管理、精益生产、QC 小组等先进模式，并取得良好成效。

分析：中国是制造业大国，要解决制造业大而不强的问题，满足人民日益增长的美好生活需求，就越要坚定走高质量发展道路。作为全国唯一的国家制造业转型升级综合改革试点城市，佛山通过标准引领，为中国制造探索出一条高质量发展的新路。

（一）5S 和 7S 管理

5S 是指整理、整顿、清扫、清洁、素养五个环节,因其日语的罗马拼音均为"S"开头,所以简称为 5S。开展以整理、整顿、清扫、清洁和素养为内容的活动,即 5S 活动。

根据企业发展的需要,在"5S"的基础上增加了节约(Saving)和安全(Safety)这两个要素,从而形成了"7S"。但是万变不离其宗,7S 的本质就是从"5S"衍生出来的一种强化版的企业管理模式。

（二）可视化管理

（1）要素：10S(在 7S 基础上增加了习惯化、服务及坚持三个环节);信息展示：质量、士气(出勤率、员工合理化建议条数)、改善、交货,安全;目视控制(视觉 63%,听觉 30%,嗅觉 5%,触觉 1.5%,味觉 0.5%)。

（2）可视化管理量级：B+,如果异常,快速处置方式一目了然(处理方法、责任人、联系方式等);C+,正常和异常一目了然(正常情况的标准);周期性实时信息。

（三）问题解决

（1）三现主义：现场、现物、现实(数据)。

（2）问题解决的工具：PDCA 循环。

（3）三不原则：不接受不合格品;不制造不合格品;不流出不合格品。

（4）8D 解决问题的步骤：

D1：认识问题(检查表)和建立团队;

D2：有无相类似风险的产品和工艺过程;

D3：临时对策(24 小时内)遏制症状和趋势图;

D4：根本原因分析(鱼骨图和帕累托图)——为什么流出;

D5：根本原因分析(鱼骨图和帕累托图)——为什么制造;

D6：永久对策(10 个工作日)——选择纠正措施;

D7：验证永久对策;

D8：关闭(40—60 天)——经验教训和再发防止。

（四）全员生产维护(TPM)

1. 指标

综合设备效率(OEE)＝设备利用率×人工效率×产品合格率

设备利用率＝实际开机时间÷应开机时间

人工效率＝标准节拍÷实际节拍

产品合格率＝合格品÷总产量

2. 自主维护

为了达到 OEE 性能最佳 85%,自主维护的七个层次：

（1）初始清扫——操作者意识到清扫即点检(点检分三级：一级为操作工每天的维护,二级为操作工每天的保养,三级为设备维修工定期的点检)。

（2）脏乱的因果对策分析(鱼骨图/石川图)。

（3）制定清扫和润滑的标准。

（4）整体点检。

（5）自主点检——一线员工自己点检。

（6）标准化（纪律）。

（7）彻底实现 TPM。

（五）标准化作业

（1）标准化作业的三要素：节拍时间、作业顺序、标准化制品。

（2）选择：安全和人机工程关系、质量、效率；书面文件（40%的文字，60%的图片）；培训；审核——完善标准及重新培训。

（六）第七个工具——防错

（1）如何达到防错？不接受，不制造，不流出。

（2）自动化三原则：一有异常立即停止；快速响应，解决问题（8D）；人机工作分离（提高安全、质量、效率；人不做机器的看守奴）。

（七）看板

看板起源于"仓储式超市"。意思是：最优库存控制。

（1）生产计划的原理：出货计划引起库存变化；库存的轻重缓急决定了生产计划。

（2）两个概念：使用点（POINT OF USE，客户或下工序处），双箱制（BIN SYSTEM，供应商或上工序处）。

（3）看板＝信号。

（4）看板的类型：取货看板（WK，出库），生产指令看板（PIK，入库）。

（5）看板实现两个"实时控制"：账实一致，生产计划。

（6）看板是由订单引起，将订单分类：HR，重复周期性订单（按看板生产，可以做库存）；LR，重复非周期性订单（按订单生产，不做库存）；陌生订单。

（八）快速切换

（1）换线改善流程步骤：区分外部和内部换线；内部换线外部化；缩短内部换线的时间；改善外部换线，缩短换线总时间；（改善后）内部、外部换线作业标准化，确保在规定时间内完成内部换线。引入"10S"管理。

（2）指标：

内部切换时间降低率＝（T 内改善前－T 内改善后）÷T 内改善后

切换效率＝新产品节拍÷内部切换时间

（九）制约管理（TOC）

（1）制约管理理念——缓冲库存应该存在于何处，以及缓冲库存存在的好处。

（2）管理瓶颈（解决）。

（3）开源节流中"开源"更为重要。

（4）缓冲库存的设定应存在于瓶颈设备工序与上一工序之间。

（5）没有逐级汇报，就没有快速反应。

三、质量改进的支持工具

实施有效的质量改进，从项目确定到诊断、评价直至结果评审的全过程中，正确地运用有关的支持工具和技术能提高质量改进的成效。在质量改进中，应根据不同的数据资料类型，运用数字数据的工具和非数字资料的工具分析处理数据资料，为质量改进决策提供依据。

（1）调查表：系统地收集数据资料。

（2）分层法：将有关某一特定论题的大量观点、意见或进行组织归类。

（3）水准对比：将一个过程与公认的领先过程进行比较，以识别质量改进的机会。

（4）头脑风暴法：识别可能解决问题的办法和潜在的质量改进的机会。

（5）因果图：分析和表达因果图解关系，通过从症状—分析原因—寻找答案的过程，促进问题的解决。

（6）流程图：描述现存的过程，设计新的过程。

（7）树图：表示某个论题与其组成要素之间的关系。

（8）控制图

诊断：评估过程的稳定性。

控制：决定何时某一过程需要调整，何时该过程需要继续保持下去。

确认：确认某一过程的改进。

（9）直方图：显示数据波动的形态，直观地传达过程行为的信息，决定在何处集中力量进行改进。

（10）排列图：按重要性顺序表示每一项目对整体作用的贡献，排列改进的机会。

（11）散布图：发现和确认两组相关数据之间的关系，确认两组相关数据之间预期的关系。

📋 总结案例

数字化精益生产管控

上海汽轮机厂建立于 1953 年，是中国第一家汽轮机制造厂，也是中国首家通过 ISO 9001 质量体系认证的机械行业企业，并通过了 ISO 14001 环境管理体系及 OHSMS 职业健康安全管理体系的认证。几十年来，上海汽轮机厂制造了中国第一台 6 千千瓦汽轮机、第一台引进型 30 万千瓦汽轮机、第一台 31 万千瓦核电汽轮机和第一台超超临界 100 万千瓦汽轮机，创造了中国汽轮机制造史上的多项"第一"。

上海汽轮机厂从 2019 年起着手贯标两化融合体系，建立综合性的信息化管理应用平台，对汽轮机精益生产进行管控，助推企业成为全球一流的装备制造工业数字化平台企业。2020 年通过贯标两化融合管理体系推动企业质量管理数字化转型、管理变革、流程优化、技术创新，解决数据开发利用方面的主要问题。在现阶段质量管理数字化转型中，上海汽轮机厂通过精益生产新型能力的打造，以面向车间执行层的现场管理系统为支撑，运用高效的精细化管理方法，通过控制生产节拍，并打通技术端数据的传递，提高现场质量问题的解决效率，借助与 SAP 系统的数据交互，为企业打造一个扎实、可靠、全面、可行的制造协同管理平台，大幅提高了企业生产效率和质量，质量损失率、计划完成率、设备利用率均达到设定的目标要求且高于往期水平，制造单位时间附加值每年提升 5%，2016—2020 年产品成本累计下降 20%，产品极限交付能力稳步提升。

分析：上海汽轮机厂的成功，得益于认真贯彻质量管理体系标准，促进了企业规范化的管理。尤其是采取数字化精益生产管控措施，对工厂制造数据管理、计划排产管理、生产调度管理、质量管理、项目看板管理、生产过程控制、底层数据集成分析管理等过程精益管控，形成快速有效响应，使企业从接到订单开始到完成交付形成一个完整的闭环管控，大幅度提高了企业生产效率和质量。

课堂活动

认知 7S 管理

一、活动目标

引导学生了解精益生产工具的重要意义。

二、活动时间

活动时间约 15 分钟。

三、活动流程

教师讲解 7S 管理的要义，以佛山标准产品为例引导学生讨论实施 7S 管理有何意义。

1. 学生 4～6 人分成一个小组，通过小组内部讨论形成小组观点。

2. 每个小组选出一名代表陈述本组观点，其他小组可以对其进行提问，小组内其他成员也可以回答提出的问题。

3. 教师进行分析、归纳、总结。

4. 教师根据各组在研讨过程中的表现，给予点评并赋分。

课后思考

1. 什么是 PDCA 循环？它的作用是什么？
2. 简述 7S 管理的内容。

模块十

安全环保

引导语

　　各种各样的职业行为共同创造了我们的美好生活,社会上的每个人都在不同的岗位上服务他人,贡献社会。职工的健康是国家生产力的基础,也是民族昌盛和国家兴旺发达的重要保障,但职场劳动中充斥着各种安全问题。安全无小事,增强安全意识,控制和减少职业伤害,构建劳动安全保障体系,切实保障劳动者的安全,是推进构建社会主义和谐劳动关系的内在要求,也是贯彻落实习近平总书记"以人民为中心"发展思想的应有之义。生态环境保护和经济发展是辩证统一、相辅相成的,建设生态文明、推动绿色低碳循环发展,不仅可以满足人民日益增长的优美生态环境需要,而且可以推动实现更高质量、更有效率、更加公平、更可持续、更为安全的发展。高质量发展是体现新发展理念的发展,是绿色发展成为普遍形态的发展。建设生态文明、推动绿色低碳循环发展,不仅可以满足人民日益增长的优美生态环境需要,而且可以推动实现更高质量、更有效率、更加公平、更可持续、更为安全的发展。

　　本模块围绕职场安全与环保,包括劳动防护与职业健康、职场安全与现场管理、生态文明与绿色环保三部分。在劳动防护与职业健康中,重点阐述了职业危害与防护、常见职业病的类型和预防以及劳动禁忌;在职场安全与现场管理中,重点介绍了职场安全常识和现场管理的基本要求与作用;在生态文明与绿色环保中,重点强调了环境保护、清洁生产和绿色职业发展的重要意义。

10.1　劳动防护和职业健康

导入案例

长期使用气枪致职业性噪声聋

　　近几年,刘先生感觉自己的听力越来越差了。

从事噪声作业 16 年,2021 年 3 月,刘先生来到深圳市职业病防治院进行职业健康检查,发现双耳听力损失符合噪声聋特征。进一步调查发现,刘先生每天噪声作业 10 小时,且在工作期间需要使用气枪,虽然每个工作班使用时间短、次数不多,但气枪吹扫产生的噪声为非稳态强噪声,瞬间噪声强度可达 90 分贝以上。经过职业病诊断程序,刘先生最终被诊断为职业性轻度噪声聋。

分析:噪声主要存在于电子设备制造业、金属制造业、橡胶和塑料制品业、专用设备制造业以及电气机械和器材制造业。职业性噪声聋发病过程隐匿而缓慢,刚开始表现为高频听力损失,对日常生活影响比较小,患者自己不易察觉。随着工作与生活中语言交流障碍越来越大,这时听力已经造成了不可逆的严重损害。劳动者在职业活动中因接触有毒有害因素而引发尘肺病、职业中毒、噪声聋等职业性疾病的问题,值得关注。

一、职业危害与防护

(一)生产性粉尘的危害与控制

能够长时间呈浮游状态存在于空气中的固体微粒叫作粉尘。生产性粉尘是指生产过程中形成的,并能长时间飘浮在空气中的固体颗粒。生产性粉尘的来源十分广泛,大体上可以分为两类:① 固体物质的机械加工或粉碎所形成的尘粒,小者可为超细微的粒子,大者用眼睛即可看到;② 物质的燃烧或冶金过程所形成的固体颗粒,其所形成的尘粒直径多在 1 微米以下,如木材、油、煤或其他燃料燃烧时所产生的烟尘。粉尘的来源决定了粉尘的接触机会和途径,在各种产生粉尘的作业场所,都可能接触到不同性质的粉尘。

拓展阅读:
尘肺病——
难以呼吸
的痛

1. 粉尘对人体健康的危害

粉尘可以通过呼吸道、眼睛、皮肤等进入人体,其中以呼吸道为主要途径。被人体吸入呼吸道的粉尘,绝大部分随后又被呼出。如果没有阻力,吸入的粉尘会经过气管、主支气管、细支气管后进入气体交换区域的呼吸性细支气管、肺泡管和肺泡,并在进入的过程中产生毒副作用,影响气体交换。

(1)对呼吸系统的危害。粉尘对呼吸系统的危害包括尘肺、粉尘沉着症、呼吸系统炎症和呼吸系统肿瘤等疾病。其中,尘肺是由于长期吸入生产性粉尘而引起的以肺组织纤维化为主的全身性疾病。

(2)局部作用。粉尘作用于呼吸道黏膜,可导致呼吸道抵御功能下降。皮肤长期接触粉尘可导致阻塞性皮脂炎、粉刺、毛囊炎、脓皮病。金属粉尘还可引起角膜损伤、混浊。沥青粉尘可引起光感性皮炎。

(3)中毒作用。含有有毒物质的粉尘,如含铅、砷、锰等的粉尘等经呼吸道进入机体后,会导致机体中毒。

2. 生产性粉尘的控制

粉尘危害防护管理原则包括:一级预防即综合防尘、定期检测、健康检查、宣传教

育、加强维护；二级预防即建立专门的防尘机构、制定各项规章制度，新接尘员工健康检查、在岗接尘员工定期检查和及时调岗；三级预防即对已经确诊为尘肺病的员工及时调离原工作岗位，安排合理治疗，保证患者享受合理的社会保险待遇。

控制粉尘危害的主要技术措施包括：

（1）改革工艺工程，革新生产设备。如使用遥控操纵控制、隔室监控等。

（2）湿式作业。比如，采用喷雾洒水的方式防止粉尘飞扬，降低环境粉尘浓度等简单易行的措施。

（3）通风除尘措施。对于不能采取湿式作业的场所，可以使用密闭抽风除尘的方法，抽出的空气经过除尘器净化处理后排入大气。

（4）个体防护措施。在作业现场防、降尘措施难以使粉尘浓度降至国家卫生标准所要求的水平时，必须使用个体防护用品。个人防尘防护用品主要包括：防尘口罩、送风口罩、防尘眼镜、防尘安全帽、防尘服、防尘鞋等。

（5）卫生保健和健康监护。从事粉尘作业的工人必须进行就业前及定期健康检查，脱离粉尘作业时还应做脱尘作业检查。

（6）作业场所粉尘的监测。监测作业场所空气中粉尘浓度、粉尘中游离二氧化硅含量以及粉尘分散度等基本情况对及时了解作业场所的粉尘危害程度、研究尘肺病发病规律以及指导尘肺防治有重要意义。

（二）工业毒物的危害和控制

工业毒物是指在工业生产过程中所使用或生产的毒物，比如，化工生产中所使用的原材料，生产过程中的产品、中间产品、副产品，"三废"排放物中的毒物等。

毒物侵入人体后与人体组织发生化学或物理化学作用，并在一定条件下破坏人体的正常生理机能，引起某些器官和系统发生暂时性或永久性的病变，这种病变就称为中毒。职业中毒应该具备三个要素：生产过程中、工业毒物和中毒。

1. 常见工业毒物及其危害

（1）铅（Pb）。蓝灰色金属，熔点327℃，沸点1740℃，加热至400℃—500℃时可产生大量铅蒸气。铅及其化合物主要从呼吸道进入人体，其次为消化道。工业生产中以慢性中毒为主，初期感觉乏力，肌肉、关节酸痛，继之可出现腹隐痛、神经衰弱等症状，严重者可出现腹绞痛、贫血、肌无力和末梢神经炎等症状。铅的无机化合物为可能人类致癌物，铅为可疑人类致癌物。

（2）苯（C_6H_6）。一种有特殊香味的无色透明液体，闪点为−15℃—10℃，爆炸极限范围1.3%—9.5%，易蒸发，微溶于水，易溶于乙醚、乙醇、丙酮等有机溶剂。生产过程中的苯主要经过呼吸道进入人体，经皮肤仅能进入少量。急性苯中毒是由于短时间内吸入大量苯蒸气引起，初期有黏膜刺激，随后可出现兴奋或酒醉状态以及头痛、头晕等现象。慢性苯中毒主要损害神经系统和造血系统，导致神经衰弱综合征，如头晕、记忆力减退等。在造血系统引起的典型症状为白血病和再生障碍性贫血。苯为确定人类致癌物。

（3）硫化氢（H_2S）。具有腐蛋臭味儿的可燃气体，爆炸极限范围4.3%—45.5%，易溶于水和醇类物质，能和大部分金属发生化学反应而具有腐蚀性。硫化氢是毒性比较剧烈的窒息性毒物，工业生产中主要经呼吸道进入人体。浓度低时，硫化氢主要表现为刺激作用,此外,其会阻碍机体细胞利用氧,导致"内窒息"。硫化氢对神经系统具有特殊的毒性作用,患者可在数秒钟内停止呼吸而死亡。长期接触低浓度硫化氢可造成慢性影响,除引起慢性结膜炎、角膜炎、鼻炎、气管炎等炎症外,还可造成神经衰弱综合征及植物性神经功能紊乱。

2. 防毒的基本措施

(1)防毒技术方面。① 技术革新,强化预防。通过改革工艺,改进设备,改变作业方法或生产工序等,实现不用或少用、不产生或少产生有毒物质的目的,以无毒低毒的物料代替有毒高毒的物料,保证生产过程的密闭,防止有毒物质从生产过程散发、泄漏等。② 通风排毒,净化回收。有时因生产条件限制,无法使用设备密闭化,就应采取通风措施,使现场的有毒物质排除出去,使之达不到危害人体的浓度。但是对于工作现场排出的有毒物质,也不能直接排入大气,必要时应净化回收,或使其变为无毒排放。

(2)管理教育方面。① 有毒作业环境管理。组织管理措施、定期作业环境监测、严格执行制度、及时识别作业场所出现的新有毒物质。② 有毒作业管理。主要是针对劳动者个人进行的管理,对其进行个别指导,使之学会正确的作业方法,改变不正常操作姿势和动作,保持正常工作状态。③ 健康管理。对劳动者进行个人卫生指导、定期对从事有毒作业的劳动者做健康检查、对新员工入厂进行体格检查、按期给从事有毒作业人员发放保健费及保健食品。

(3)个体防护方面。① 呼吸防护。正确使用呼吸防护器是防止有毒物质从呼吸道进入人体引起职业中毒的重要措施之一。防毒呼吸器材主要包括两类:过滤式防毒呼吸器和隔离式防毒呼吸器。② 皮肤防护。皮肤防护主要依靠个人防护用品,如工作服、工作帽、工作鞋、手套、口罩、眼镜等,这些防护用品可以避免有毒物质与人体皮肤接触。对于外露的皮肤,则需涂上皮肤防护剂。③ 消化道防护。防止有毒物质从消化道进入人体,最主要的是搞好个人卫生。

(三)噪声的危害与控制

按照声源产生方式,工业噪声可以分为空气动力性噪声、机械性噪声、电磁性噪声。

1. 噪声的危害

噪声会分散人的注意力,使人容易疲劳,反应迟钝,影响工作效率,还会使工作出差错;噪声引起神经衰弱综合征,如头痛、头晕、失眠、多梦、记忆力减退等;噪声还能引起胃功能紊乱,视力降低;噪声的存在容易导致工伤事故的发生。长期在强噪声下工作,容易引起听觉疲劳,导致听力下降,若长年累月在强噪声的反复作用下,耳器官会发生器质性病变,甚至出现噪声性耳聋。

噪声性耳聋,是指长期接触噪声刺激所引起的缓慢进行的听力损失,称为感音性耳聋,又称慢性声损伤。噪声性耳聋属于国家法定职业病的范畴,其早期表现为听觉疲劳,离开噪声环境后可以逐渐恢复,久之则难以恢复。

2. 工业噪声的控制

可以从噪声源控制、声音传播途径的控制和个人防护三个方面来控制噪声。

噪声源的控制主要通过减小声源强度和合理布局两种方法。减小声源强度是指用无声的或低噪声的工艺和设备代替高噪声的工艺和设备,提高设备的加工精度和安装技术,使发声体变为不发声体等,这是控制噪声的根本途径;合理布局是指把高噪声的设备和低噪声的设备分开,把操作室、休息间、办公室与嘈杂的生产环境分开,把生活区与厂区分开,加强城市绿化建设等。

在许多情况下,由于技术上或经济上的原因,直接从声源上控制噪声往往是不可能的。因此,还需要采用吸声、隔声、消声、隔振和阻尼等控制声音传播途径的技术措施来配合。常用的吸声材料有玻璃棉、泡沫塑料、毛毯、聚酰胺纤维、矿渣棉、吸声砖、加气混凝土、木丝板、甘蔗板等;典型的隔声设备有隔声罩、隔声间和隔声屏;消声器有阻性消声器、抗性消声器、阻抗复合消声器和微孔板消声器四种类型;防止机器与基础及其他结构件的刚性连接,称为隔振;而阻尼,是在用金属板制成的机罩、风管、风筒上涂一层阻尼材料,防止因振动的传递导致板材剧烈振动而辐射较强的噪声。

在用以上方法难以解决的高噪声场合,佩戴个人防护用品,则是保护工人听觉器官不受损害的重要措施。常用的防噪声用品有软橡胶(或软塑料)耳塞、防声棉耳塞、耳罩和头盔等,可根据实际情况进行选用。

(四)高温作业的危害与控制

高温作业是指生产劳动过程中,作业地点平均 WBGT 指数等于或大于 25℃ 的作业;或生产性热源总散热量大于 23 W/m³·h 的工作场所;或当室外实际出现本地区夏季通风室外计算温度时,工作场所的气温高于室外 2℃ 或 2℃ 以上的作业,含夏季通风室外计算温度大于等于 30℃ 地区的露天作业。

1. 高温作业的危害

(1)高温作业会使劳动者作业能力下降。人员受环境热负荷的影响,随着温度的上升,人的反应速度、运算能力等功能都显著下降,造成作业能力不断下降。

(2)高温作业会对劳动者身体造成伤害。直接表现为体温和皮肤表面温度升高,对人体内水和电解质平衡与代谢的影响表现为大量水盐损失可导致循环衰竭等,对循环系统、消化系统、神经系统、泌尿系统等产生影响。

(3)易导致高温中暑。中暑是高温环境下发生的急性疾病。在高温作业过程中发生的中暑属于法定职业病范畴。

2. 高温作业的防护措施

加强领导、做好宣传教育、制定合理的劳动休息制度等教育管理措施,做好高温作业厂房的平面布置、加强通风、采取正确的隔热措施等降温技术措施和开展预防性体检、合理安排作业时间、供应饮料和营养品,加强个人防护等降温防暑保健措施都对高温作业起到防护作用。

(五)辐射的危害与控制

1. 电离辐射的危害

电离辐射是指由 α 粒子、β 粒子、γ 射线、X 射线和中子等对原子和分子产生电离的辐射。

电离辐射对人体的危害是由超过剂量限值的放射线作用于肌体而产生的,分为体外危害和体内危害。其主要危害是阻碍和损伤细胞的活动机能及导致细胞死亡。

2. 电离辐射的防护

通过尽量缩短从事放射性工作时间,尽量远离放射源以及在人与放射源间仿制屏蔽材料来达到防护目的。

3. 非电离辐射的危害

不能使生物组织发生电离作用的辐射叫非电离辐射,如射频电磁波、红外线、紫外线等。

(1)射频电磁波(高频电磁场与微波)是电磁辐射中波长最长的频段(1 毫米～3 千米)。人们在焊接、塑料热合、微波通信、微波加热等情况中会接触到。它对人体的主要危害是引起中枢神经的机能障碍和以迷走神经占优势的自主神经功能紊乱,表现为头痛、头昏、乏力、记忆力减退、心悸等。

(2)红外线辐射也称热射线,波长 700 纳米～1 毫米。凡是温度在−273℃以上的物体,都能发射红外线。物体的温度愈高,辐射强度愈大,其红外线成分愈多。皮肤受到较大强度的红外线短时间照射时,会导致局部温度升高、血管扩张,出现红斑现象,停止接触后红斑消失。反复照射局部可出现色素沉着。过量照射,除发生皮肤急性灼伤外,短波红外线还能透入皮下组织,使血液及深部组织加热。此外,红外线还可造成角膜和视网膜损伤,引发白内障。

(3)紫外线辐射,波长为 100～400 纳米,凡是物体温度达到 1 200℃以上时,辐射光谱中即可出现紫外线,物体温度越高,紫外线的波长越短,强度也越大。眼睛暴露于短波紫外线时,能引起结膜炎和角膜溃疡,即电光性眼炎;强烈的紫外线短时间照射可致眼病;长期小剂量紫外线照射,可发生慢性结膜炎。

4. 非电离辐射的防护

(1)场源屏蔽。寻找屏蔽辐射源,选用铜、铝等金属屏蔽材料,屏蔽罩应有良好的接地,以免成为二次辐射源。

(2)远距离操作。在屏蔽辐射源有困难时,可采用自动或半自动的远距离操作,在场源周围设有明显标志,禁止人员靠近。

(3)个人防护。在难以采取其他措施时,短时间作业可穿戴专用的防护衣帽和眼镜。

(4)卫生标准。我国《作业场所高频辐射卫生标准》规定了作业场所超高频辐射的容许限值及测试方法。《电磁辐射防护规定》也明确了一切产生电磁辐射污染的单位或个人,应本着"可合理达到尽量低"的原则,努力减少其电磁辐射污染水平。

二、常见的职业病

从广义上讲,职业病是指职业性有害因素作用于人体的强度与时间超过一定限度,人体不能代偿其所造成的功能性或器质性病理改变,从而出现了相应的临床症状,影响劳动能力。2016 年 7 月 2 日修正的《中华人民共和国职业病防治法》中,职业病的定义为:"企业、事业单位和个体经济组织等用人单位的劳动者在职业活动中,因接触粉尘、放射性物质和其他有毒、有害因素而引起的疾病。"职业病的分类和目录由国家卫生行政部门会同国务院劳动保障行政部门制定、调整并公布。

(一)职业病的特点

(1)病因有特异性。只有在接触职业性有害因素后才可能患有职业病。在职业病诊断时必须有职业史、职业性有害因素接触的调查,现场调查的证据均可确认具体接触的职业性有害因素。在控制这些因素接触后可以降低职业病的发生和发展。

(2)病因大多可以检测。由于职业性有害因素明确,且发生的健康损害一般与接触水平有关,所以可通过检测评价工人的接触水平在一定范围内判定"剂量—反应"关系。

(3)不同接触人群的发病特征不同。接触情况和个体差异的不同,会造成不同接触人群的发病特征不同。

(4)对大多数职业病而言,目前尚缺乏特效治疗,应加强预防措施。

(二)职业病危害因素

职业病危害因素是指在生产工艺过程、劳动过程和生产环境中存在的各种可能危害职场人群健康和影响劳动能力的不良因素,也被称为职业性有害因素。

按职业病危害因素性质,可分为:

(1)环境因素:物理因素(如异常气象条件、异常气压、噪声、振动、电离辐射);化学因素(如生产性毒物和粉尘);生物因素(如炭疽杆菌、霉菌、布氏杆菌、病毒等)。

(2)与职业有关的其他因素:不适合的生产布局;不适合的劳动制度等。

(3)其他因素:与劳动过程有关的劳动者生理、劳动者心理方面的因素等。

(三)常见职业病种类

根据《中华人民共和国职业病防治法》的规定,2013年12月23日,国家卫生与计划生育委员会、人力资源和社会保障部、国家安全生产监督管理总局、全国总工会四部门联合印发《职业病分类和目录》,将职业病分为10大类132种,如表10-1所示。

表10-1 职业病分类和目录

职业病分类	职 业 病 种 类
一、职业性尘肺病及其他呼吸系统疾病	(一)尘肺病 1.矽肺;2.煤工尘肺;3.石墨尘肺;4.炭黑尘肺;5.石棉肺;6.滑石尘肺;7.水泥尘肺;8.云母尘肺;9.陶工尘肺;10.铝尘肺;11.电焊工尘肺;12.铸工尘肺;13.根据《尘肺病诊断标准》和《尘肺病理诊断标准》可以诊断的其他尘肺病 (二)其他呼吸系统疾病 1.过敏性肺炎;2.棉尘病;3.哮喘;4.金属及其化合物粉尘肺沉着病(锡、铁、锑、钡及其化合物等);5.刺激性化学物所致慢性阻塞性肺疾病;6.硬金属肺病
二、职业性皮肤病	1.接触性皮炎;2.光接触性皮炎;3.电光性皮炎;4.黑变病;5.痤疮;6.溃疡;7.化学性皮肤灼伤;8.白斑;9.根据《职业性皮肤病诊断标准(总则)》可以诊断的其他职业性皮肤病
三、职业性眼病	1.化学性眼部灼伤;2.电光性眼炎;3.白内障(含辐射性白内障、三硝基甲苯白内障)
四、职业性耳鼻喉口腔疾病	1.噪声聋;2.铬鼻病;3.牙酸蚀症;4.爆震聋

职 业 病 分 类	职 业 病 种 类
五、职业性化学中毒	1. 铅及其化合物中毒(不包括四乙基铅);2. 汞及其化合物中毒;3. 锰及其化合物中毒;4. 镉及其化合物中毒;5. 铍病;6. 铊及其化合物中毒;7. 钡及其化合物中毒;8. 钒及其化合物中毒;9. 磷及其化合物中毒;10. 砷及其化合物中毒;11. 铀及其化合物中毒;12. 砷化氢中毒;13. 氯气中毒;14. 二氧化硫中毒;15. 光气中毒;16. 氨中毒;17. 偏二甲基肼中毒;18. 氮氧化合物中毒;19. 一氧化碳中毒;20. 二硫化碳中毒;21. 硫化氢中毒;22. 磷化氢、磷化锌、磷化铝中毒;23. 氟及其无机化合物中毒;24. 氰及腈类化合物中毒;25. 四乙基铅中毒;26. 有机锡中毒;27. 羰基镍中毒;28. 苯中毒;29. 甲苯中毒;30. 二甲苯中毒;31. 正己烷中毒;32. 汽油中毒;33. 一甲胺中毒;34. 有机氟聚合物单体及其热裂解物中毒;35. 二氯乙烷中毒;36. 四氯化碳中毒;37. 氯乙烯中毒;38. 三氯乙烯中毒;39. 氯丙烯中毒;40. 氯丁二烯中毒;41. 苯的氨基及硝基化合物(不包括三硝基甲苯)中毒;42. 三硝基甲苯中毒;43. 甲醇中毒;44. 酚中毒;45. 五氯酚(钠)中毒;46. 甲醛中毒;47. 硫酸二甲酯中毒;48. 丙烯酰胺中毒;49. 二甲基甲酰胺中毒;50. 有机磷中毒;51. 氨基甲酸酯类中毒;52. 杀虫脒中毒;53. 溴甲烷中毒;54. 拟除虫菊酯类中毒;55. 铟及其化合物中毒;56. 溴丙烷中毒;57. 碘甲烷中毒;58. 氯乙酸中毒;59. 环氧乙烷中毒;60. 上述条目未提及的与职业有害因素接触之间存在直接因果联系的其他化学中毒
六、物理因素所致职业病	1. 中暑;2. 减压病;3. 高原病;4. 航空病;5. 手臂振动病;6. 激光所致眼(角膜、晶状体、视网膜)损伤;7. 冻伤
七、职业性放射性疾病	1. 外照射急性放射病;2. 外照射亚急性放射病;3. 外照射慢性放射病;4. 内照射放射病;5. 放射性皮肤疾病;6. 放射性肿瘤(含矿工高氡暴露所致肺癌);7. 放射性骨损伤;8. 放射性甲状腺疾病;9. 放射性性腺疾病;10. 放射复合伤;11. 根据《职业性放射性疾病诊断标准(总则)》可以诊断的其他放射性损伤
八、职业性传染病	1. 炭疽;2. 森林脑炎;3. 布鲁氏菌病;4. 艾滋病(限于医疗卫生人员及人民警察);5. 莱姆病
九、职业性肿瘤	1. 石棉所致肺癌、间皮瘤;2. 联苯胺所致膀胱癌;3. 苯所致白血病;4. 氯甲醚、双氯甲醚所致肺癌;5. 砷及其化合物所致肺癌、皮肤癌;6. 氯乙烯所致肝血管肉瘤;7. 焦炉逸散物所致肺癌;8. 六价铬化合物所致肺癌;9. 毛沸石所致肺癌、胸膜间皮瘤;10. 煤焦油、煤焦油沥青、石油沥青所致皮肤癌;11. β-萘胺所致膀胱癌
十、其他职业病	1. 金属烟热;2. 滑囊炎(限于井下工人);3. 股静脉血栓综合征、股动脉闭塞症或淋巴管闭塞症(限于刮研作业人员)

(四)职业性损害的三级预防

《中华人民共和国职业病防治法》第一章总则第三条指出,职业病防治工作坚持预防为主、防治结合的方针,建立用人单位负责、行政机关监管、行业自律、职工参与和社会监督机制,实行分类管理、综合治理。其基本准则应按三级预防加以控制,以保护和促进职业人群的健康。

1. 第一级预防

第一级预防又称病因预防,是从根本上消除或控制职业性有害因素对人的作用和损害,即改进生产工艺和生产设备,合理利用防护设施及个人防护用品,以减少或消除工人接触的机会。主要有以下几个方面:

(1) 改进生产工艺和生产设备,使其符合我国工业企业设计卫生标准。

(2) 与职业卫生相关的法律、法规和标准。

(3) 个人防护用品的合理使用和职业禁忌证的筛检,如生产性粉尘所导致的尘肺,可以佩戴防尘口罩,凡有职业禁忌证者,禁止从事相关工作。

(4) 控制已明确能增加发病危险的生活方式等个体危险因素,如禁止吸烟可预防多种慢性非传染性疾病、职业病或肿瘤。

2. 第二级预防

第二级预防是早期检测和诊断人体受到职业性有害因素所致的健康损害并予以早期治疗、干预。尽管第一级预防措施是理想的方法,但所需的费用较大,在现有的技术条件下,有时难以达到理想效果,仍然可出现不同健康损害的人群,因此第二级预防也是十分必要的。其主要手段是定期进行职业性有害因素的监测和对接触者的定期体格检查,以在早期发现病损和诊断疾病,及时预防、处理。

3. 第三级预防

第三级预防指在患病以后,实施积极治疗和促进康复的措施。第三级预防的原则主要包括:对已有健康损害的接触者应该调离原有工作岗位,并进行合理的治疗;根据接触者受到健康损害的原因,对生产环境和工艺过程进行改进,既能治疗病人,又能加强一级预防;促进病人康复,预防并发症的发生和发展。除极少数职业中毒有特殊的解毒治疗外,大多数职业病主要依据受损的靶器官或系统,采取临床治疗原则,给予对症治疗。

三级预防体系相辅相成、合为一体。第一级预防针对整个人群,是最重要的,第二和第三级是第一级预防的延伸和补充。全面贯彻和落实三级预防措施,做到源头预防、早期检测、早期处理、促进康复、预防并发症、改善生活质量,构成职业卫生的完整体系。

三、劳动禁忌与职业健康

关于职业健康的定义有很多种,1950 年由国际劳工组织和世界卫生组织的联合职业委员会给出的定义是:"职业健康应以促进并维持各行业职工的生理、心理及社交处在最好状态为目的;防止职工的健康受工作环境影响;保护职工不受健康危害因素伤害;将职工安排在适合他们的生理和心理的工作环境中。"现代医学与卫生学调查研究表明,各种职业环境和条件都存在着影响人类健康的有害因素;不同的职业、不同的职业场所、不同的职业劳动环境与条件、不同的劳动方式,甚至对同一企业,不同的管理者和不同素质的劳动者,都有不同的职业健康问题。

(一) 体力劳动引起的身体损伤及预防

1. 体力劳动引起的身体损伤及原因

(1) 长期重复一定姿势引起疾患。由于劳动者需要在工作中长期重复一定的姿势,导致个别器官或系统过度紧张而引起疾患。

(2)不良劳动环境条件。高温、寒冷、潮湿、光线不足、通道狭窄等,增加了劳动者劳动负荷,提高了劳动强度,容易产生疲劳和损伤。

(3)劳动组织和劳动制度安排不合理。劳动时间过长,劳动强度过大,休息时间不够,轮班制度不合理等,容易形成过度疲劳,造成身体损伤。

(4)劳动者身体素质问题。劳动者身体素质不强,安排的劳动强度与劳动者身体状况不适应。

2. 预防体力劳动身体损伤的措施

(1)采取合理的工作姿势。改善作业平台和劳动工具,使之符合人体解剖学特点,加强劳动者作业训练,使劳动者能够采取正确的工作姿势和方式,尽量避免不良作业姿势,避免和减少负重作业,使身体各部位处于自然状态,减轻身体承受的压力。

(2)改善劳动环境。科学合理地设计劳动环境,控制劳动环境中的各种有害因素,创造良好的劳动环境条件,如适宜的温度、湿度、光照、空间等,这样既有利于劳动者的健康,又能够提高劳动效率。

(3)科学优化劳动组织和劳动制度。通过有效的工效学调查分析,合理组织劳动,根据个体选择适当的工作,对劳动者的劳动定额要适当。应安排适当的工间休息和轮班制度。

(4)适当运动锻炼增强身体素质。体力劳动者往往长时间重复一个劳动动作,容易使用力部位劳损,而其他部位得不到锻炼,造成机体的不协调,或者劳动者身体素质不能适应现有劳动强度,可以通过适当的运动来使身体各部位得到锻炼,从而提高身体素质并消除疲劳。

(二)过度脑力劳动对身心健康的影响及预防

1. 脑力劳动引起的身体损伤及原因

过度脑力劳动产生疲劳,表现为对工作的抵触,疲劳信号告诉我们需要进行调整和恢复,应该停止工作。如果继续强迫大脑工作,则会造成脑细胞的损伤,或使脑功能恢复发生障碍。脑力劳动过度会对人体的身心健康造成较大的危害,主要包括以下两方面。

(1)生理健康失常。长期过度脑力劳动,使大脑缺血、缺氧,神经衰弱,从而导致注意力不集中,记忆力下降,思维欠敏捷,反应迟钝。睡眠规律不正常,白天瞌睡,大脑昏昏沉沉;夜晚卧床后,大脑却兴奋起来,难以入眠,乱梦纷纭,甚至直到天亮,醒后大脑疲劳不缓解,精神不振。

(2)心理健康失常。由于上述生理功能的失衡,造成心理活动失衡,出现忧虑、紧张、抑郁、烦躁、消极、敏感、多疑、易怒、自卑、自责等不良情绪,表面上强打精神,内心充满困惑和痛苦,无奈和彷徨,继而对工作学习丧失兴趣,产生厌倦感,甚至产生轻生念头。

2. 从事脑力劳动时缓解疲劳的方法

(1)学会科学用脑。科学地使用大脑,设法提高用脑效率。当过度用脑,感到头脑不清、头痛、昏昏欲睡时,可适当做一些轻松愉快的文娱活动,使左脑半球得到休息,缓解疲劳。

（2）合理膳食，加强营养。注意饮食营养的搭配。含蛋白质、脂肪和丰富的 B 族维生素食物，如豆腐、牛奶、鱼类及肉类食物，可防止疲劳过早出现；多吃水果、蔬菜和适量饮水，也有助于消除疲劳。

（3）保证充足睡眠，放松身心。生活要有规律，应养成良好的作息习惯，每天要留有足够的休息时间以消除身心疲劳，恢复精力和体力。在工作间歇也可躺下来闭上眼睛，放松肢体和大脑，自我放松调整。通过听音乐、练书法、绘画、散步等活动方式转移人的注意力，放下思想包袱，减轻精神压力，也能够解除身心疲劳。

（4）坚持运动锻炼。通过跑步、打球、打拳、骑车、爬山等有氧运动，增强心肺功能，加快血液循环，提高大脑供氧量，促进睡眠。

（5）头部按摩。当用脑过度、头昏脑涨时，可用梳子或手指梳理头部皮肤，或通过对头部穴位的按摩，适当刺激体表，促进血液循环，改善大脑疲劳的症状。

（三）女职工劳动禁忌

1. 国家禁止安排女职工从事的劳动

（1）矿山井下作业以及人工锻打、重体力人工装卸、强烈振动的工作；

（2）森林业伐木、归楞及流放作业；

（3）国家标准规定的第Ⅳ级体力劳动强度的作业；

（4）建筑业脚手架的组装和拆除作业，以及电力、电信行业的高处架线作业；

（5）单人连续负重量（指每小时负重次数在六次以上）每次超过 20 千克，间接负重量每次超过 25 千克的作业；

（6）女职工在月经、怀孕、哺乳期间禁忌从事的其他劳动。

2. 女职工在月经期间实行特殊保护

女职工在月经期间，所在单位不得安排其从事高空、低温和冷水、野外露天和国家规定的第Ⅲ级体力劳动强度的劳动。如有以上情况，应尽可能调整其从事适宜的工作；如不能调整时，根据工作和身体情况，给予假期 1～2 天，不影响考勤。

3. 已婚待孕女职工禁忌从事的劳动范围

已婚待孕女职工禁忌从事铅、汞、苯、镉等属于《有毒作业分级》标准第Ⅲ、Ⅳ级的作业。

4. 怀孕女职工特殊的劳动保护

女职工怀孕期间，所在单位不得安排从事国家规定的第Ⅲ级体力劳动强度和孕妇禁忌从事的劳动，不得在正常劳动日以外延长劳动时间；对不能承受原劳动的，应根据医务部门证明，予以减轻劳动量或安排其他劳动。工程部门从事野外勘测工作及施工一线的女职工，应安排适当工作。

5. 怀孕的女职工禁忌从事的劳动

（1）作业场所空气中铅及其化合物、汞及其化合物、苯、镉、铍、砷、氰化合物、氮氧化物、一氧化碳、二硫化碳、氯、乙内酰胺、氯丁二烯、氯乙烯、环氧乙烷、苯胺、甲醛等有毒物质浓度超过国家卫生标准的作业；

（2）制药行业中从事抗癌药物及己烯雌酚生产的作业；

（3）作业场所放射性物质超过《放射性防护规定》中规定剂量的作业；

（4）人力进行的土方和石方的作业；

（5）伴有全身强烈振动的作业，如风钻、捣固机、锻造等作业，以及拖拉机驾驶等；

（6）工作中需要频繁弯腰、攀高、下蹲的作业，如焊接作业；

（7）《高处作业分级》标准所规定的高处作业。

■ 总结案例

开展职业健康讲座　守护职工健康

2022 年，我国《职业病防治法》颁布实施 20 周年，在第 20 个全国《职业病防治法》宣传周期间，某市供电公司通过线上线下相结合的方式，开展一系列"一切为了劳动者健康"主题宣传活动。通过制作宣传视频、宣传标语、"健康工作理念"条幅，引导职工树立职业健康防护意识。同时，通过开展线上讲座，组织全员学习普及职业病的基本常识、防护知识和劳动者享有的职业卫生保护权利，增强职工自我保护能力，积极营造关心关注支持职业病防治的浓厚氛围。

"做完操，虽然流不少汗，但全身肌肉得到放松，肩颈的疼痛感也减轻了。"该单位刘某做完健身操后感慨道。职工们纷纷表示，活动干货满满、受益匪浅，在今后的工作生活中会认真做好个人防护措施，在努力工作的同时保持健康的生活状态。

该供电公司也表示将进一步树立职业卫生责任意识，逐步改善职工劳动条件，维护劳动者健康权益。

分析：数据显示，当前全球每 15 秒就有一人死于工作相关的事故或疾病，这些不仅给相关工作人员及其家庭带去困扰，而且给企业也产生一定的负面影响，这说明了职业健康安全对于相关工作人员的重要性。案例中的电力公司这一用人单位作为职业病防治责任的主体，作为依法维护劳动者职业健康的第一责任人，通过宣传和管理体现了对员工职业健康的呵护。

🔍 课 堂 活 动

正确使用口罩和防毒面具

一、活动目标

通过实践，掌握防尘口罩及防毒面具的使用方法，能够在面临职业危害时，有效实现个人安全防护。

二、活动时间

建议 10 分钟。

三、活动教具

各类防尘口罩、防毒口罩及呼吸器。

四、活动流程

1. 学生分组讨论各类防尘口罩、防毒口罩及呼吸器的适用场合；

2. 动手操作，能够正确佩戴防尘口罩、防毒面具。

3. 以小组为单位，进行快速且标准佩戴防尘口罩、防毒面具及呼吸器的比拼。

4. 优胜组颁发安全生产班组红旗。

课 后 思 考

1. 选择一个你熟悉的职业，识别其职业危害。

2. 数字经济时代下，应该如何加强对灵活就业群体的劳动保护？

10.2　职场安全和现场管理

导 入 案 例

违规作业致中毒

2021年4月21日，黑龙江省绥化市某公司在车间停产期间，制气釜内气态物料未进行退料、隔离和置换，釜底部聚集了高浓度的氧硫化碳与硫化氢混合气体，维修作业人员在没有采取任何防护措施的情况下，进入制气釜底部作业，吸入有毒气体造成中毒窒息。救援人员盲目施救，致使现场4死9伤。

分析：该事故的原因是安全风险辨识和隐患排查治理不到位，该公司未按规定要求开展自检自查，未辨识出三车间制气釜检修存在氧硫化碳和硫化氢混合气体中毒窒息风险，未制定可靠防范措施。同时作业人员安全意识差，且现场未配备足够的应急救援物资和个人防护用品。可见，生产中安全基础薄弱、安全管理混乱会酿成惨剧。增强职场安全意识，进行现场管理十分必要。

职场安全关系人民群众的生命财产安全，关系改革发展和社会稳定大局。保护劳动者的生命安全和职业健康是安全生产最根本、最深刻的内涵，是职场安全本质的核心。

一、职场安全的基本活动

保证职场的安全，需要运用各种方法、技术和手段辨识职场中的各种安全隐患（危险源），评价职场的危险性，并采取控制措施使其危险性达到最小值，使事故的发生减少到最低程度，从而使职场达到最佳的安全状态。

职场安全的基本活动包括以下内容：

（1）安全隐患辨识：运用各种有效的分析方法发现、识别系统中的危险源。

（2）危险性评价：评价危险源导致事故、造成人员伤害或财产损失的危险程度。通过评价了解系统中的潜在危险和薄弱环节，并最终确定系统的安全状况。

（3）事故的预防与控制：利用工程技术和管理手段消除、控制危险源，防止危险源导致事故、造成人员伤害和财物损失。

以上三者是一个有机的整体，也是一个循环渐进的过程，主要强调通过持续的努力，实现职场安全水平的不断提升。

二、职场安全隐患识别

（一）生产型职场安全隐患识别

生产型职场安全隐患识别主要有两种办法，一种是根据危险有害因素（或事故）的划分类别来进行识别，另一种是根据职场中的各种安全标志进行识别。

1. 根据划分类别进行识别

（1）按安全隐患的来源和性质划分。生产型职场安全隐患类别的划分方法很多，这里介绍其中的一种划分方法。这是根据《生产过程危险和有害因素分类与代码》（GB/T 13861—2009）的规定进行分类，这种分类方法将生产过程中的危险、有害因素分为人的因素、物的因素、环境因素、管理因素等几类。

（2）按照事故类别划分。另一种是根据《企业职工伤亡事故分类标准》（GB 6441—1986），事故类别可以按安全隐患划分为：物体打击、车辆伤害、机械伤害、起重伤害、触电、淹溺、灼烫、火灾、高处坠落、坍塌、冒顶片帮、透水、放炮、瓦斯爆炸、火药爆炸、锅炉爆炸、容器爆炸、其他爆炸、中毒和窒息、其他伤害，共20种。

2. 根据安全标志识别

安全标志，是职场中最常见、最明显的安全提示信息。它犹如交通信号标志，是规范作业、安全作业的基本要求。通过职场中的各种安全标志，可以非常直接地对现场的安全隐患进行识别。职场中常见的安全标志一般有以下几种：

（1）安全色。它是表达安全信息的颜色，不同颜色分别表示禁止、警告、指令、提示等意义。按照我国安全色标准规定，安全色有红色、蓝色、黄色、绿色四种。① 红色表示禁止、停止，用于禁止标志。例如，机器设备上的紧急停止手柄或按钮及禁止触动的部位都使用红色。红色有时也用于防火。② 蓝色表示指令，必须遵守。③ 黄色表示警告和注意。如厂内危险机器和警戒线、行车道中线、安全帽等。④ 绿色表示安全状态或可以通行。例如车间内的安全通道、行人和车辆通行标志，消防设备和其他安全防护设备都用绿色。

（2）安全标志。安全标志分为禁止标志、指令标志、警告标志和提示标志四类。① 禁止标志：含义为禁止人们实施不安全行为。其基本形式为带斜杠的圆形框，圆环和余斜杠为红色，图形符号为黑色，衬底为白色，如图 10-1 所示。② 指令标志：含义是强制人们必须做出某种动作或采用防范措施。其基本形式是圆形边框，图形符号为白色，衬底为蓝色，如图 10-2 所示。③ 警告标志：提醒人们对周遭环境引起注意，以避免可能发生的危险。其基本形式为正三角形边框，三角形边框及图形符号为黑色，衬底为黄色,如图 10 - 3 所示。④ 提示标志:向人们提供某种信息,如标明安全设施或场所。其基本图形是正方形边框,图形符号为白色,衬底为绿色,如图 10 - 4 所示。

图 10 - 1　警告标志

图 10 - 2　指令标志

图 10 - 3　禁止标志

图 10 - 4　提示标志

扫码查看各类安全标志原图

　　除了以上四大类安全标志之外,文字辅助标志也经常配合一起使用。文字辅助标志的基本形式是矩形边框,有横写和竖写两种书写形式。

　　横写时,文字辅助标志写在标志的下方,可以与标志连在一起,也可以分开书写。此时,文字辅助标志与禁止标志和指令标志配合使用时,文字使用白色,衬底色使用标志的颜色;当与警告标志一起出现时文字使用黑色,衬底色使用白色,如图 10 - 5 所示。竖写时,文字辅助标志写在标志杆的上部。禁止标志、警告标志、指令标志、提示标志均为白色衬底,黑色字。标志杆下部色带的颜色应和标志的颜色一致,如图 10 - 6 所示。

　　安全标志牌装配的高度应尽量与人眼的视线高度一致。悬挂式和柱式的环境信息标志牌的下缘距地面的高度不宜小于 2 米,局部信息标志的高度应视具体情况确定。

图 10-5 补充标志(横写)

1. 文字辅助标志写在标志的下方,可以和标志连在一起,也可以分开。
2. 禁止标志、指令标志为白色字;警告标志为黑色字。
3. 禁止标志、指令标志衬底色为标志的颜色,警告标志衬底色为白色。
4. 文字字体均为黑体字。
5. 安全标志牌要有衬边。除警告标志边框用黄色勾边外,其余全部用白色将边框勾一窄边,即为安全标志的衬边,衬边宽度为标志边长或直径的 0.025 倍。

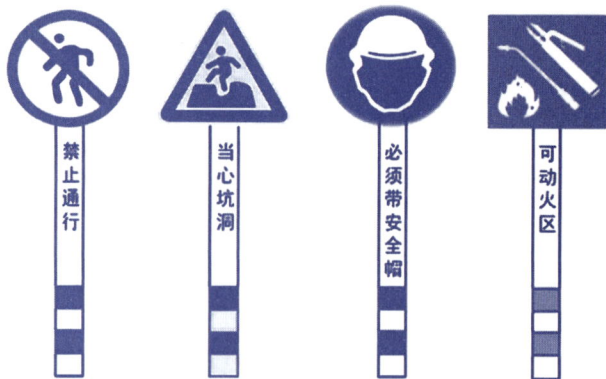

图 10-6 补充标志(竖写)

1. 文字辅助标志写在标志杆的上部。
2. 禁止标志、警告标志、指令标志、提示标志均为白色衬底,黑色字。
3. 标志杆下部色带的颜色应和标志的颜色相一致,文字字体均为黑体字。
4. 安全标志牌要有衬边。除警告标志边框用黄色勾边外,其余全部用白色将边框勾一窄边,即为安全标志的衬边,衬边宽度为标志边长或直径的 0.025 倍。

　　标志牌应设在与安全有关的醒目地方,并使大家看见后有足够的反应时间来注意其表示的内容或传达的安全信息。环境信息标志宜设在有关场所的入口处和醒目处;局部信息标志应设在所设计的相应危险源附近的醒目处;标志牌不应设在门、窗、架等可移动的物体上,以免标志牌随母体物体一起移动,影响认读和安全信息传递。标志牌前不得放置妨碍认读的障碍物。标志牌应设置在明亮的环境中,其平面与视线夹角应接近 90°,观察者位于最大观察距离时,最小夹角不低于 75°。多个标志牌一起放置时,应按警告、禁止、指令、提示类型的顺序,先左后右、先上后下地排列。标志牌的固定方式分附着式、悬挂式和柱式三种,悬挂式和附着式的固定应稳固不倾斜,柱式的标志牌和支架应牢固地连接在一起。

（二）服务型职场安全隐患

酒店、餐饮、旅游、娱乐等服务型职场，由于人员密集，不可预见因素多，一旦发生安全事故就会导致大量人员伤亡，因此更应学会识别其中的安全隐患。

1. 服务型职场安全隐患的主要类别

（1）火灾隐患。火灾是最经常、最普遍的威胁公众安全和社会发展的灾害之一。服务型职场存在的常见火灾隐患有：选用的建筑存在较大先天性火灾隐患；消防设施缺乏、停用的现象较普遍；安全出口宽度不够；疏散通道不畅；电气线路凌乱；强电、弱电线路没有分开；消防安全管理制度不健全，落实不到位；管理人员消防安全意识差，流动性大。

（2）用电隐患。包括能引起火灾或触电事故的短路、过负荷、漏电、接触电阻过大等情况。触电事故分为直接触电、跨步电压触电、感应电压触电、剩余电荷触电、静电触电和雷电触电。

（3）食品安全隐患。根据造成食物中毒的危害因素大致包含：食品本身有害有毒，食品被有害有毒物污染，不卫生的设备或用具，生熟食品交叉污染，使用了腐败变质的原料，剩余食物未重新加热，误用有毒有害物，不适当的储存，食品加工烹调不当。

（4）空气质量安全隐患。主要有过于封闭的公共服务场所存在的空气质量隐患，公共场所吸烟带来的空气质量隐患，复印机、传真机等办公设备造成的空气质量隐患，通风系统造成的空气质量隐患。

（5）信息安全隐患。主要包括网络攻击与攻击检测、防范问题，安全漏洞与安全对策问题，信息安全保密问题，系统内部安全防范问题，防病毒问题，数据备份与恢复问题等。

2. 服务型职场的安全标志

服务型职场安全标志包括禁止标志、警告标志、指示标志、消防安全标志、职业病防护标志等。具体可以查阅《安全标志及其使用导则》(GB 2894—2008)和《消防安全标志第1部分：标志》(GB 13495.1—2015)。

三、现场管理

（一）现场管理的基本概念(7S)

现场管理是管理人员对生产现场人、机、料、法、环等生产要素进行有效管理，并对其所处状态进行不断改善的基础活动。7S现场管理法是一种有效的管理办法，简称7S。"7S"是整理、整顿、清扫、清洁、素养、安全和节约这七个日语、英语词首字母的缩写。"7S"活动起源于日本并最早在日本企业中广泛推行，其活动的对象是现场的"环境"，核心和精髓是"素养"，"7S"营造一目了然的现场环境，企业中每个场所的环境、每位员工的行为都能符合7S管理的精神，有助于提高现场管理水平、提升现场安全水平和产品质量。

（二）现场管理的基本内容

1. 整理和整顿

把要与不要的人、事、物分开，再将不需要的人、事、物加以处理，这是开始改善生产现场的第一步,是树立好作风的开始。首先,要将生产现场的现实摆放和停滞的各种物品进行分类,区分什么是现场需要的,什么是现场不需要的;其次,将现场不需要的物品,诸如用剩的材料、多余的半成品、切下的料头、切屑、垃圾、废品、多余的工具、报废的设备、工人的个人生活用品等,坚决清理出生产现场。对于车间里各个工位或设备的前后、通道左右、厂房上下、工具箱内外,以及车间的各个死角,都要彻底搜寻和清理,达到现场无不用之物。整理的目的是增加作业面积,物流畅通,防止误用等。整理是安全生产的重要前提。

通过前一步整理后,按定置、定品、定量的"三定"原则,对生产现场需要留下的物品进行科学合理的布置和摆放,考虑通道的畅通及合理,应尽可能将物品隐蔽式放置及集中放置,减少物品的放置区域,使用目视管理,标识清楚明了,以便用最快的速度取得所需之物,在最有效的规章、制度和最简捷的流程下完成作业。整顿是安全生产的必然要求。

2. 清扫和清洁

清扫是把工作场所打扫干净,设备异常时马上修理,使之恢复正常。生产现场在生产过程中会产生灰尘、油污、铁屑、垃圾等,从而使现场变脏。脏的现场会使设备精度降低,故障多发,影响产品质量,使安全事故防不胜防;脏的现场更会影响人们的工作情绪,使人不愿久留。因此,必须通过清扫活动来清除那些脏物,创建一个明快、舒畅的工作环境,其目的是使员工保持一个良好的工作情绪,并保证稳定产品的品质,最终达到企业生产零故障和零损耗。清扫是安全生产的重要保障。

清洁是对整理、整顿、清扫活动的坚持与深入,从而消除发生安全事故的根源。通过清洁的维护,使现场保持完美和最佳状态,创造一个良好的工作环境,使职工能愉快地工作。清洁活动使整理、整顿和清扫工作成为一种惯例和制度,是标准化的基础,也是一个企业形成企业文化的开始,如表 10-2 所示。

表 10-2 清洁标准

项 次	检查项目	等 级	得 分	考 核 标 准
1	通道和作业区	1级	0	没有划分
		2级	2	画线清楚,地面未清扫
		3级	5	通道及作业区干净、整洁、令人舒畅
2	地面	1级	0	有污垢,有水渍、油渍
		2级	2	没有污垢,有部分痕迹,显得不干净
		3级	5	地面干净、亮丽,感觉舒畅
3	货架、办公桌、作业台、会议室	1级	0	很脏乱
		2级	2	虽有清理,但还是显得脏乱
		3级	5	任何人都觉得很舒服

续　表

项　次	检查项目	等　级	得　分	考　核　标　准
4	区域空间	1级	0	阴暗，潮湿
		2级	2	有通风，但照明不足
		3级	5	通风、照明适度，干净、整齐，感觉舒服

备注：1级—差；2级—合格；3级—良好

3. 素养

素养即教养，努力提高人员的素养，养成严格遵守规章制度的习惯和作风，这是"7S"活动的核心。没有人员素质的提高，各项活动就不能顺利开展，开展了也坚持不了。所以，抓"7S"活动，要始终着眼于提高人的素质。素养的要点是制度完善、活动推行、监督检查。制度完善是指根据企业状况、7S实施情况等完善现有的规章制度，如厂纪厂规、日常行为规范、7S工作规范等。活动推行是指通过班前会、员工改善提案等方法的实施，改善现场的工作状况。监督检查是指将定期检查和不定期巡检结合，加强监督、考核，使各部门人员形成良好的工作习惯和素养。

4. 安全和节约

节约是指对时间、空间、能源等方面合理利用，以发挥它们的最大效能，从而创造一个高效率的、物尽其用的工作场所。节约是对整理工作的补充和指导，在我国，由于资源相对不足，更应该在企业中秉持勤俭节约的原则。

安全就是要维护人身与财产不受侵害，以创造一个零故障，无意外事故发生的工作场所。实施的要点是不要因小失大，应建立健全各项安全管理制度；对操作人员的操作技能进行训练；勿以善小而不为，勿以恶小而为之，全员参与，排除隐患，重视预防。

（三）现场管理的效用

（1）亏损为零（7S为最佳的推销员）。无缺陷、无不良、配合度好的声誉在客户之间口碑相传；在行业内知名度高，吸引人员来工作、参观，工厂发展空间大。

（2）不良为零（7S是品质零缺陷的护航者）。产品按标准要求生产；设备正常使用保养，确保品质；环境整洁有序，方便发现异常；现场干净整洁，提高员工品质意识；员工知道要预防问题的发生而非仅是处理问题。

（3）浪费为零（7S是节约能手）。减少库存量，排除过剩生产，避免材料、工具、设备在库过多；避免寻找、等待、避让等动作引起的浪费；消除无附加价值动作。

（4）故障为零（7S是交货期的保证）。工厂环境干净，设备保养好，设备产能、人员效率稳定，每日进行使用点检，防患于未然。

（5）切换产品时间为零（7S是高效率的前提）。经过整顿，工具、材料不需要过多的寻找时间；整洁规范的工厂机器正常运转，作业效率大幅上升；新人上岗，适应迅速。

（6）事故为零（7S是安全的软件设备）。整理、整顿后，工作环境畅通、明亮，物品放置安全、明了，指示标识清晰、明确，安保消防设施齐备，员工安全有保障。

（7）投诉为零（7S是标准化的推动者）。人们能正确地执行各项规章制度；去任何岗位都能立即上岗作业;工作流程标准清晰;每天都有所改善,有所进步。

（8）缺勤率为零(7S可以创造出快乐的工作岗位)。工作场所明亮、干净,让人心情愉快,不会让人厌倦和烦恼,员工不会无故缺勤旷工;给人"只要大家努力,什么都能做到"的信念,让大家都亲自动手进行改善;在有活力的一流工厂工作,员工都由衷感到自豪和骄傲。

📖 总结案例

7S管理治理现场粉尘

某公司粉尘污染严重,曾多次给员工带来职业危害。经调查,公司发现危害主要来源于原辅料及助剂,中间副产品、产品和废渣的存放、运输过程中,具有种类多,分布广的特点。

公司决定采用7S现场管理的方法治理粉尘污染的现象。根据粉尘的分布特点、影响程度和治理难度,确立了重点治理项目,由7S管理小组进行跟踪。通过限制车辆装载量、限制运渣车辆在部分路面的行驶、包装现场清理、放灰管理、加强对现场的跑冒滴漏的管理等不断完善现场管理制度,改善现场环境。除了上述整顿、整理、清扫、清洁之外,公司还注重强化员工的责任意识和保护现场环境的意识,提升员工的素养,已达到节约资源,保证生产安全、减少职业危害的目的。经过半年的努力,公司现场环境大幅改善,完成了现场粉尘治理的既定目标。

分析:生产性粉尘进入人的呼吸道可能对人的呼吸系统和皮肤造成伤害,有毒粉尘可能会造成人体中毒,生产现场的可燃粉尘在触及明火、电火花等火源时还有发生爆炸的风险。通过7S现场管理,可以消除发生安全事故的根源,降低职业危害产生的概率。

🔍 课 堂 活 动

现场安全隐患识别

一、活动目标

利用相关知识分析每张图片所反映的现场安全隐患,提高安全生产意识。

二、活动时间

建议10分钟。

三、活动流程

1. 全体学生分为3组,每组同学准备3张典型工作现场场景图片。

2. 小组成员共同讨论,找出自己小组3张图片所存在的现场安全隐患,并整理答案。

3. 在老师的统一指令下,各小组开始寻找其他两组共 6 张图片中所存在的现场安全隐患,进行比赛。

4. 用时最短回答最全面的小组获胜。

5. 教师进行分析、归纳、点评。

🎓 —— 课 后 思 考 ---

1. 请结合你身边发生的或新闻媒体报道的劳动安全事故,说一说事故发生的原因。

2. 在进行机械作业时,应该注意哪些问题?

10.3 生态文明与绿色环保

🔧 导 入 案 例

陶瓷工厂三废污染危害大

某陶瓷工厂产生了大量三废污染。首先,陶瓷生产过程,需要燃烧燃料和煅烧陶土及坯料、釉料等,高温下产生大量有害气体,同时陶瓷企业的废气排放量大,造成大气污染、下酸雨、植物不结果甚至导致温室效应、海平面上升、气候反常等严重后果。另外生产过程中的工序及工具清洗都会带来废水,有些废水中所含的物质危害很大,轻则也会导致水源发黑发臭,给水生动植物带来灭顶之灾。废渣产生来自废弃的磨料、废模具及坯体废料、废釉料(废溶剂)及烧成产生的废料,其处理方法有直接掩埋、减量处理排放和通过技术更新对废渣回收利用。目前,该陶瓷工厂由于技术的限制和资金问题对废渣的处理和利用是相对较低的,而废渣的处理不当也会导致生活用水、空气及土地的严重污染。

分析:近年来,随着国家重工业的发展,环境污染逐渐严重,各种废弃、废水、废渣流入大自然中,造成了严重的环境问题,而人类工业快速发展的同时,人类健康的受损,这也许就是环境破坏的一个反噬。因此,减少环境污染、开展环境保护是全人类的责任。

人类的生存和发展离不开环境。然而,人类在谋求自身的生存和发展的同时,不断造成生态破坏和环境污染。随着人类改造自然的力量日渐强大,人类对环境的破坏变得日益严重。人类不能以牺牲环境为代价换来一时的经济繁荣,不能对大自然苛求无休。人类既不是大自然的奴仆,也不是大自然的主宰,人类应秉持可持续发展的理念,在谋求生存与发展的同时，认识和解决好环境问题，保护环境。

党的二十大报告明确提出，坚持绿水青山就是金山银山的理念，坚持山水林田湖草沙一体化保护和系统治理，全方位、全地域、全过程加强生态环境保护，生态文明制度体系更加健全，污染防治攻坚向纵深推进，绿色、循环、低碳发展迈出坚实步伐，生态环境保护发生历史性、转折性、全局性变化，我们的祖国天更蓝、山更绿、水更清。

一、环境保护的相关概念

（一）环境

环境是指围绕着人类的外部世界，是人类赖以生存和发展的社会和物质条件的综合体，包括自然环境和社会环境两大部分。

（1）自然环境，又称天然环境，是指由各种自然要素组成，包括大气、水、海洋、土地、矿藏、森林、草原、野生动物等，是人类赖以生存、生活和生产必需的自然条件和自然资源的总称。

（2）社会环境，又称人工环境，是指人类根据生活和生产需要，对自然环境进行加工改造后的环境。按照人类对环境的利用或环境的功能，社会环境可分为居住环境、生产环境、交通环境、文化环境和旅游环境。随着科学的发展、社会的进步以及人类活动在深度和广度上的不断扩大，社会环境的内容正在不断丰富。

（二）环境保护

环境保护简称环保，是指人类为解决现实或潜在的环境问题，协调人类与环境的关系，保护人类的生存环境，保障经济社会的可持续发展而采取的各种行动的总称。对自然环境的保护有利于防止自然环境的恶化，环境保护包括：对青山、绿水、蓝天、大海的保护，对地球生物的保护，对人类居住、生活环境的保护，使之更适合人类工作和劳动的需要。

（三）环境问题

环境问题是当今世界的热门话题之一，是指在人类社会经济活动的作用下，环境向不利于人类生存和发展的方向变化而导致的一系列问题。广义的环境问题，既包括人为原因产生的环境问题，也包括自然原因产生的环境问题。当今全球正在关注的环境问题主要有温室效应增强、全球气候变暖、酸雨蔓延、森林锐减、水体污染、土地荒漠化面积扩大、垃圾污染等。

二、污染的危害

环境污染是指人类直接或间接地向环境排放超过其自净能力的物质或能量，从而使环境的质量降低，对人类的生存与发展、生态系统和财产造成不利影响的现象。

（一）土壤遭到破坏

化肥和农药过多使用，工业固体废弃物随意倾倒、填埋，与空气污染有关的有毒尘埃降落，泥浆到处喷洒，危险废料到处抛弃，所有这些都在对土地构成不可逆转的污染。

（二）气候变化和温室效应

据权威科研机构预计，气候变化和温室效应造成海平面将持续升高，许多人口稠密的地区(比如孟加拉国、中国沿海地带以及太平洋和印度洋上的多数岛屿)都将首先被水淹没。气温的升高也将对农业和生态系统带来严重影响。

（三）空气遭受污染

多数大城市里的空气含有许多取暖、运输和工厂生产带来的污染物。这些污染物威胁着数千万市民的健康，导致许多人失去了生命。有毒气体主要为一氧化碳、二氧化硫、二氧化氮和可吸入颗粒。

（四）水资源紧张

据统计，世界上将有四分之一的地方长期缺水，必须设法保护水源。

（五）威胁生物健康

工业带来的数百万种化合物存在于空气、土壤、水、植物、动物和人体中。即使作为地球上最后的大型天然生态系统的冰盖也受到污染。一些有机化合物、重金属、有毒产品都集中存在于整个食物链中，并最终将威胁到动植物的健康，引起癌症，导致土壤肥力减弱。

另外，还有生物的多样性减少、森林面积减少、混乱的城市化、海洋的过度开发和沿海地带被污染、极地臭氧层空洞等许多问题。

三、清洁生产

（一）问题的提出

20 世纪 70 年代中后期，西方工业国家开始探索清洁生产问题。1989 年，联合国环境规划署(UNEP)首次正式提出清洁生产的概念，并制订了推行清洁生产的行动计划。1990 年，联合国环境规划署正式提出清洁生产的定义。1996 年，联合国环境规划署对清洁生产的定义进行了修改。

清洁生产是一种创造性的思想，是指将整体预防的环境战略持续应用于生产过程、产品和服务中，以期增加生态效率并减少对人类和环境的风险。对生产过程，要求节约原材料和能源，淘汰有毒原材料，减降所有废弃物的数量和毒性；对产品，要求减少从原材料的提炼到产品的最终处置的全生命周期的不利影响；对服务，要求将环境因素纳入设计和所提供的服务中。

清洁生产审核是指对企业现在的和计划进行的工业生产实行预防污染的分析和评估，是企业实行清洁生产的重要前提。在实行预防污染分析和评估的过程中，制订能够减少能源、水和原辅料使用，消除或减少产品和生产过程中有毒物质的使用，减少各种废弃物的排放及其毒性的方案。

通过企业清洁生产审核达到以下目的：核对有关单元操作、原材料、产品、用水、能源和废弃物的资料；确定废弃物的来源、数量以及类型，确定废弃物削减目标，制订经济有效的削减废弃物产生的计划；提高企业对由削减废弃物获得效益的认识和知识；判定企业效率的高低的瓶颈部位和管理不善的地方；提高企业经济效益、产品和服务质量。

（二）污染源原因分析

通过现场调查和物料平衡找出废物的产生部位并确定产生量，分析产品生产过程的每一个环节，针对每一个废物产生原因，设计相应的清洁生产方案，包括无低费方案和中高费方案，通过实施这些方案消除这些废物产生的原因，从而达到减少废物产生的目的。

（1）原辅料和能源。原辅料本身所具有的特性，比如纯度、毒性、难降解性等，在一定程度上决定了产品及其生产过程对环境的危害，因而选择对环境无害的原辅料是清洁生产所要考虑的重要方面。

（2）技术工艺。生产过程的技术水平基本上决定了废物产生数量和种类，先进技术可以提高原材料的利用效率，从而减少废物的产生。结合技术改造预防污染是实现清洁生产的一条重要途径连续生产能力差、生产稳定性差、工艺条件过严等都可能导致废物的产生。

（3）设备。设备作为技术工艺的具体体现在生产过程中也具有重要作用，设备的搭配（生产设备之间、生产设备和公用设施之间）、自身的功能、设备的维护保养等均会影响到废物的产生。

（4）过程控制。过程控制对生产过程十分重要，反应参数是否处于受控状态并达到优化水平（或工艺要求），对产品的得率和废物产生数量具有直接的影响。

（5）产品。产品本身决定了生产过程，同时产品性能、种类的变化往往要求生产过程做出相应的调整，因而会影响到废物的种类和数量。

（6）管理。加强管理是组织发展的永恒主题，任何管理上的松懈和遗漏，如岗位操作过程不够完善、缺乏有效的奖惩制度等，都会影响到废物的产生。

（7）员工。任何生产过程，无论其自动化程度多高，从广义上讲，均需要人的参与，因而员工素养的提高和积极性的激励也是有效控制生产过程废物产生的重要因素。缺乏专业技术人员、缺乏熟练的操作工人和优良的管理人员以及员工缺乏积极性和进取精神都可能导致废物的增加。

（8）废物。废物本身所具有的特性和状态直接关系到它是否可再次利用和循环使用，只有当它离开生产过程时才称其为废物。

四、储存"绿色资本"

拓展阅读：我国污染防治取得巨大成效

人们为了安稳地生活，会储粮存钱；企业为了顺利开展生产，会储存资金和资源；人类为了维护生态安全，则要储存"绿色资本"。因为绿色既是生命与健康的象征，也是文明与环保的标志，更是赖以生存的环境基色。如果没有了绿色，就会威胁到人类的生存与发展，地球将面临物种灭绝。所以，携手共存"绿色资本"，已成为世界各国应对生态危机的共识和责任。

储存"绿色资本"，就是植树护绿，扩展绿化。要储存更多的"绿色资本"，最有效的直接方法就是植树造林。植树造林不仅能美化生活环境，预防水土流失，还能更有效地减少地球臭氧层的二氧化碳，为人类提供清洁、新鲜的空气，改善生态环境和调节气候。人类已意识到了储存"绿色资本"的重要性。世界上很多国家为此设立了植树节，通过植树护绿等活动，增强人们的环保和绿化意识，促进人们植树护绿的激情，以此达到储存"绿色资本"、保持生态平衡的目的。

储存"绿色资本"，始于教育和实践。储存是一个长期累积的过程，新时代的大学生要掌握植树护绿的科普知识，培养热爱劳动的品德、关爱自然的情趣和改善环境的意识，并积极参加各种绿化实践活动。

储存"绿色资本",贵在传承文化,远在创建品牌。一树一景跃在纸上就是一幅画,储存"绿色资本",就是寓意于生活中的一幅幅动态的画,是一件件活生生的艺术品,也是一种新兴的绿色文化。因此,储存"绿色资本",如果要造福子孙、利于千秋,就得要求各地区创建各地的"绿色"品牌,把本土历史演进传承下来的文化内涵有意识地赋予"绿化造林",使它拥有自己的价值体系和独特的个性品质,给后人创造更多的附加值。只有这样,才会储存好"绿色资本",让地球安下心来。

五、绿色职业和绿色就业

(一) 绿色职业

1989 年,英国环境经济学家皮尔斯出版的《绿色经济蓝图》一书中最早出现了"绿色经济"一词。发展绿色经济,是对工业革命以来几个世纪的传统经济发展模式的根本否定,是 21 世纪世界经济发展的必然趋势。

随着绿色经济的崛起,必然会催生出绿色职业的产生和发展,这是一个从源到流的链式反应。在劳动力市场领域内,不仅会使原有的工作岗位绿色化,还会产生新的绿色职业。2015 年,《中华人民共和国职业分类大典》正式提出"绿色职业"概念,联合国曾发布《绿色职业工作前景》的报告,对于绿色职业的未来发展前景以及必须要关注的问题,报告中都有所涉及。未来几十年里,数以百万计的绿色职业工作岗位,都会由于全世界在发展可再生替代能源技术而兴起。对于未来 30 年的人类来说,绿色职业充满了机遇和挑战。这份报告出炉的背景正好是当时全球面临最严重的全球性经济危机之时,联合国环境计划署执行主任阿希姆·施泰纳认为,如果忽视绿色能源政策和绿色职业,将是这一危机中最严重的错误,扩大和发展绿色职业是世界各国摆脱经济困境的出路之一,不断产生的新就业机会也会促使各国经济实力不断增强。

(二) 绿色就业

国际劳工组织与联合国环境规划署在 2007 年发出《绿色工作全球倡议》,指出绿色工作是那些可以减少企业和经济部门对环境的影响,最终实现可持续发展,同时又符合"体面劳动"的工作,包括保护生态系统和生物多样性的工作;通过高效的策略减少能源、材料和水消耗的工作;经济低碳化的工作;最大化减少或者避免生产各种废物和污染的工作。

在我国,结合国际标准与中国实践,专家们提出"绿色就业"包含三个领域:一是直接性绿色岗位,如造林、环保等,在这些岗位上工作的人,是直接的"绿色就业"从业者,可简称为"纯绿"就业;二是间接性绿色岗位,即通过实现绿色生产方式、生活方式、消费方式等,间接地创造"绿色就业"机会的岗位,如制造太阳能和节能建筑材料等产品、深化循环经济等,在这些岗位上工作的人,是间接的"绿色就业"从业者,可简称为"泛绿"就业;三是绿色转化性岗位,即将非绿色岗位转化为绿色岗位,如治理生产性污染、生产中改用节能环保技术等,将原来在高污染、高排放岗位的从业人员转化成绿色岗位的从业人员,可简称为"绿化"就业,这种转化涉及生产技术、生产方式、生产过程以及终端产品等各个方面。

发展绿色经济直接涉及劳动者就业问题,而推进"绿色就业"又有利于绿色经济发展和转型。无论从顺应国家加快转变经济发展方式的战略要求来看，还是从促进经济可持续发展和调整产业结构来讲，推进"绿色就业"都具有重要意义和积极作用。形成"绿色就业"与绿色经济的良性互动，势在必行。

六、树立环保意识，积极参与环保

在环境问题日益突出的今天，我们应当树立正确的环境保护意识，采取社会的、经济的、技术的综合措施，合理利用自然资源，防止环境污染和生态破坏，以促进经济和社会的可持续发展。环境保护需要公众参与，任何公民都有依据一定的法律程序，参与保护环境的权利和义务。大学生应该成为环境保护和可持续发展的重要推动力量，遵循一定的行为准则，积极参与环境保护活动。

（一）崇尚绿色消费

绿色消费又称"可持续消费"，是一种以适度节制消费，避免或减少对环境的破坏，崇尚自然和保护生态等为特征的新型消费行为和过程。随着人们环境意识的增强，越来越多的个人和家庭以实际行动响应绿色消费模式。绿色消费的内容非常宽泛，不仅包括绿色产品，还包括物资的回收利用、能源的有效使用、对生存环境和物种的保护等，可以说涵盖生产行为、消费行为的方方面面。

崇尚绿色消费，要求我们在进行衣食住行的消费时自觉避开六类产品：① 危及消费者或他人健康的产品；② 在生产、使用或废弃过程中明显伤害环境的产品；③ 在生产、使用或废弃期间不相称地消耗大量资源的产品；④ 从濒临灭绝的物种中获得材料制成的产品；⑤ 乱捕滥杀所得的动物；⑥ 对其他国家特别是发展中国家造成不利影响的产品。

（二）参与创建绿色学校

绿色学校是指在学校管理、学校课程、学校环境、学校与社区的关系方面，都符合环境保护要求的学校。作为一名高职学生，要利用自身的专业优势，努力在实践中形成良好的环境观，从自身做起，创建一个理想的环保型教室，为创建绿色学校发挥自己的聪明才智。

（三）协助创建绿色社区

社区是公众参与环境保护最基本的单位。绿色社区是指具备了一定符合环保要求的硬件设施，建立了较完善的社区绿化、垃圾分类、污水处理、节水节能等设施，还应该拥有环保志愿者队伍和一定比例的绿色家庭，以及开展持续性的环保活动等。

七、低碳生活

低碳生活是指提倡借助低能量、低消耗、低开支的生活方式，把消耗的能量降到最低，从而减少二氧化碳的排放，保护地球环境，保证人类在地球上长期舒适安逸地生活和发展。它反映了人类由于气候变化而对未来发展产生的忧虑，并由此认识到会导致气候变化的过量碳排放是在人类生产和消费过程中出现的，要减少碳排放就要相应优化和约束某些消费和生产活动。低碳生活不仅为政府、企业和单位竭力倡导，它距离普通市民的生活其实也很近。

在低碳经济模式下，人们的生活可以逐渐远离因能源的不合理利用而带来的负面效应,享受以经济能源和绿色能源为主题的新生活。低碳生活是一种生活理念,更是一种可持续发展的环保责任。低碳生活是健康绿色的生活习惯,是更加时尚的消费观,是全新的生活质量观。

（一）废弃农作物的处理

大量农作物成熟后,如小麦、玉米、水稻、油菜等的植物茎叶就变成了废弃物,很多情况下都是直接在地里进行焚烧,这就产生了大量的碳排放,科学地处理这些农作物的茎叶成为地球低碳环保的一个有效措施。

（二）减少工业废气的排放

工业的发展离不开煤、石油、天然气。这些能源的大量使用必然会产生大量碳的排放,开发新型能源是最重要的降低碳排放的重要途径。

（三）控制汽车尾气排放

汽车的大量使用,产生了大量的汽车尾气,加剧了碳的排放量,造成城市污染加剧。处理好汽车尾气排放对地球的低碳环保有重要意义:一是出行尽量使用公共交通工具;二是加快低碳环保燃料的研究;三是加快环保汽车的研发。

（四）正确处理生活垃圾

大量的生活垃圾处理不当也会增加碳的排放量。现在很多的城市生活垃圾大都是经过垃圾处理厂进行处理的,垃圾处理基本上是通过填埋、焚烧来进行处理,很多生活垃圾在进行焚烧时都会产生大量的碳排放。通过垃圾分类循环回收利用可以减少不必要的焚烧,但是不能回收利用的垃圾只有通过科学的方法处理,才能减轻碳的排放。

（五）养成低碳生活的习惯

低碳生活的习惯每个人都很容易想到也很容易做到,关键是要落实。

（1）每天的淘米水可以用来洗手、擦家具,干净卫生,自然滋润,不但如此,淘米水也可以用来浇花、洗头,还可以用来做免费的护肤品。

（2）用过的面膜纸不要扔掉,用它来擦首饰、家具的表面或者皮带。

（3）喝茶剩下的残渣,晒干,做一个茶叶枕头,既舒适,又能改善睡眠质量。

（4）出门购物,自己带环保袋,无论是免费或者收费的塑料袋,都减少使用。

（5）出门自带喝水杯,减少使用一次性杯子。

（6）多用永久性的筷子、饭盒,尽量避免使用一次性的餐具。

（7）养成随手关闭电器、电源的习惯,避免浪费用电。

（8）尽量少使用冰箱、空调,热时可用电扇或扇子。

（9）在午休和下班后关掉电脑电源。

（10）一旦不用电灯、空调,随手关掉;手机一旦充电完成,立即拔掉充电插头。

（11）选择晾晒衣物,避免使用滚筒式洗衣机;用在附近公园等适合跑步的空气清新的地方慢跑取代在跑步机上的45分钟锻炼。

（12）用节能灯替换电耗大的老式灯泡。

（13）外出尽量步行或骑自行车,少坐私家车。

（14）用低碳环保的生活用品,如竹纤维面料的衣服、毛巾、内衣、袜子等,不要穿着皮草类衣物。

微课:保护
环境从身边
小事做起

总结案例

"绿色职业"碳排放管理员助力"双碳"目标实现

汪军是四川某公司的碳排放管理负责人,他的工作内容是管理公司内部的碳排放,主要依据公司制定的碳中和目标,分析碳排放特征,探索公司实现碳中和的最优方案并予以实施。他在碳管理行业已有14年的从业经验。

2021年3月,人力资源和社会保障部联合国家市场监督管理总局、国家统计局发布18个新职业,其中碳排放管理员是唯一一项"绿色职业"。职业身份被国家认可,汪军感到十分欣喜。

人社部网站公布的信息显示,碳排放管理员包含但不限于民航碳排放管理员、碳排放监测员、碳排放核算员、碳排放核查员、碳排放交易员、碳排放咨询员等工种。可以预见,未来该职业从业者将在碳排放管理、交易等活动中发挥积极作用,有效推动温室气体减排。

"因为碳管理是一个新兴职业,许多概念都是全新的,相关业务也都没有以往的参考,因此需要出色的学习能力和创新能力。"汪军表示,一名合格的碳资产管理员应当掌握碳市场的基本情况与发展趋势,比如气候变化的科学背景、各种低碳技术及其应用、企业如何核算和管理自身碳排放、如何制定科学的碳中和规划等。

未来,在国家大力推动构建绿色低碳循环发展的经济体系的大环境下,碳排放管理行业作为实现"双碳"目标中关键的一环,其就业市场对于人才的需求量将会十分可观。

分析:随着2021年碳中和、碳达峰目标的提出及逐步推进落实,我们将迎来以绿色经济、低碳技术为代表的新一轮产业和科技的革新,绿色经济发展需要有高素质、专业化的人力资本支撑,需要开发、培养和塑造出一大批绿色职业从业人员。我国标识的绿色职业活动主要包括监测、保护与治理、美化生态环境,生产太阳能、风能、生物质能等新能源,提供大运量、高效率交通运力,回收与利用废弃物等领域的生产活动,以及与其相关的以科学研究、技术研发、设计规划等方式提供服务的社会活动。目前,我国绿色职业发展处于刚刚起步阶段,未来之路,任重而道远。

课堂活动

企业环境污染案例分析

一、活动目标

通过对不同类型企业环境问题的分析探讨,认识清洁生产对企业可持续发展的重要性。

二、活动时间

建议 30 分钟。

三、活动流程

1.学生每5个人分成一个小组,每个小组至少收集两个不同类型企业的环境问题案例。

2.各组派学生代表进行案例展示,结合这些企业的发展情况,谈谈企业清洁生产对企业发展的意义。

3.学生以小组为单位进行讨论,讨论不同企业环境问题的差异性,探讨产生环境污染的原因,总结环境保护的重要性。

4.教师针对讨论结果,进行分析、反馈,给予评价。

课 后 思 考

1.请结合身边的一些行为,找到潜在的环境污染问题。

2.举例说明,如何成为一个环保者。

参 考 文 献

［1］中国劳动社会保障出版社法制图书编辑部.劳动合同法［M］.北京：中国劳动社会保障出版社,2019.

［2］蒋乃平.职业生涯规划［M］.5 版.北京：高等教育出版社,2020.

［3］张明伟,魏荣,张运健.创新创业素质拓展［M］.北京：国家行政学院出版社,2019.

［4］任娟,张新建.高职生职业素质与就业指导［M］.北京：北京邮电大学出版社,2015.

［5］孙建冬,邱睿.高职就业与创业指导教程［M］.北京：机械工业出版社,2015.

［6］唐慧敏.大学生幸福能力培养实操教程［M］.北京：高等教育出版社,2017.

［7］崔爱惠,张志宏,刘轶群.大学生职涯发展与就业指导实训教程［M］.北京：现代教育出版社,2018.

教学资源服务指南

高等教育出版社

仅限教师索取

感谢您使用本书。为方便教学，我社为教师提供资源下载、样书申请等服务，如贵校已选用本书，您只要关注微信公众号"高职素质教育教学研究"，或加入下列教师交流QQ群即可免费获得相关服务。

"高职素质教育教学研究"公众号

最新目录
样书申请
资源下载
写作试卷
线上购书

师资培训　教学服务　教材样章

资源下载：点击"**教学服务**"—"**资源下载**"，或直接在浏览器中输入网址（http://101.35.126.6/），注册登录后可搜索下载相关资源。（建议用电脑浏览器操作）

样书申请：点击"**教学服务**"—"**样书申请**"，填写相关信息即可申请样书。

样章下载：点击"**教材样章**"，可下载在供教材的前言、目录和样章。

师资培训：点击"**师资培训**"，获取最新直播信息、直播回放和往期师资培训视频。

联系方式

职业素养和创新创业教师交流QQ群：310075759

联系电话：（021）56961310　电子邮箱：3076198581@qq.com